W0269752

BERNHARD HEINE

geboren 20. August 1800
gestorben 31. Juli 1846

Bernhard Heines
Versuche
über Knochenregeneration
Sein Leben und seine Zeit

Von der deutschen Gesellschaft für Chirurgie,
anläßlich ihrer 50. Tagung den Fachgenossen unterbreitet

Herausgegeben von der **Anatomischen Anstalt der Universität
Würzburg** (Direktor Prof. Dr. H. Petersen), der **Chirurgischen
Universitätsklinik Würzburg** (Direktor Prof. Dr. F. König), der
Chirurgischen Universitätsklinik Berlin (Direktor Prof. Dr. A. Bier)

Bearbeitet durch

Dr. K. Vogeler
Assistent der Chirurg. Klinik
Berlin

Dr. E. Redenz
Prosektor der Anatomisch. Anstalt
Würzburg

Dr. H. Walter
Assistent der Chirurg. Klinik
Würzburg

Prof. Dr. B. Martin
Assistent der Chirurg. Klinik
Berlin

Mit einem Vorwort von **Professor Dr. A. Bier**

Mit 105 Textabbildungen und 1 Porträt

Berlin
Verlag von Julius Springer
1926

ISBN-13: 978-3-642-89214-1   e-ISBN-13: 978-3-642-91070-8
DOI: 10.1007/978-3-642-91070-8
Softcover reprint of the hardcover 1st edition 1926

Inhaltsverzeichnis.

Vorwort.

Von

Prof. **August Bier.**

Als ich vor etwa 10 Jahren daran ging, meine Erfahrungen über die Regeneration der Gewebe und Organe zusammenzustellen, und dabei an die der Knochen kam, fand ich in den bedeutungsvollen Arbeiten von *v. Langenbeck* aus dem Jahre 1873 und von *Textor* aus dem Jahre 1847 Hinweise auf die Würzburger Sammlung der Knochenpräparate *Heines*. Ich suchte vergeblich nach, um eine eigene Bearbeitung *Heines* zu finden. An einzelnen Stellen war auf einen alten, fast vergessenen Atlas chirurgischer Instrumente von *Feigel* aus dem Jahre 1853 hingewiesen. Zuerst war es mir unmöglich, diesen Atlas zu erhalten. Als es mir endlich gelungen war, ersah ich, daß *Feigel* sich lediglich die Aufgabe gestellt hatte, das chirurgische Instrumentarium der damaligen Zeit darzustellen. Daneben fand sich in dem zu dem Atlas gehörigen Text eine unzureichende Beschreibung der Versuche *Heines* ohne jede Auswertung ihrer Ergebnisse. Aber auch dieser spärliche Anteil der *Heine*schen Untersuchungen ist nur sehr schwer zu bekommen, weil sich der *Feigel*sche Atlas mit der beigefügten Beschreibung der *Heine*schen Präparate nur in drei Stücken in deutschen Bibliotheken vorfindet.

Im Gegensatz zu diesen dürftigen Spuren der *Heine*schen Lebensarbeit steht die hohe Wertschätzung, die die beiden großen Chirurgen *Textor* und *v. Langenbeck* den Präparaten und Untersuchungen *Heines* entgegenbringen. Sprechen sie doch beide aus, daß sie auf Grund derselben zu ihrer noch heute maßgebenden Technik der Gelenkresektion am Menschen gekommen sind. So wurde es mir klar, daß in der Würzburger Sammlung noch ein ungehobener, äußerst wertvoller Schatz experimenteller, physiologischer und pathologischer Arbeit über die Knochenregeneration von dauerndem Werte vorhanden wäre, der nach Möglichkeit nicht nur der chirurgischen, sondern auch der ganzen biologischen Welt zugänglich gemacht werden müßte.

Ich erfuhr, daß die Witwe *Heines* seine berühmten Präparate der Universität Würzburg geschenkt, und diese sie der Anatomie überwiesen hätte. Da ich während der Kriegszeit nicht nach Würzburg reisen konnte, so erbat ich mir von dem damaligen Direktor der Anatomischen Anstalt *Schultze* einige kennzeichnende Präparate zur Ansicht. *Schultze* kam dieser Bitte bereitwilligst nach. Durch die prachtvollen Präparate wurde ich in der Ansicht, daß sie eine ausführliche Veröffentlichung verdienten, noch bestärkt. Ich trat mit *Schultze* in Verhandlungen darüber ein, wie dies zu bewerkstelligen wäre. Leider starb er darüber hinweg. Als sein Nachfolger *Braus* den Ruf nach Würzburg erhalten hatte und noch schwankte, ob er ihn annehmen sollte, machte ich ihn gelegentlich eines Besuches in Heidelberg auf die wertvolle Sammlung aufmerksam und verabredete mit ihm, daß wir, falls er den Ruf annähme, gemeinsam die *Heine*sche Arbeit herausgeben wollten, worauf *Braus* mit Freuden einging. Als er den Ruf angenommen hatte, kamen wir zusammen mit *Fritz König* zu folgender Arbeitsteilung:

Der chirurgischen Klinik Berlin lag ob: die *Heine*sche Schrift herauszufinden, eine historische Einleitung über *Heine*, seine Arbeit und seine Zeit zu verfassen, und eine möglichst vorurteilslose Beurteilung seiner Experimente von dem Standpunkte unserer heutigen Kenntnisse und Anschauungen aus zu geben.

Der Anatomischen Anstalt und der chirurgischen Klinik in Würzburg lag ob: die Beschreibung, Ordnung und Abbildung der *Heine*schen Präparate sowie ihre Darstellung im Röntgenbild.

Leider sollte auch *Braus* die Vollendung der Arbeit nicht erleben. Wir gedenken seiner und seines Vorgängers *Schultze* mit Trauer und Dankbarkeit. *Braus'* Schüler und Nachfolger *Petersen* übernahm auch in dieser Beziehung dankenswerter Weise das Erbe seines Lehrers.

Schwieriger, als wir gedacht hatten, war die Beschaffung der *Heine*schen Urschrift. Nach vielfachen Bemühungen, denen sich Herr Dr. *Vogeler* unterzog, gelang es schließlich, ihren Verbleib zu entdecken. Es stellte sich heraus, daß sie von *Heine* im Jahre 1837 der Akademie der Wissenschaften in Paris vorgelegt war. Alles was von ihr bekannt war, ist die kurze Zusammenfassung der Ergebnisse in dem Sitzungsbericht dieser Akademie. Zunächst mußte angenommen werden, daß sich die *Heine*sche Arbeit in einem „Paquet cacheté" fände, von dem *Flourens*, der damalige Sekretär der Akademie, in einem Brief an die Witwe *Heines* spricht. Wir versuchten auf diplomatischem Wege, in den Besitz dieser Schrift zu kommen. Nach längerem Warten wurde dieses Gesuch abgelehnt. Daraufhin wandte ich mich in einem persönlichen Schreiben unvermittelt an den ständigen Sekretär der Akademie der Wissenschaften in Paris, der sofort unter der Bedingung der Zustimmung der Erben *Heines* seine Einwilligung zur Einsichtnahme, Prüfung und Veröffentlichung des vorhandenen Stoffes gab. Herr Dr. *Vogeler*, der mit dieser Aufgabe betraut wurde, fand in Paris bei der Akademie der Wissenschaften das freundlichste Entgegenkommen und wurde von den Bibliothekaren, die keine Mühe und Arbeit scheuten, in der hilfreichsten Weise unterstützt. So gelang es sehr bald, die Urschrift zu finden, die sich aber nicht in dem „Paquet cacheté" befand, von dem *Flourens* spricht. Die genauere Schilderung der Auffindung der Schrift befindet sich in dem betreffenden Abschnitt von *Vogeler*.

So sind wir in der Lage, *Heines* Sammlung in Würzburg endlich in ihrer vollen Bedeutung, erklärt durch seine eigene Bearbeitung, der Wissenschaft bekannt zu geben und dem großen deutschen Arzte den ihm gebührenden Platz in der Medizin zu verschaffen. *Er* ist der eigentliche Begründer der Lehre von den knochenbildenden Eigenschaften des Periosts, des Markes und der parossalen Gewebe, insofern als er als erster den einwandfreien experimentellen Beweis erbracht hat. Bisher genoß den Ruhm, unsere Anschauungen über die Knochenregeneration begründet zu haben, der berühmte französische Forscher *Ollier*, der selbst das große Verdienst *Heines* anerkannte, es jedoch nicht in seiner vollen Bedeutung zu schätzen vermochte, weil ihm dessen grundlegende Arbeit nicht bekannt sein konnte. Durch diese Veröffentlichung aber wird *Heine* als vollständig gleichberechtigt neben *Ollier* gestellt, zumal sein Werk 30 Jahre früher geschaffen ist.

Wir sind überzeugt, daß die Deutsche Gesellschaft für Chirurgie sich nicht besser ehren konnte, als dadurch, daß sie die Lebensarbeit unseres Landsmannes auf ihre Kosten als Festschrift zur Feier ihres 50jährigen Bestehens erscheinen ließ, so wie andererseits die Bedeutung *Heines* durch diese ihm widerfahrene Auszeichnung in das richtige Licht gerückt wird. Er zeigt sich uns als ein Mann von hoher Begabung, großem Geschick und emsiger, vorurteilsloser und verständnisvoller Arbeit, die seiner Zeit in vielem voraus eilte.

Das ganze Werk wäre nicht möglich gewesen ohne die freundliche Unterstützung der Französischen Akademie der Wissenschaften. Wir sprechen den Beamten dieser Akademie deshalb in erster Linie unseren Dank für ihre werktätige Hilfe aus.

Ebenso aber gedenken wir der ehrwürdigen Tochter *Heines*, Ihrer Exzellenz der Frau Baronin *von König*, die sich ungeachtet ihrer 86 Jahre mit lebhaftestem Interesse unserer Sache angenommen hat. Wir entbieten ihr an dieser Stelle unseren herzlichsten Dank und ehrerbietigsten Gruß.

Der Deutschen Notgemeinschaft der Wissenschaft, die durch eine namhafte Geldunterstützung die Arbeit ermöglichte, sowie der Deutschen Gesellschaft für Chirurgie, die ihren Druck übernahm, sprechen wir ebenfalls unseren besten Dank aus.

Vor allem aber wollen wir den Herren *Vogeler*, *Redenz*, *Walter*, *Martin* für die selbstlose und mühevolle Arbeit danken, die sie dem schönen Buche gewidmet haben. Sie können auf das harmonische Werk, das sie, jeder von ihnen in einzelner und zusammen in gemeinschaftlicher Arbeit, geliefert haben, mit Stolz blicken.

Bernhard Heine
und seine Zeit

Von

Karl Vogeler

A. Bernhard Heines Leben und Familie.

1. Die Familie Heine.

Die vorliegende Arbeit lenkt unseren Blick zurück auf die Zeit vor 100 Jahren. Damals erstand der Medizin aus der Gegend von Lauterbach im Württembergischen Schwarzwald eine Reihe von außergewöhnlich tüchtigen Männern, die den Namen *Heine* trugen und diesen Namen in nicht weniger als 5 seiner Träger zu hohem Ruhm und Ansehen brachten. Sowohl auf theoretischem wie praktischem Gebiete erwarben sie sich in der Medizin die größten Verdienste, kamen sämtlich in angesehene Stellungen und sicherten ihrem Namen in der medizinischen Wissenschaft ein ehrenvolles Andenken. Aber so rasch wie dieses berühmte Geschlecht emporgestiegen war, so rasch erlosch es auch wieder; im Jahre 1877 starb mit *Karl v. Heine*, Ordinarius für Chirurgie in Prag, der letzte dieser Familie, ohne Leibeserben, die den Namen fortsetzten, zu hinterlassen.

Diese Männer sind folgende:

1. *Johann Georg Heine*, 1770—1838, Begründer des orthopädischen Institutes in Würzburg und bahnbrechender Reformator seiner Wissenschaft.

2. *Bernhard Heine*, 1800—1846, Neffe und Schwiegersohn von *Johann Georg*, Erfinder des Osteotomes, stellte die berühmten Versuche an, denen das vorliegende Werk gewidmet ist.

3. *Joseph Heine*, 1803—1877, Sohn von *Johann Georg*, nahm teil an den Untersuchungen von *Bernhard* über die Knochenregeneration, war dirigierender Arzt der Krankenhäuser in Germersheim in der Pfalz und Bamberg und einer der berühmtesten Ärzte Süddeutschlands.

4. *Jakob v. Heine*, 1799—1879, Neffe von *Johann Georg*, berühmter Orthopäde in Kannstatt in Württemberg, Ehrenbürger der Stadt, in späteren Jahren geadelt, bekannt durch seine Schilderung der Poliomyelitis anterior, der spinalen Kinderlähmung, die nach ihm den Namen Heine-(Medinsche) Krankheit trägt.

5. *Karl Wilhelm v. Heine*, Sohn des vorigen, geboren 1838 zu Kannstatt, gestorben 1877 im elterlichen Hause zu Kannstatt an den Folgen einer Diphtherie; war ordentlicher Professor für Chirurgie in Innsbruck und Prag, schrieb zahlreiche Abhandlungen über chirurgische Krank-

heiten, von denen die bekannteste die über den Hospitalbrand im Handbuch von *Pitha-Billroth* ist[1]).

Der älteste dieser Familie ist *Johann Georg*. Er steht an der Spitze dieser drei medizinischen Generationen; drei der jüngeren *Heine* gingen aus seiner medizinischen Unterweisung hervor, sein Sohn und zwei Neffen.

Unter der Leitung von *Johann Georg* bestand in den Jahren 1814 bis 1828 in Würzburg in dem ehemaligen Stephanskloster ein orthopädisches Institut, das einen Namen von weltberühmten Klang hatte, und zu dem Kranke aus aller Herren Länder gezogen kamen. In dem Hause dieses genialen, selbstherrlichen uud energievollen Mannes wuchs *Bernhard Heine* auf. Seine Verbindung mit ihm war eine so enge, sein ganzer Entwicklungsgang so sehr von ihm beeinflußt und gelenkt, daß eine kurze Darstellung des Lebensweges und der charakteristischen Eigentümlichkeiten von Johann Georg unerläßlich erscheint.

2. Johann Georg Heine[2]).

Im Jahre 1798 wurde an der medizinischen Fakultät der Universität Würzburg der weitgereiste und in seinem Fach als gründlicher orthopädischer Mechaniker wohlbekannte *Johann Georg Heine*, der als Sohn eines Bauern in Lauterbach in Württemberg 1770 geboren war, als Universitätsinstrumentenmacher und -bandagist angestellt. In seiner Tätigkeit kam er in häufige und nahe Berührung mit den Ärzten des Juliusspitals, besonders mit den Chirurgen *Siebold* und *Brünninghausen*, die den fleißigen, geschickten und klugen Mann bald sehr zu schätzen wußten und ihm Gelegenheit gaben, seine Kenntnisse, die bis dahin die eines reinen Mechanikers gewesen waren, zu erweitern. *Heine* besuchte ihre Vorlesungen, hörte vor allem anatomische und chirurgische Fächer und wußte nach einigen Jahren, in denen er sich mit eisernem Fleiße und unterstützt durch glänzende Anlagen die ärztlichen Grundlagen der Orthopädie angeeignet hatte, das Gewonnene in eigener selbständiger orthopädischer Tätigkeit anzuwenden. In einem Jahrzehnt erreichte er einen Ruf, der weit über die Grenzen Würzburgs und Deutschlands hinausging; die anerkannten Vertreter der damaligen Medizin huldigten ihm neidlos, teils aus ehrlicher Anerkennung von *Heines* Geschick und Fähigkeit, teils weil seine Tätigkeit ihnen als unwürdig für einen Vertreter der Medizin erschien. Im Jahre 1816 gründete *Heine* in dem damaligen Stephanskloster in Würzburg eine Art orthopädischer Privatklinik, in der er Gelegenheit hatte, seine Fälle in klinischer Behandlung zu überwachen. Er sprach es aus, daß eine klinische Behandlung und Beaufsichtigung hinsichtlich ihres Heilverlaufes für die orthopädischen Fälle ebenso notwendig sei wie für andere Kranke, weil eine hygienische Pflege mit vielen Bädern, guter Luft und zweckmäßiger Ernährung für die Krüppelhaften und vor allem die, die in Gefahr sind es zu werden, von großer Wichtigkeit und in häuslicher Behandlung kaum möglich sei.

---

[1]) Nach *Lücke*, Dtsch. Zeitschr. f. Chir. **9**. 1878 und *Billroth*, Arch. f. klin. Chir. **22**.

[2]) Siehe Inaug.-Diss. von *E. Medicus*, im Arch. f. orthop. u. Unfallchir. **17**. 1919 und *Rieger*, Physiokratisches und Anthropokratisches. Zeitschr. f. Geburtsh. u. Gynäkol. **87** und Die Würzburger Heine. Memmingers Verlag 1904.

Die neue Klinik stand unter dem besonderen Schutze der Königin Karoline von Bayern, die mit lebhaftem Interesse das Ergehen *Heines* und seiner Bestrebungen verfolgt hat. Das Unternehmen nahm einen beispiellosen Aufschwung, der Krankenzulauf war enorm, so daß es *Heine* nach langen Jahren des Kampfes und der Sorgen auch in materieller Hinsicht außerordentlich gut ging. Er wurde in den folgenden Jahren von verschiedenen Seiten auf das höchste geehrt, wurde Ehrendoktor der Universität Würzburg und erhielt zahlreiche Orden. Sehr bekannt geworden ist seine Bekanntschaft mit Goethe, neben dem er bei einem Abendessen bei Großherzog Karl August saß, und der ihn bat, sein Gesicht zeichnen lassen zu dürfen; so sehr war seinem scharfen beobachtenden Blick der charaktervolle Kopf des Gastes aufgefallen.

Aber gegen Ende seines Lebens erfolgte ein jäher Absturz von einer Höhe, die der willensstarke Mann unter Einsetzung seiner ganzen Kraft erklommen hatte. Ermutigt durch seine Erfolge auf orthopädischem Gebiete fing er an, sich auf dem Gebiete der inneren Medizin zu versuchen, und zog sich dadurch die Mißgunst sowohl der Ärzte wie anderer weiter Kreise zu. Er kam in solche Schwierigkeiten, daß er 1828 von Würzburg fortzog und sich zunächst in Brüssel ansiedelte, dann aber im Haag, nachdem er mit dem König Wilhelm von Holland in Verbindung getreten war und diesen für sein Unternehmen interessiert hatte. Jedoch verfolgte ihn von nun an das Mißgeschick. Sein ruheloser Geist versuchte wieder auch auf anderen Gebieten Heilpläne phantastischen Inhaltes in die Wirklichkeit umzusetzen, so daß die Konflikte mit ärztlichen Kreisen nicht ausbleiben konnten. Verfolgungen seitens der Ärzte, ungünstige äußere Zeitumstände, wie der belgische Aufstand in Holland in den 30er Jahren, hemmten die Entwicklung seiner Anstalt im Haag, das hineingesteckte Vermögen war verloren, ein Aufstieg erfolgte nicht mehr. Im Jahre 1838 starb *Heine* im Haag mittellos, vereinsamt und verbittert.

Johann Georg Heine ist als der erste anzusehen, der in Deutschland wissenschaftliche Orthopädie trieb. Sein orthopädisches Institut, das erste und einzige in seiner Art, war vorbildlich; seine Erfindungen und Konstruktionen orthopädischer Apparate sind noch heute zum Teil unübertroffen[1]). Als erster forderte er Anstaltsbehandlung der orthopädischen Fälle, so ist er ein vielseitiger Vertreter seines Faches, der für die Ausgestaltung der Orthopädie bahnbrechend gewirkt hat.

3. Bernhard Heines Leben.

Bernhard Heine wurde am 20. VIII. 1800 zu Schramberg bei Lauterbach in Württemberg geboren. Sein Vater war ein angesehener Bürger des Ortes. Schon als 10jähr. Knabe wurde er zu seinem Onkel *Johann Georg Heine* nach Würzburg gegeben, um in dessen Hause gemeinsam mit seinem Vetter Joseph (geb. 1803) und seiner Base Anna (geb. 1801) erzogen zu werden. Gleichzeitig aber begann auch seine Lehrzeit bei seinem Onkel in der orthopädischen Mechanik, zu welcher Tätigkeit ihn Zuneigung, ein sehr glückliches mechanisches Talent, ein scharfer Verstand, eine reiche Phantasie, gepaart mit unermüdlichem Fleiße, besonders befähigten. So diente er in der Orthopädie von der Pike auf, hatte an seinem berühmten Onkel ein ebenso ausgezeichnetes Vorbild wie einen glänzenden Lehrmeister und bekam auf diese Weise eine unübertreffliche Ausbildung für seinen Beruf. Als er herangewachsen

---

[1]) Das Juliusspital in Würzburg bewahrt einen großen Teil der orthopädischen Modelle in pietätvoller Weise auf.

war, hörte er an den wissenschaftlichen und klinischen Instituten der Universität Vorlesungen, die er mit einem Fleiße ohnegleichen verfolgte und ausarbeitete. Indem er seinen Studien alles andere hintenansetzte, gelangte er zu ungewöhnlich tiefen und umfassenden Kenntnissen, besonders in der Anatomie, die ihn von vornherein angezogen und gefesselt hatte. Immer im Institute seines Onkels tätig, in dem er die orthopädischen Apparate durch zahlreiche kleine und große Veränderungen verbesserte, und das er nach dem Weggang seines Oheims nach dem Haag selbständig leitete, fing er an, eigenen selbständigen Ideen nachzugehen, und diese bewegten sich, seiner ganzen Arbeitsrichtung entsprechend, zunächst auf technischem Gebiete. Im Jahre 1824 etwa begann er zuerst den Gedanken an das Instrument zu fassen, aus dem sich in jahrelanger Arbeit das Osteotom entwickelte, das den Namen seines Erfinders weit über die Grenzen seines Vaterlandes berühmt machen sollte. Es ist von hohem Interesse, daß dieses Instrument zunächst für einen ganz anderen Zweck erdacht war, als für den es sich im Laufe der Zeit so überaus zweckmäßig erwies. *Heine* wollte die unangenehme Arbeit der Eröffnung des Rückenmarkkanales beim Sektionsakt, die bis dahin mit Hammer und Meißel geschah, erleichtern und kam hierdurch, als seine erste Erfindung, eine Scheibensäge, nicht dem gewünschten Zweck entsprach, auf das Bestreben, den Knochen ebenso mit irgendeinem Instrument schneiden zu können wie die Weichteile mit dem Messer. Und wenn das gelang, dann konnte das neue Instrument eine neue Epoche der Knochenchirurgie bedeuten.

Heine verfolgte nun mit unermüdlicher Ausdauer Schritt für Schritt sein Ziel. Es dauerte Jahre, ehe er sein Instrument zustande brachte, das den gewünschten Anforderungen entsprach; aber gegen Ende der 20 er Jahre war die Konstruktion vollendet, so daß er sein Instrument im August 1830 der medizinischen Fakultät in Würzburg und Oktober 1831 der in München zur Begutachtung vorführen konnte. Dem ehrenvollen Gutachten dieser Fakultäten schloß sich das von Bonn in gleichem Sinne an. 1831 wurden mit dem Instrument die ersten Operationen an Kranken gemacht, gleichzeitig von *Heine* in Würzburg und von *Demme* in Warschau, die zur vollen Zufriedenheit ausfielen.

Zur Beschreibung des berühmten Instrumentes geben wir dem Erfinder am besten selbst das Wort. Wir besitzen eine von dem Chirurgen *v. Walther, Demme* und *Heine* selbst gemeinsam herausgegebene Arbeit[1]) über das Osteotom und die mit ihm ausgeführten Operationen; in dieser Arbeit hat *Heine* einen Abschnitt verfaßt mit dem Titel: Beschreibung des Osteotomes. Als Illustrierung gebe ich zwei Abbildungen wieder, erstens das Osteotom im Gebrauch und zweitens die Darstellung des

---

[1]) *v. Graefe* und *Walthers* Journal der Chirurgie und Augenheilkunde. Bd. 18.

Osteotomes aus Seerigs Atlas chirurgischer Instrumente, die mir am klarsten die Eigenschaften des Osteotomes zur Geltung zu bringen scheinen.

Beschreibung des Osteotomes von *Bernhard Heine*.

Die nächste Veranlassung zu der Erfindung dieses Instrumentes war das häufig geäußerte und von mir selbst empfundene Bedürfnis eines zweckmäßigen Rhachitoms.

Durch die vielfach fördernde Anleitung und Begünstigung von seiten der Herrn Professoren an der medizinischen Fakultät zu Würzburg, deren Vorträge ich mehrere Jahre besuchte, wurde mir Gelegenheit gegeben, die vielseitigsten Untersuchungen an der Wirbelsäule usw. und alle zu meinem Zwecke dienlichen Versuche anstellen zu können.

Zuerst erfand ich zwei voneinander wesentlich verschiedene Instrumente, z. B. Zangen mit schneidenden Rändern, die aber bei der Anwendung meinen Erwartungen nicht entsprachen. Nach mannigfachen Metamorphosen und Tausenden von Versuchen an menschlichen Leichen und lebenden Tieren entstand im Verlauf von 6 Jahren nach und nach das Osteotom in jetziger Form, welches ich im August 1830 der medizinischen Fakultät zu Würzburg und im Oktober 1831 in München zur Prüfung vorlegte und darüber sehr günstige Gutachten erhielt. Im Dezember desselben Jahres wurde mir von Seiner Majestät dem König von Bayern darüber allergnädigst ein Privilegium erteilt.

Abb. 1. Durchsägung des aufsteigenden Unterkieferastes.

Diese Instrument läßt sich am anschaulichsten mit einem zweischneidigen Bistourie vergleichen, bei welchem Klinge und Schneide zwei besondere zusammengefügte Teile sind, und letztere einer selbständigen Bewegung fähig ist. Die Hauptbestandteile desselben sind:

1. Der Sägenträger (Klinge).
2. Das Gehäuse (Schalen) mit Rad und Kurbel.
3. Die gegliederte Säge (Schneide der Klinge).
4. Der bewegliche Sägendecker.
5. Der Handgriff (Verlängerung des Gehäuses oder der Schalen).
6. Der bewegliche Stützstab.
7. Der bewegliche Maßstab.

1. Der Sägenträger ist an seinem vorderen Teile wie eine Messerklinge mit gerader und konvexer Kante gestaltet, welche zum Tragen und Halten der Schneide, nämlich der biegsamen Säge gefurcht ist. An seinem hinteren Teile ist der Sägenträger mittels einer Zugschraube an das Gehäuse befestigt und an diesem vor und zurück beweglich.

2. Das Gehäuse besteht aus zwei einander gegenüberstehenden Platten, die zwischen sich ein gezahntes, um seine Achse drehbares Rad festhalten, welches an der einen Seite eine Kurbel hat, zur Bewegung der biegsamen Säge.

3. Die biegsame Säge ist eine lange schmale Kette, die mittels zweier Häkchen an dem einen und über einem Stift an dem anderen Ende geschlossen wird; ihre untere Kante ist mit Bewegungszähnen und die obere mit Schneidezähnen versehen. Diese ist über das bewegende Rad im Gehäuse und über den Träger, d. h. die Klinge aufgespannt, auf welcher sie eine feste Unterlage und bestimmte Form erhält, so daß sie als deren bewegliche Schneide wirkt.

4. Der bewegliche Sägendecker besteht aus zwei Teilen, einem langen vorne hakenförmigen für die obere konvexe, und einem hebelartig gebogenen für die untere gerade Sägenkante; wenn beide Decker angewendet werden, so ist die Klinge längs ihrer Schneide gedeckt.

Solcher Decker sind mehrere, welche in Rahmen am Sägenträger beweglich sind und auch festgestellt werden können. Der Zweck dieser besteht darin, den zu durchsägenden Knochen zu umfassen, zu fixieren, die Weichteile rings um die Schnittbahn von der Sägenkante abzuhalten und so zu beschützen, und der Säge als anziehender Leiter zu dienen, bis sie den zwischengefaßten Knochen durchschnitten hat.

5. Der Handgriff, am Ende des Gehäuses befestigt, besteht aus einer eisernen Mittelplatte und zwei deckenden, außen abgerundeten, innen ausgehöhlten Schalen, unter denen ein Federzug liegt, der mittels eines Spanners auf den beweglichen Sägendecker wirkt; d. h. denselben zurückzieht, wenn er über die Sägenspitze vorgeschoben ist.

6. Der Stützstab besteht aus drei Gliedern und einer queren Platte zum Aufstützen der Hand; er ist an der linken Seite des Gehäuses mittels Kloben befestigt und nach allen Richtungen beweglich, um überall aufgesetzt werden zu können. Dieser Stützstab und das Sägengestell sind gewissermaßen als Zirkelschenkel zu betrachten: während jener irgendwo aufgesetzt wird, kann man dieses sicher und in jeder beliebigen Richtung bewegen, so daß jede Figur, in jeder Tiefe, mit der Spitze der Säge ausgeschnitten werden kann.

7. Der Maßstab ist an der rechten Seite des Sägenträgers in einem Kloben vor und zurück, außerdem aber auch seitlich beweglich; durch diesen kann die Tiefe bestimmt werden, bis zu welcher die Spitze der Säge in einen Knochen eindringen soll; z. B. bei der Trepanation der Schädelknochen; er kann nie als Stützstab dienen.

Mit dem Osteotom kann man alle Operationen an Knochen machen, und selbst solche, die mit den bisher gebräuchlichen Instrumenten unausführbar waren; Knochenteile können in jeder beliebigen Größe, in jeder Tiefe und Richtung abgetrennt werden. Dasselbe wirkt nicht mittels Hin- und Herstoßen, sondern wird nur an den zu durchsägenden Knochen hingehalten, und dieser dann von der frei beweglichen gegliederten Schneide durchsägt. Man braucht daher die weichen Teile, z. B. an Röhrenknochen nicht ringsum einzuschneiden, weil das Instrument zu seiner Wirkung keinen größeren Raum als den der einzuschneidenden Linie bedarf. Es gibt einen reinen Sägenschnitt, und seine Wirkung ist nicht erschütternd[1]).

Das neue Instrument fand eine begeisterte, einhellige Aufnahme. Als besonders zutreffend seien hier die Worte *v. Walthers*[2]) wiederholt,

---

[1]) Über das Osteotom und die Literatur: *Nordt*, Das Osteotom und seine Anwendung. München 1838.

[2]) l. c.

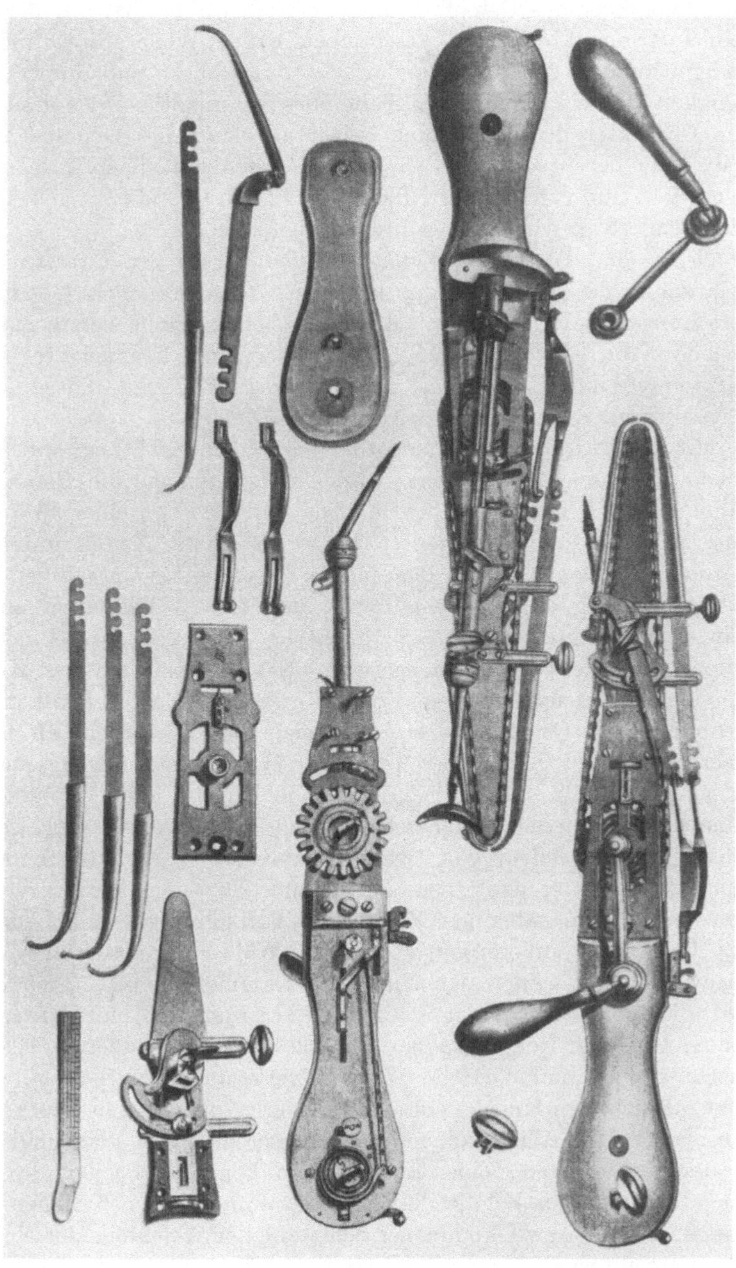

Abb. 2. Das Osteotom.

die dieser über das Osteotom und die zielbewußte Art, mit der *Heine* sein Instrument erdachte, geschrieben hat: „Wenn die Erfindungen anderer zufällig durch den Bedarf des Augenblicks und durch die Zufälligkeit des einzelnen Krankheitsfalles veranlaßt wurden und daher den Charakter der Zufälligkeit selbst als deutliches Gepräge an sich tragen, so beruht *Heines* Erfindung dagegen auf einem Prinzip, und es gereicht ihm zum großen Ruhm, sowohl den Grundsatz als das rechte Werkzeug zu gleicher Zeit gefunden zu haben."

Neben den Worten *v. Walthers* finden wir in der Literatur dieser Zeit zahlreiche zustimmende, teilweise überschwenglich lobende Besprechungen des Osteotoms. An maßgebender Stelle setzte man sich vielenorts für die Verbreitung des segensreichen Instrumentes ein; so wirkten vor allem *J. Heine, Demme, Kajetan Textor, Sichel* für das Bekanntwerden desselben in Ärztekreisen.

Mit der Erfindung des Osteotoms sowohl in zeitlichem wie ursächlichem Zusammenhange stehen nun Untersuchungen, die *Heine* unternahm, um die Frage der Regeneration der Knochen einer Prüfung zu unterziehen. Die Experimente, die er zu diesem Zweck unternahm, wurden fast sämtlich mit dem neuen Instrumente ausgeführt, wobei sich gleichzeitig die Zweckmäßigkeit von *Heines* Erfindung auf das glänzendste zeigte. *Heine* experimentierte vor allem an Hunden; er untersuchte die Regenerationsfragen an allen Knochen des Körpers, die sich nur irgend zu einem Eingriff eigneten. Hatte er sich mit der Erfindung des Osteotomes einen Namen als außerordentlich fähiger, ideenreicher und geschickter Techniker gemacht, so zeigen seine Versuche ihn als Physiologen von hoher Bedeutung. Heute müssen wir seine experimentellen Untersuchungen als die größte seiner Leistungen anerkennen, nachdem das Osteotom mit der Vervollkommnung des chirurgisch-technischen Instrumentariums besseren Werkzeugen hat weichen müssen. Aber zur Zeit seiner Erfindung war die Bedeutung des Osteotoms außerordentlich groß. Während man früher darauf angewiesen war, einen Knochen mit Hammer, Meißel, Trepankrone und anderen derben und angreifenden Instrumenten chirurgisch anzugehen, wobei der Eingriff immer sehr roh blieb, auch außer der schweren Erschütterung umfangreiche Weichteilverletzungen vorkamen, war es jetzt möglich, den Knochen ohne Nebenverletzungen so zu zerschneiden, wie man wollte. Wie man mit dem Messer die Haut glatt und genau in der gewünschten Linie durchtrennen konnte, so gelang es jetzt, einen haarscharfen Schnitt mit glatten Rändern im Knochen anzubringen, der unter vollkommener Schonung der Weichteile der Nachbarschaft gesetzt werden konnte. Einen Eingriff von der tadellosen Präzision der Arbeit des Osteotoms geben die Abbildungen der Knochenpräparate; man sieht an ihnen, wie genau und sicher das Instrument gearbeitet hat.

Im Jahre 1834 führte *Heine* sein Instrument der Akademie der Wissenschaften in Paris vor. Gleichzeitig zeigte er die Knochenpräparate seiner Experimente, um sowohl die Wirkungsweise seines Osteotoms als auch seine Versuchsergebnisse zu demonstrieren. Die Sitzung, in der er seinen Vortrag hielt, fand im August 1834 unter dem Vorsitz des berühmten *Cruveilhier* statt. Der Vortrag wurde mit großem Beifall aufgenommen und *Heine* sehr gefeiert. Die Wirkung seines Vortrages war nach einem Schreiben[1]) der ausländischen Ärzte in Paris eine sehr große; in diesem Schreiben sprachen ihm diese Ärzte ihre begeisterte Zustimmung und ihren herzlichen Dank aus.

2 Jahre später erhielt *Heine* für die Erfindung des Osteotoms (pour la scie nouvelle, destinée à la résection des os) von der Akademie den Preis der Medizin und Chirurgie, den nach dem Stifter genannten Monthyonpreis, der aus 2000 Frcs. bestand. [Siehe Anerkennungsschreiben vom 29. VII. 1836, unterschrieben von *Flourens*, Verleihung in der Sitzung vom 18. VII. 1836[2]).]

Das Jahr 1837 führte *Heine* auf die Höhe seines Ruhmes. Nachdem der Ruf seines neuen Instrumentes weit über die Grenzen Deutschlands hinausgedrungen war, wurde das Osteotom von überallher verlangt. Der Kaiser Nikolaus von Rußland beauftragte den berühmten Erfinder nach Petersburg zu kommen, sein Instrument den russischen Ärzten vorzuführen und diese in dem Gebrauch desselben zu unterrichten, damit die segensreichen Operationen, die mit dem Osteotom möglich geworden waren, auch in den entferntesten Gegenden Rußlands ausgeführt werden könnten. *Heine* leistete dem ehrenvollen Rufe Folge. Er hatte sich kurz vorher mit seiner Base *Anna Heine*, der Tochter *Johann Georgs*, verlobt, nachdem er die Jahre hindurch dauernden Widerstände seines im Haag lebenden Oheims überwunden hatte. So führte er bald seine Braut zum Altare, um aber schon 1 Tag später nach Rußland abzureisen. In Petersburg wurde er sehr ehrenvoll behandelt; der Kaiser machte den Versuch, ihn ganz für Rußland zu gewinnen, indem er ihm antrug, als Orthopäde die Erziehungsanstalten der Krone in Kronstadt zu überwachen. *Heine* konnte sich jedoch nicht dazu entschließen, Würzburg zu verlassen, und lehnte daher das Anerbieten trotz der überaus günstigen Bedingungen ab[3]).

Ungefähr $^1/_2$ Jahr blieb er in Petersburg. In dieser Zeit unterwies er die dazu kommandierten russischen Ärzte in dem Gebrauch des

---

[1]) Im Besitze des orthopädischen Mechanikers *Haas* in Würzburg.

[2]) Ihre Exzellenz Frau Baronin *v. König*, die Tochter *Heines*, hat mir dieses Dokument zum Geschenk gemacht. Es befindet sich jetzt bei den Heine-Akten der Universität Würzburg.

[3]) Der Bericht über den russischen Aufenthalt findet sich in: II. Med. Jahresbericht vom Marienkrankenhaus für Arme in St. Petersburg 1837; von *Roos*, St. Petersburg 1838.

Osteotoms, führte ihnen selbst eine große Anzahl Operationen vor und zeigte ihnen seine schönen Knochenpräparate von Tieren. Nach einer an Erfolgen reichen Zeit, über welche wir das Zeugnis eines russischen Arztes besitzen, kehrte er Ende des Jahres 1837 nach Würzburg zurück, nachdem er vom Kaiser 6000 Gulden und hohe Ehrungen empfangen hatte. Das Osteotom wurde in großer Anzahl in Würzburg bestellt und überall in Rußland verbreitet. Wir konnten Einsicht in ein Schriftstück des Hofmarschallamtes in Petersburg[1]) nehmen, in dem der Empfang der letzten 90 bestellten Instrumente bestätigt wird.

Als weltberühmter Mann kehrte *Heine* zurück. Nachdem die Universität Würzburg ihn 1836 zum Ehrendoktor ernannt hatte, erhielt er vom Kaiser von Österreich die große goldene Ehrenmedaille, vom König von Preußen die große goldene Ehrenmedaille der·Akademie, vom König von Bayern das goldene Zivilverdienstehrenzeichen und vom König von Württemberg einen Brillantring.

Das folgende Jahr bringt ihn wieder in Verbindung mit der Akademie der Wissenschaften zu Paris. *Heine* bewarb sich mit einer Schrift, betitelt: „Recherches sur la régénération des os" um den Preis der Akademie und erhielt unter 13 Bewerbern den Vorrang. Die Verleihung des Preises fand in der Sitzung der Akademie am 13. VIII. 1838 statt. [Siehe Anerkennungsschreiben vom 22. II. 1847 von *Flourens*[2]).]

Auch in der Heimat wurde ihm von seiten der Universität die verdiente Anerkennung zuteil. 1838 ernannte ihn der König von Bayern auf Bitte des Universitätssenates zum Professor honorarius der Universität Würzburg. Er wird Professor für „Orthopädie und die Operationslehre mit dem von ihm erfundenen Osteotome". *Heine* widmet sich von nun an lediglich seinen Lehraufgaben und treibt wissenschaftliche Studien. Das Karolinum, das orthopädische Institut seines Oheims, das er, wie erwähnt, seit dem Jahre 1828 allein leitete, ging 1838 ein, nur seine Wohnung behielt er dort weiter. 1841 wurde ihm eine Tochter geboren, 1843 ein Sohn. 1844 wurde er zum außerordentlichen Professor für Experimentalphysiologie ernannt und erhielt einen Lehrauftrag für dieses Fach, dessen Notwendigkeit der Senat in einem langen Gutachten an den König begründete.

Aber nach langen arbeitsreichen Jahren dort angelangt, wo eine große schöne Aufgabe die Einsetzung seiner ganzen Manneskraft erforderte, brach mit schwerer Krankheit die Tragik seines Lebens über ihn herein, er sollte sich seines Amtes nicht mehr freuen dürfen. Nachdem er schon jahrelang an unbestimmten schwächenden Zuständen gelitten hatte, erfuhr sein Leiden Anfang 1845 eine starke Verschlimmerung. Starke Hustenanfälle, manchmal mit Blutauswurf, erschütterten

---

[1]) Im Besitze des orthop. Mechanikers *Haas* in Würzburg.
[2]) Ebenfalls bei den Heine-Akten der Universität in Würzburg.

ihn, Hitze und Frösteln zwangen ihn nieder und schwächten seine Arbeitskraft. Schon bei seiner Ernennung zum Professor der Experimentalphysiologie war seine Gesundheit dahin. Zwar hatte er im Wintersemester 1844—1845 noch Vorlesungen gehalten, aber schon im Sommer 1845 mußte er aussetzen, konnte im Winter nicht lesen und mußte im April 1846 abermals um Urlaub bitten. In diesen Jahren, in denen er offenbar fühlte, daß seine Lebenskraft zur Ausführung vieler Ideen nicht mehr hinreichte, sandte er der Akademie der Wissenschaften in Paris ein verschlossenes Paket mit Aufzeichnungen, in denen er sich gemäß dem Gebrauch dieser Zeit auf diese Weise Prioritätsrechte sichern wollte. Auf den Inhalt kommen wir weiter unten zurück.

Ende Juli d. J. begibt er sich auf Einladung seines Freundes *Demme* in Bern in die Schweiz, in der Hoffnung, hier Genesung zu finden. Aber unterwegs verschlimmert sich sein Zustand sehr, im Glockentale bei Thun in der Schweiz erleidet er am 31. VII. 1846 einen Blutsturz, an dessen Folgen er in derselben Nacht stirbt.

Sein Leichnam wurde auf seinen Wunsch nach Würzburg zurückgebracht und hier am 8. VIII. unter der lebhaftesten Teilnahme der wissenschaftlichen Kreise der Stadt, denen sich der lange Zug einer ihn als Arzt und Menschen verehrenden Menge anschloß, zur letzten Ruhe gebracht. 1 Jahr nach seinem Tode wurde eine große bronzene Platte auf seinem Grabe niedergelegt, auf dem ein in künstlerischer Arbeit ausgeführtes Osteotom von der Lebensarbeit des Verewigten sprach. Leider wurde dieser Schmuck einige Zeit später von ruchloser Hand entfernt.

Die Trauer um den in der Blüte der Mannesjahre dahingerafften Forscher war groß und allgemein. Die Würzburger Universität veröffentlichte von der Hand des Internisten *Markus*[1]) einen Nachruf in der Allgemeinen Zeitung, der in warmer, liebevoller Weise Leben und Verdienste des Verstorbenen besprach. Die Akademie der Wissenschaften gab einen Nekrolog über den von ihr 2 mal mit dem Preis Geschmückten heraus, der ebenfalls den großen Verdiensten des Verstorbenen gerecht wird[2]). *Flourens*, der Sekretär der Akademie, schrieb der Witwe *Heines* einen teilnehmenden Brief, in dem er von den Schriften, die *Heine* bei der Akademie niedergelegt hatte, sagt: „Le paquet cacheté, déposé par votre illustre Mari, sera religieusement conservé jusqu'au moment où vous en demanderez l'ouverture"[3]).

Rückblickend auf das an Erfolgen reiche, im besten Mannesalter unterbrochene Leben *Bernhard Heines* müssen wir versuchen, uns ein Bild von seiner Gesamtpersönlichkeit zu machen. Wir wissen von berufenster Seite, daß er seine Pflichten als Arzt in vorbildlicher Weise ernst nahm.

---

[1]) Beilage zur Allgemeinen Zeitung 24. XII. 1846, S. 2860.
[2]) Notice nécrologique de *Bernhard Heine* par le Dr. *Vasarotti*. Paris 1847.
[3]) Abgedruckt in *Markus'* Aufsatz.

Seine Art, mit seinen Kranken und den ihn um Hilfe angehenden orthopädisch Leidenden umzugehen, wurde damit gelohnt, daß er das Vertrauen aller genoß, die mit ihm in Berührung kamen. Aber die berufliche Auffassung *Heines* wie seine Fähigkeiten als Arzt ließen das Vertrauen auch gerechtfertigt erscheinen. Wie sehr war er auch von frühester Jugend mit seinem Berufe verwachsen; führte ihn sein Lehrgang doch nicht allein in den ärztlichen Beruf hinein, sondern speziell in den des Orthopäden, und hier schritt er in der Tat vom Kleinsten zum Größten fort. So kam es, daß er ebenso Mechaniker wie Arzt war, daß er seine Patienten nicht nur ärztlich richtig zu beurteilen verstand, sondern auch die Konstruktion des für sie passenden Apparates bis ins kleinste hinein angeben konnte, ja daß er die Anfertigung des Apparates selbst vornehmen und ihn seinen Kranken genau anlegen konnte. Hieraus ergibt sich auch die Forderung, die *Heine* ausspricht, daß der Orthopäde ebensosehr Arzt wie Techniker sein müsse und mit derselben Liebe an die Konstruktion und Anfertigung des Apparates herangehen müsse wie an die Beurteilung des Krankheitsfalles selbst. Eine schöne, ausgedehnte, an Erfolgen reiche Tätigkeit lohnte denn auch diese Auffassung seines Berufes, die er von seinem berühmten verdienten Oheim *Johann Georg Heine* übernommen hatte.

Es gilt aber für uns hier besonders zu zeigen, welch großer und bedeutender Forscher *Heine* gewesen ist. Wenn das Wort eines bekannten zeitgenössischen Mediziners wahr ist, daß zu einem großen Forscher drei Gaben gehören, nämlich Phantasie, scharfer Verstand und ein zäher Fleiß, dann können wir *Bernhard Heine* dieses Prädikat wohl zuerkennen. Unter diese Eigenschaften fällt wohl auch jene, die wir als die wesentlichste für jedes schöpferische Schaffen, ja, als seine Grundbedingung ansehen müssen, nämlich die Fähigkeit, das Problem klar zu erfassen, oder anders ausgedrückt, die richtige Fragestellung finden. Ist dies erst da, dann ist das Problem schon halb gelöst. Und wir beobachten das an *Heines* Schaffen unentwegt. Er befaßt sich nicht mit Umwegen, er geht auf die Frage, ist das Periost Knochenbildner oder nicht, mit einem experimentellen Angriff los, der keine Nebendeutungen zuläßt, und macht damit einen Trennungsstrich gegen die Halbheiten seiner Zeit in diesen Fragen. Und so paradox es klingt, möglich ist diese rasche Erfassung des Problems nur durch eine reiche, durch den Zügel des kritischen Verstandes gehemmte Phantasie, die blitzartig, manchmal nur ahnend, nur andeutend, mehr gefühlt als wirklich gesehen, das Ende des Weges zeigt. Mit eisernem Fleiße und unentwegter Zähigkeit verfolgte er das einmal gestellte Ziel, unbeirrt durch die jedem ehrlich arbeitenden Menschen nicht erspart bleibenden Fehlschläge, und schließlich analysiert er mit klarer Folgerung seine Ergebnisse des Experimentes.

Daher haben wir in *Bernhard Heine* den medizinischen Wissenschaftler von hohem Range zu verehren, und es ist auf das höchste zu beklagen, daß dieser klare und umfassende Geist so früh dahingehen mußte. Er hätte seiner Wissenschaft noch viel schenken können. *Markus* sagt von ihm das schöne Wort[1]: „Wenn Ernst und Gründlichkeit als charakteristische Zeichen deutscher Forscher gelten, so war *Heine* ein würdiger Vertreter seines Volkes."

Es ist unnötig, etwas über den Menschen hinzuzufügen. Seinen Verstandeseigenschaften entsprachen die seines Charakters, wovon wir nur sagen wollen, daß *Heine*, der ein strenggläubiger Katholik war, in seiner festen Lebensanschauung die gegründete Basis hatte, auf der er sein Lebenswerk verrichten konnte.

So steht sein Bild vor uns als das eines von bestem Streben erfüllten Forschers und Arztes, den die deutsche ärztliche Wissenschaft unter ihre besten zählen kann.

---

[1] l. c.

B. Geschichtlicher Überblick.

1. Einleitung.

Medizinische Werke wollen aus der Zeit heraus, in der sie geschrieben wurden, verstanden und gewertet werden. Mehr als in jeder anderen Wissenschaft steht der medizinische Forscher in Abhängigkeit einmal von den Anschauungen seiner Zeit in Hinsicht auf allgemein medizinische Fragen und andererseits von dem Stande der Forschung auf dem Gebiete, das er bearbeitet. Beim Studium der gegenwärtigen Literatur werden wir uns dieser Tatsachen im allgemeinen kaum bewußt, denn wir leben so in der Zeit und ihren wissenschaftlichen Fragen, daß uns das Verständnis jeder Arbeit gleichsam von selbst zufällt.

Ganz anders verhält es sich mit Werken aus früheren Zeiten. Hier fehlen uns zunächst die eben genannten Voraussetzungen völlig; lesen wir daher eine solche Arbeit, so werden wir bald selbst innewerden, daß wir das gewohnte richtige Verhältnis zu dem Werke nicht gewinnen, sei es dadurch, daß wir manche Auffassung von unserem heute vielleicht anderen Standpunkt aus unmöglich finden, sei es auch, daß wir tatsächliche Irrtümer einer anderen Zeit nicht kennen und dementsprechend werten. Herausgerissen aus einer uns vielleicht geradezu wesensfremden Zeit kann eine solche Arbeit stets nur ein Stückwerk für uns sein, ein verschlossenes Fach, zu dessen Öffnung uns der Schlüssel fehlt.

In einer solchen Lage befindet sich der Leser der *Heine*schen Arbeit gegenüber. Zwar mutet sie rein inhaltlich durchaus modern an, ihre Ergebnisse entsprechen im großen und ganzen den heutigen Anschauungen über Knochenregeneration, ihr experimenteller Aufbau ist unantastbar.

Aber doch ist *Heines* ganze medizinische Denkweise eine ganz andere, ebenso wie seine Anschauungen über den Knochen entsprechend dem Stande der Kenntnisse seiner Zeit erheblich von den gegenwärtigen Anschauungen abweichen. Die Entstehung seiner Arbeit liegt eben 100 Jahre zurück, und welch gewaltige Änderung hat seitdem die Medizin im ganzen und ihre einzelnen Sonderfächer erfahren. Der Unterschied zwischen *Heines* Zeit und der unsrigen ist kein quantitativ gradueller, sondern ein Wesensunterschied, und darum fällt uns das Verständnis für diese Zeit nicht leicht.

So wollen wir uns in den folgenden Abschnitten um 100 Jahre zurückversetzen und den Versuch machen, uns in die ganze Denkweise der damaligen medizinischen Welt einzuführen. Gelingt uns das, dann werden wir *Heine* und seiner Zeit mit ihren Problemen mit vollem Verständnis gegenüberstehen.

Dem Gesagten entsprechend gibt die folgende historische Einleitung zunächst einen Überblick über die Gesamtmedizin in den ersten 30 Jahren des 19. Jahrhunderts. Ihr schließt sich an eine historische Entwicklung der Anschauungen über Knochenregeneration mit besonderer Berücksichtigung des Jahrhunderts vor *Heine*, das für die Knochenphysiologie von größter Wichtigkeit war; welchem Abschnitt eine Darstellung der Gesamtvorstellungen über die Anatomie und Physiologie des Knochens zu *Heines* Zeit folgen soll.

2. Die Medizin in den ersten 30 Jahren des XIX. Jahrhunderts.

Zu Anfang des 19. Jahrhunderts wurde die medizinische Lehre in Deutschland, entsprechend einer geistigen Richtung, die von großem Einfluß auf das ganze Kulturleben war, und die man als die romantische bezeichnet, in wirksamster Weise beeinflußt und gestaltet. Standen im 18. Jahrhundert sachliche Erörterungen und Forschungen im Vordergrunde des Interesses, so kamen jetzt·die Bestrebungen auf, in theoretisierender Weise medizinische Anschauungen und Vorstellungen zu einem System zusammenzufassen. Im allgemeinen pflegt man auf diese Zeit und ihre geistigen Produkte mit nachsichtigem Mitleid zurückzublicken, ja die Autoren des 19. und 20. Jahrhunderts berichten sogar mit Spott, Hohn und Verachtung von jenen manchmal vielleicht gekünstelten, vielfach in starren Rahmen gewaltsam eingepreßten Systemen, die trotzdem jedem, der sich von der groben, materialistischen Denkweise des naturwissenschaftlichen Zeitalters nicht allzu sehr den Blick trüben läßt, als gewaltige Schöpfungen genialer, intuitiv arbeitender Köpfe erscheinen. In ihrer Zeit konnten sie auf die Dauer nicht befriedigen, dazu war vor allem das Tatsachenmaterial, auf dem sie sich aufbauten, einerseits zu dürftig, andererseits direkt falsch gedeutet, wie z. B. bei der Broussaisschen Lehre, die sich auf irrtümlich gedeutete, entzündliche Veränderungen der Magen-Darmwand stützte. Der Rückschlag, der kommen mußte, war ungeheuer heftig und weitgehend. So lesen wir bei *Wunderlich*[1]), daß der Zustand der Medizin in Deutschland in den ersten 30 Jahren des 19. Jahrhunderts ein trostloser war; so spricht *Helmholz* aus, daß sich „ernsthafte und redlich denkende" Menschen mit Unwillen und unbefriedigt von der Medizin abwandten. Wir, die wir heute die deutsche medizinische Wissenschaft mit an der Spitze marschierend zu sehen gewohnt sind, fragen uns mit schmerzlichem Erstaunen nach den Ursachen dieses Tiefstandes.

---

[1]) *C. A. Wunderlich*, Geschichte der Medizin. 1859.

Heines medizinisches Wirken fällt in die Zeit des Überganges aus dieser spekulativen Periode in das sogenannte naturwissenschaftliche Zeitalter, das der nüchternen Tatsachenforschung gewidmet war. Zum Verständnis seiner Zeitepoche ist ein genaueres Eingehen auf ihre gedanklichen Einstellungen und Forschungsrichtungen unerläßlich.

Es war jene Zeit, in der der deutsche Geist in philosophischer wie ästhetischer Hinsicht den höchsten Gipfel erklommen hatte, der ihm bis heute beschieden ist. Sie ist gekennzeichnet durch die ungeheuren Gedankensysteme der großen Philosophen, durch den hohen Stand von Kunst und Literatur, überhaupt jeder kontemplativ arbeitenden, auf Verinnerlichung des Menschen und Durchgeistigung der Natur hinneigenden Richtung. *Kant* und seine Nachfolger beherrschten die Geister, und es scheint mit der Anregung der tiefsten Gedanken in der Metaphysik die innerste Seite der deutschen Volksseele angeschlagen zu sein. So wurde auch die gesamte wissenschaftliche Forschung durch den Weg, den die Philosophie gewiesen hatte, in eine Richtung rein spekulativer Arbeit gedrängt und versuchte daher unter Beiseitelassung alles Empirischen auf dem Wege der gedanklichen Entwicklung zu ihrem Ziele zu kommen. Diese ganze Denkweise wurde besonders durch ein philosophisches System begünstigt, das von ungeheurem Einfluß auf diese Zeit gewesen ist, die *Schelling*sche Naturphilosophie, die von *Oken*[1]), *Schmidt*[2]), *Döllinger*[3]) und *v. Walther*[4]) auf die Naturwissenschaften und die Medizin angewandt wurde. Sie ist der eigentliche Krystallisationspunkt der romantischen Medizin. Der Grundgedanke der *Schelling*schen Naturphilosophie gründete sich auf einen steten Antagonismus in der Natur. Die wahrnehmbaren Dinge entstehen aus einer dauernden Wechselwirkung gegeneinander arbeitender Kräfte, die aus einem ihr selbst nicht bewußten Trieb der Natur zu einer bewußten Vernunft entspringen. Dies ist ihr Ziel. Aus der unbewußten Vernunft soll die bewußte intelligente Persönlichkeit werden. Die Gesetze der Natur sind somit im Geist, als einem ihrer Teile, verankert und können daher auch aus dem Geiste selbst abgeleitet werden. Die gegeneinander wirkenden Kräfte werden uns klar in der Chemie in der Form von Säuren und Alkalien, in der Mechanik als Anziehung und Abstoßung; auch im Magnetismus und in der Elektrizität beobachten wir dasselbe. In der organischen Welt sind Reproduktion, Irritabilität und Sensibilität die

---

[1]) *Lorenz Oken*, Begründer der Naturforscherversammlung. Professor in Jena. 1779—1851,

[2]) *J. A. Schmidt*, Arzt in Wien, 1759—1809.

[3]) *Ignaz Döllinger*, Begründer der modernen Entwicklungsgeschichte. Professor in Würzburg und München. 1770—1841.

[4]) *Ph. Fr. v. Walther*, Professor für Chirurgie in Bonn, Landshut und München, 1781—1849. Herausgeber des Journals für Chirurgie und Augenheilkunde (zus. mit *v. Graefe*).

Grundkräfte. An zahlreichen Beispielen wird gezeigt, wie diese drei über die Stufenfolge der Organismen verteilt sind. Bei den niedersten mit ihrer ungeheuren Vermehrung ist die Reproduktionsfähigkeit die wirksamste, während die Sensibilität den höchsten Ausdruck im menschlichen Bewußtsein findet. Hieraus ist nicht zu verkennen, daß dem ganzen natürlichen Geschehen eine gewisse Entwicklung anhaftet.

Dieses kühne Gedankengebäude *Schellings* war von ungeheurer Wirkung; seine suggestive Kraft erstreckte sich auf das gesamte medizinische Denken um die Jahrhundertwende und die folgenden Jahrzehnte.

Zu annähernd der gleichen Zeit fand in Deutschland das Erregungssystem des Schotten *John Brown*[1]) starken Erfolg, das als wesentlichste Eigenschaft des lebenden Organismus die Erregbarkeit annahm. Starke Reize setzen nach ihm die Erregbarkeit herab, schwache Reize steigern sie, das Leben kann nur eine anhaltende Kette von Erregungen bilden, nur die dauernden Reize bewahren es vor dem Untergang. Die Krankheit besteht entweder in dem sthenischen oder dem asthenischen Zustande, eine zu starke Erregung verursacht den ersten, eine zu schwache Erregbarkeit den zweiten.

Die *Brown*schen Lehren fanden eine teilweise enthusiastische Anhängerschaft, in der der berühmteste der Kliniker *Andreas Röschlaub*[2]) war, wurden aber andererseits auch stark bekämpft, so besonders von *Hufeland*[3]) und *Stieglitz*[4]).

In loserem Zusammenhang mit dieser ganzen Zeit und ihren Richtungen steht eine medizinische Theorie, die noch heute gläubige und begeisterte Anhänger sowohl wie gänzliche Verächter und Verwerfer hat, die Homöopathie des sächsischen Arztes *Samuel Hahnemann*[5]). Dieser, eine leidenschaftliche, von dem heißen Bestreben auf eine wirkliche Therapie angetriebene Natur fühlte sich von dem theoretisierenden und dogmatischen Geist seiner Zeit aufs höchste unbefriedigt, sah in dem gesamten Wissensstoff kaum einen Punkt, wo eine wirklich rationelle Therapie einsetzen könnte und kam daher dazu, sich lediglich an den Krankheitssymptomen zu orientieren. Aus der Ähnlichkeit der Symptome eines durch Chinarinde hervorgerufenen Fiebers mit dem Wechselfieber kam er zu dem Schluß, daß diejenigen Mittel in kleinen Dosen solche Krankheiten zu heilen vermögen, die sie in großen Dosen selbst hervorrufen; daher der Satz similia similibus. Leider hat *Hahnemann* selbst in fanatischem Glauben an die Richtigkeit seiner Lehre und in

---

[1]) *John Brown*, 1735—1788; Hauptwerk: „Elementa medicinae". 1778.
[2]) *J. A. Röschlaub*, Professor in München, 1768—1835.
[3]) *C. W. Hufeland*, Berliner Kliniker, 1762—1836.
[4]) *J. J. Stieglitz*, hannoverscher Leibarzt, 1767—1840.
[5]) *S. Hahnemann*, 1775—1843.

einseitiger Konsequenz dem guten und ausgezeichneten Kern, der in seiner Lehre steckte, durch seine übertriebenen Folgerungen, die sich besonders in den überaus hohen Verdünnungen zeigten, schwer geschadet, wir wissen aber heute, daß in der homöopathischen Lehre *Hahnemanns* das biologische Prinzip von der Wirkung schwächster Reize enthalten war.

In diesem Zusammenhang haben wir noch als besonders hervortretend die wieder aufgekommene Lehre von dem tierischen Magnetismus zu erwähnen. Ursprünglich von dem Arzt *Anton Mesmer*[1]) aufgestellt, hatte sie in dem Deutschland der *Schelling*schen Naturphilosophie teilweise die größten Erfolge, zu deren Kennzeichnung im ganzen man jedoch nur den Namen *Cagliostro* zu erwähnen braucht; daneben verfiel die Medizin in Deutschland religiös-mystischen Richtungen, die schließlich die Heilkunde in Beziehung zum biblischen Sündenfall setzten und mit absurden Dämonen- und Gespenstergeschichten arbeiteten [*Justinus Kerner*[2])].

Bei dieser ganzen gedanklichen Entwicklung konnten weiter eine Reihe von Systemen entstehen, die fußend auf einer mehr oder weniger objektiv beobachteten Wahrnehmung in kühnem Gedankenfluge eine spekulative Vorstellungswelt über Leben und Tod, Gesundheit und Krankheit, Gott und Welt aufbauten. Bald reichten die vorhandenen Tatsachen nicht mehr aus, den phantastischen Bedürfnissen zu genügen, mit hastiger Überstürzung wurden daher die Entdeckungen aus verwandten Wissenschaften herangezogen.

So kam es dazu, den entdeckten Sauerstoff zum Prinzip alles Lebenden zu machen, so kam es zur Identifizierung der geheimnisvollen Kraft der Elektrizität mit der Lebenskraft; so wurde das Spiel mit Begriffen zum Selbstzweck und viel geistige Arbeit wurde unnütz vertan.

Die graue Theorie herrschte also. Aber trotzdem stehen wir bewundernd vor der Unsumme von Geist, die auf die Ausarbeitung dieser Denkgebäude und ihre Anwendung für die Therapie verwandt wurde, wir werden uns dabei gewiß manchmal sogar mit einer gewissen Resignation der skeptischen Fesseln bewußt, in die uns unsere objektive Denkweise geschlagen hat — denn nur zu deutlich ist es gerade unserer Zeit geworden, daß auch die Empirie allein uns nicht zum Ziele führt, ja daß der kühne Gedankenflug der Phantasie eines der Haupterfordernisse eines Forschers ist —; aber angesichts dieser ganzen Sachlage vor 100 Jahren müssen wir gestehen, daß in Wahrheit die deutsche medizinische Forschung in praktischer wie theoretischer Hinsicht zurückgeblieben war.

---

[1]) *F. A. Mesmer*, 1734—1815, Arzt in Wien.
[2]) *J. Kerner*, Arzt und Dichter in Weinsberg (Württ.), 1786—1862.

Während es somit der medizinischen Spekulationen genug gab, waren Forscher rein positiver Einstellung nur wenig vorhanden.. In der Anatomie sind zu erwähnen *Wrisberg*[1]) mit seinen Schülern *Loder, Langenbeck*[2]) und *Rosenmüller*[3]); in der Physiologie vor allem der berühmte *Autenrieth*[4]), dessen wissenschaftliche Nüchternheit jedoch von keinem großen Einfluß war. In der pathologischen Anatomie herrschte die Neigung vor, Merkwürdigkeiten zu sammeln, bis sie erst durch *Rokitansky*[5]) und die Wiener Schule in den dreißiger Jahren einen gewaltigen Anstoß erhielt. Mit besonderem Bezug auf *Heine* müssen wir hier auch den *Schelling* schen Anhänger *Markus* nennen, Kliniker in Bamberg und Würzburg, dessen therapeutische Erfolge weithin berühmt waren. Er war es, der einen warmherzigen Nachruf auf *Heine* schrieb.

Die klinische Lehre und Beobachtung wandelte durchaus in den Bahnen einer fast Jahrhunderte alten Methodik, Neues war nicht hinzugekommen oder begann sich erst in geringem Maße zu entwickeln. Wie sehr man am Alten haftete, zeigt das Beispiel der Auskultation, welch wichtige Untersuchungsmethodik in Deutschland 60 Jahre vorher durch *Auenbrugger*[6]) angegeben war. Sie war fast vollkommen in Vergessenheit geraten, ja ihre wenigen Anhänger mußten Spott über sich ergehen lassen. Der klinische Unterricht war nach den Berichten *Wunderlichs* dürftig und ganz ungenügend. Gegen die dreißiger Jahre hin wurde das anders. Denn auf die Dauer war die Entwicklung, die aus einer Abkehr von rein gedanklich konstruierter medizinischer Systembildung und einer Aufnahme objektiver, kühler Forscherarbeit bestand, doch nicht zu hemmen. Und hier marschierte die Chirurgie unzweifelhaft an der Spitze. Sie war 30 Jahre lang in der glücklichen Lage gewesen, daß sie infolge der langen Kriege der Revolutionsjahre und der napoleonischen Zeit ein großes Forschungsmaterial zu verarbeiten hatte, konnte sich daher nicht mit mehr oder weniger müßigen Spekulationen, zu der sie als eine Disziplin der nüchternen, harten Tatsachen, des raschen Entschlusses, der sofortigen Hilfeleistung an sich am wenigsten paßt, befassen und nutzte ihre Zeit gut aus. So machte sie in diesen Jahren unter allen medizinischen Disziplinen die größten Fortschritte und gewann an innerem Wert, was wiederum ihr Ansehen außerordentlich hob. Aber auch die sonstigen medizinischen Fächer wandten sich mehr und mehr der realen Forschungsrichtung zu, er-

---

[1]) *H. A. Wrisberg*, Professor der Anatomie in Göttingen, 1739—1808.

[2]) *K. M. J. Langenbeck*, Hauptrepräsentant der Göttinger chirurgischen Schule, 1776—1851.

[3]) *A. Rosenmüller*, Anatom in Leipzig, 1771—1820.

[4]) *J. H. F. v. Autenrieth*, Kliniker in Tübingen, 1772—1835.

[5]) *K. Rokitansky*, Professor für pathologische Anatomie in Wien, 1804—1878.

[6]) *J. L. Auenbrugger*, 1722—1809.

kennend, daß zunächst nur der Weg der Erfahrung vorwärts führen konnte..

Daher sehen wir, daß um das Jahr 1830 herum die medizinische Wissenschaft in eigentümlicher Weise beherrscht wird von spekulativer Systembildung neben nackter Tatsachenforschung, von dem Wunsche beseelt, es der philosophischen Forschung gleichzutun, möglichst auf reinem Gedankenwege zur Erkenntnis zu kommen und dem Bestreben, frei von jeder ideellen Beeinflussung nur die klare Beobachtung zur Grundlage weitergehender Schlüsse zu machen. Diese beiden gegensätzlichen Bestrebungen kommen in den berühmtesten Lehren zum Ausdruck, von denen wir nur die *Schönleins*[1]) nennen wollen.

So stand es um die Medizin in Deutschland. Aber während dieser Zeit war die Wissenschaft in Frankreich und England ganz andere Wege gegangen. Nachdem bis um das Jahr 1800 herum die Lehre von der Lebenskraft, einer nur dem lebenden Organismus zukommenden, mit physikalischen und chemischen Mitteln in ihrem Wesen nicht faßbaren Kraft, welcher Begriff von der berühmten Schule von *Montpellier* ausgegangen war und eine Erneuerung der alten $\varphi\acute{v}\sigma\iota\varsigma$ des *Hippokrates* bedeutete, herrschend gewesen war, begannen in diesen Jahrzehnten die Bestrebungen, pathologisch-anatomisch die Grundlagen der Krankheiten kennenzulernen. Es schieden sich die Geister schärfer nach dem schon viel älteren Unterschied, entweder die Organe und Gewebe oder aber das Blut und die Säfte als den Sitz der Krankheiten im Körper anzusehen, in die Solidar- und Humoralpathologie. Die erstere ist vertreten durch die Namen *Pinel*[2]), *Bichat*[3]), *Corvisart*[4]), von denen der Psychiater *Pinel* als eigentlicher Begründer der pathologisch-anatomischen Schule anzusehen ist; *Corvisart*, der berühmteste klinische Lehrer seiner Zeit als derjenige, der die theoretischen und praktischen, an der Leiche gewonnenen Ergebnisse auf die Klinik zu übertragen versuchte; *Bichat* als derjenige, der in unermüdlicher Arbeit mit genialer Durchdringung der Materie die eigentlichen Grundlagen für die pathologisch-anatomische Forschung des neuen Jahrhunderts schuf und zum erstenmal eine systematische Einteilung der Körpergewebe versuchte. Reine Humoralpathologen finden wir dagegen weniger. Das organisch-flüssige Element wurde als Sitz und Grundlage der Krankheiten angesehen von dem berühmten Experimentator *Magendie*[5]), *Andral*[6]) u. a. Zum ersten Male finden wir in dieser Zeit auch eine Bearbeitung der Chirurgie unter

---

[1]) *J. L. Schönlein*, Kliniker in Berlin, 1793—1864.
[2]) *P. Pinel*, Irrenarzt, 1755—1826.
[3]) *F. H. Bichat*, pathologischer Anatom, 1771—1802.
[4]) *J. N. Corvisart des Marest*, napoleonischer Leibarzt, 1755—1821.
[5]) *F. Magendie*, Physiologe, 1783—1855.
[6]) *G. Andral*, Pathologe, 1797—1876.

vorzüglicher Einstellung auf ihre pathologisch-anatomische Grundlage durch *Dupuytren*[1]), der die Bichatschen Lehren auf die Chirurgie anzuwenden versuchte.

Sind nun auch die Grundanschauungen aller dieser Forscher verschiedene, so ist die französische wissenschaftliche Medizin auf das sinnlich Erkenn- und Nachweisbare, als das gemeinschaftliche Objekt aller dieser Bestrebungen gerichtet, im Gegensatz zu der früheren, mehr transzendentalen Anschauung. Die kühle Beobachtung gewann die Oberhand über die nutzlose Spekulation, ja man kann sagen, daß diese in Frankreich nie so alles beherrschend gewesen war wie in Deutschland.

Ähnlich stand es in England. Hier hatten die Arbeiten des großen *John Hunter*[2]) über das Blut und die Entzündung ungeheuer anregend und zielgebend gewirkt. Die *Brown*sche Erregungstheorie vermochte dagegen bei weitem nicht denselben Einfluß auszuüben wie in Deutschland.

In dieser medizinisch zerrissenen Zeit wuchs *Heine* zum Arzt und Forscher heran. In Würzburg wirkte damals in der Anatomie *Ignaz Döllinger*, der sich besonders in der Entwicklungsgeschichte hervorgetan hat, seit 1824 *Karl Friedrich Heusinger*, ein Schüler *Okens*; damals lag noch der anatomische, physiologische und pathologisch-anatomische Unterricht in einer Hand. Den ersten Lehrauftrag für Physiologie erhielt 1844 *Bernhard Heine*, nach dessen Tode *Kölliker*[3]) berufen wurde. Die Chirurgie vertrat *Kajetan Textor*, seit 1816 außerordentlicher Professor, der anscheinend auf *Heine* von größtem Einfluß gewesen ist. Es ist nach dem Gesagten verständlich, daß er die größere Anregung zu der Bearbeitung der knochenphysiologischen Fragen nicht in Deutschland, sondern von den Experimentatoren vor allem der französischen Medizin empfing, was noch deutlich aus dem Abschnitt über die Bearbeitung seines Forschungsgebietes in dem vorhergehenden Jahrhundert hervorgehen wird.

In den Jahren 1834 und 37 legt *Heine* seine Arbeiten der Akademie der Wissenschaften in Paris vor. Paris galt immer noch als das Zentrum und die Hochburg aller wissenschaftlichen Bestrebungen der damaligen Zeit. Wir wissen das auch aus der Tatsache, daß der junge deutsche Mediziner zu *Heines* Zeit seine Ausbildung erst dann für abgeschlossen betrachtete, wenn er an den großen, gut eingerichteten Pariser Kliniken die Lehren der Männer kennengelernt hatte, die als die ersten Vertreter ihres Faches galten.

---

[1]) *G. Dupuytren*, Chirurg, 1777—1835.

[2]) *John Hunter*, umfassender englischer medizinischer und naturwissenschaftlicher Gelehrter, 1728—1793.

[3]) *A. Kölliker*, Anatom in Würzburg, 1817—1905.

Und welch überragende Bedeutung hatte von jeher die französische Akademie der Wissenschaften gehabt. Sie war lange Zeit die einzige ihrer Art. Ihr Forum war das anerkannteste, ihre Auszeichnungen galten in der wissenschaftlichen Welt als das Höchste, was zu erringen war. So kam es, daß der junge Dr. *Bernhard Heine* aus Würzburg seine Arbeiten der Prüfung durch die Akademie der Wissenschaften in Paris unterwarf.

3a. Die Anschauungen über die Physiologie des Knochens vor Heines Zeit bis zum Jahre 1830.

Die Frage nach der Art der Heilung gebrochener Knochen ist so alt wie bewußtes Denken bei der Menschheit überhaupt, handelt es sich doch um ein Problem von der größten praktischen Bedeutung. Die frühesten Äußerungen darüber finden wir bei *Hippokrates*, der der Meinung war, daß sich weder harte noch weiche Teile regenerieren könnten. Trotzdem hat er den Satz geprägt: *Medulla ossis alimentum, ideo callo fermatur*[1]). Das Mark ist also der Erwirker der Regeneration. Eine von ihm abweichende Meinung spricht *Galen* aus: Die Vereinigung gebrochener Knochen geschieht nur durch die Dazwischenkunft eines besonderen Bindungsmittels, des Callus, der aus dem überflüssigen Nahrungssafte der Knochen kommt, die gebrochenen Knochen gleichsam zusammenleimt, erhärtet, aber nie wirklicher Knochen wird. Dieser Knochensaft stammt aus dem Blut.

Diese Lehre des *Galen* blieb das ganze Mittelalter hindurch herrschend, ja man kann sagen, daß sie auch heute in ihrer Bedeutung noch nicht verloren hat, nur ist der Name, unter dem sie auftritt, immer ein anderer: wir hören von Knochensaft, von der koagulablen Lymphe, *Haller*, *Troja* u. a. bezeichnen sie als Gallerte, immer aber ist es der Gedanke des *Galen* in anderer Gestalt.

In den nächsten anderthalb Jahrtausenden finden wir keine Bearbeitung des Problems, die von Bedeutung und Einfluß gewesen wäre. Es gibt zwar Beobachtungen über den Verlauf einzelner Knochenerkrankungen, aus denen gewisse Schlüsse auf die Regeneration gezogen werden können und auch werden, aber die Frage war durch *Galen* entschieden, denn der wissenschaftliche Konservativismus, der das ganze Mittelalter beherrscht, war auch hierin ausschlaggebend. 1620 wagte *Bacon von Verulam*[2]) in seinem Novum Organon gegen ihn Sturm zu laufen und den Satz auszusprechen, daß die Autorität der Alten nichts, die Erfahrung alles sei, und indem er die „Instauratio magna" forderte, wies er damit endlich auf den einzigen Weg hin, zur Erkenntnis zu gelangen; aber es sollte noch fast 100 Jahre dauern,

---

[1]) Aphorismen, Buch 4.
[2]) *Bacon von Verulam*, Novum organum scientiarum. 1620.

bis seine Forderung auf dem Gebiete, mit dem wir uns beschäftigen, verwirklicht wurde. Bis dahin war von einer experimentellen Prüfung keine Rede. Auch war die Kenntnis vom Normalknochenbau ungenügend.

Im 15. und 16. Jahrhundert begannen einzelne Beobachtungen publiziert zu werden, und hier stehen die Deutschen mit ihren Arbeiten an erster Stelle. Als bedeutsam erwähnen wir die von *Johannes Scultetus*[1]), der eine eingehende Darstellung der Chirurgie seinerzeit mit zahlreichen Abbildungen gab. In diesem 1653 erschienenen Buche findet sich auch eine Angabe über eine regenerierte Tibia nach einer Nekrose, welche Angabe in der alten Literatur als erstes von autoritativer Seite veröffentlichtes Beispiel einer zweifellosen Knochenregeneration beim Menschen galt. *Schulz* hat vielleicht auch an eine knochenbildende Kraft des Periostes gedacht, jedenfalls findet sich an einer Stelle gelegentlich der Beschreibung von Behandlung und Verlauf einer komplizierten Fraktur die Angabe: „ . . . *Digitorum unguibus periosteum a tibia separavi . . .*“ Ob er dem Periost dabei irgendwelche knochenbildende Fähigkeit zuschrieb, ist aus der Stelle nicht ersichtlich. Es findet sich lediglich diese technische Angabe.

Als Gegenstück zu dieser Knochenregeneration nach Nekrose sei hier die ebenfalls dieser Zeit angehörige Beobachtung *Delamottes*[2]) angeführt, von der *Ollier* meint, es sei die erste richtige subperiostale Resektion gewesen, weil *Delamotte* angibt, daß er bei Entfernung von 6 Daumenbreiten der Tibia — es handelte sich um eine komplizierte Fraktur — die häutigen Teile, die mit dem Knochen verbunden waren, abgelöst hätte, nach welchem Eingriff ein vollkommener Wiederersatz stattfand. Aber über kasuistische Beiträge kamen die Arbeiten nicht hinaus. Bei der ungeheuren Bevorzugung, die die Amputation bei Krankheiten und Verletzungen der Extremitäten genoß, nimmt das auch kein Wunder.

Eine Wendung können wir sehen in dem Auftreten des Mannes, der eine genaue, auf gründlichen Studien beruhende anatomische Beschreibung der Knochen brachte, *Clopton Havers*[3]). Im Jahre 1692 erscheint zum erstenmal seine Osteologia nova, in der er die von ihm entdeckten und nach ihm benannten Kanälchen beschreibt. In diesem Werke bespricht *Havers* jeden Teil des Knochens einzeln, gibt eine Schilderung seiner Bestimmung und seines Zweckes und geht dabei ausführlich auf das Periost ein, um welche Haut sich von nun an der Streit über die Knochenbildung drehen sollte, der noch heute nicht als in allen Punkten erledigt angesehen werden darf. *Havers* stellt

---

[1]) *Joh. Scultetus*, Tabularum Armentarii chirurgici expositio. Ulm 1653, S. 199 und 312.

[2]) *Delamotte*, Traité complète de Chirurgie. 1694.

[3]) *Clopton Havers*, Osteologia nova 1692. Frankfurt und Leipzig.

6 Sätze auf, die folgende Ansicht über die Bestimmung des Periostes wiedergeben: Das Periost dient dem Knochen zur Einhüllung, gibt seiner Form eine gewisse Gefälligkeit, läßt die Lebensgeister in ihn eintreten, verleiht ihm Gefühl, verbindet den Knochen mit den Muskeln und Sehnen und vereinigt die Epi- mit den Diaphysen. Am wichtigsten ist der dritte Satz, der wörtlich wiedergegeben werden soll: Tertio videtur etiam periosteum inhibere augmentum et extensionem ossium et ad limites eidem ponendos inservire. Danach stellt also das Periost nicht das Organ der Knochenbildung dar, sondern es hat den Zweck, sein Wachstum zu begrenzen; aber die Fassung dieses Satzes ist unklar; eine knochenbildende Fähigkeit des Periostes scheint *Havers* jedenfalls nicht anzunehmen. *Der Hauptzweck des Periostes ist ihm der, ein richtiges Maß im Wachstum herbeizuführen, also vor allem wachstumshemmend zu wirken.*

Die Bedeutung der *Havers*schen Lehre ist in Hinsicht unserer Betrachtung sehr hoch einzuschätzen, denn es ist das erstemal, daß ausgesprochen ist, welch große Bedeutung dem Periost im Wachstum, Stoffwechsel und Haushalt des Knochens zukommt, und wenn wir heute die Ansicht *Havers'* als nur zum kleinsten Teil zutreffend ansehen müssen, so ist das zu seiner Zeit nicht immer so gewesen. Im Gegenteil, sie ist in den Schriften des folgenden Jahrhunderts häufig wieder aufgetreten. Wir finden sie zum Teil sogar bei *Bichat* wieder, der schrieb, „das Periost ist eine Art Grenze, das in seinem natürlichen Rahmen den Prozeß der Knochenbildung umschreibt und ihn verhindert, sich ungesetzlichen Verirrungen hinzugeben". Die eigentliche Regeneration stellt sich *Havers* im Sinne der alten *Galen*schen Lehre vor.

Diese stellte sich nach den eigenen Ausführungen *Havers'* zu seiner Zeit folgendermaßen dar: Die ergossene Gallerte trennt die den Knochen zusammensetzenden Teilchen, indem sie erstarrt und hält sie dadurch gewissermaßen in Extension, so daß das Wachstum in die Länge erfolgen kann. *Havers'* Worte lauten:

Illae particulae quaeinter extremitates eorum (ossium) adactae sunt, dilatant interstitia ibique haerentes, singulas ossearum particularum series, et consequenter os universum in longum producunt . . .

Weiteres aus der im übrigen sehr reichhaltigen Literatur jener Zeit anzuführen, erübrigt sich, denn es ist in ihr kaum etwas zu finden, das einen Fortschritt in der Erkenntnis des Wesens der Knochenbildung bedeutete. Wir sehen aus den Beschreibungen, mit welchem Interesse die Chirurgen dieser Zeit ihre Fälle in jeder Hinsicht verfolgen und studieren, aber es fehlte der selbständige Kopf, der die Frage der Knochenbildung in Anregung gebracht hätte.

Jedoch die Arbeiten von *Clopton Havers* haben außerordentlich befruchtend gewirkt. Er ist der erste, der die einzelnen Teile des Knochens voneinander sondert und sie einer eingehenden Besprechung unterzieht. Seine Kenntnisse über die Anatomie des Knochens sind außerordentlich gründlich und weitgehend, seine Schlüsse zeugen von langer reiflicher Überlegung und mühsamem Studium. Aber er war von dem Wert der einfachen anatomischen Beobachtung zu sehr überzeugt, um nicht dadurch den Blick für das unbedingt notwendige physiologische Studium verloren zu haben, er war mehr Anatom als Physiologe, er experimentierte nicht. *Ollier*[1]) bemerkt von ihm mit feiner Ironie, daß er zu sehr Anhänger von *Cartesius* gewesen sei und daher das, was ihm a priori als klar und richtig erschienen sei, auch so angesehen habe.

Eine neue Theorie über die Knochenregeneration stellte 1723 *Petit*[2]) auf. Die Vernarbung der Knochen soll nach ihm nach denselben Gesetzen und auf dieselbe Weise vor sich gehen wie in den Weichteilen. Die Heilung geschehe so, daß aus den Knochenkanälchen sich die Lymphe in Tröpfchenform auf die Bruchstelle ergieße, wo das Tröpfchen alsbald gerinne; es bahne einem zweiten den Weg, das wiederum gerinne, und so wachse eine Säule von gerinnender Lymphe auf, die sich mit der der anderen Seite schließlich vereinige. Also, wie man sieht, eine Art Tropfsteinbildung. Von großem Einfluß ist die Theorie von *Petit* jedoch nicht gewesen.

Aber auch die berühmtesten Vertreter dieser Zeit stehen auf durchaus *Galen*schem Boden. *Heister*[3]), *Boerhave*[4]), *Platner*[5]) ließen die Knochenheilung durch einen aus der Knochensubstanz ausschwitzenden Saft vor sich gehen. Ihm widersprach *van Swieten*[6]), nach dem die Knochenvereinigung durch organischen knöchernen Ersatz geschieht.

Die Osteologie *Haveri* wurde 1731 zum zweitenmal mit Erweiterungen herausgegeben. 10 Jahre später tritt in Paris *Duhamel* mit eigenen Experimenten an die Öffentlichkeit, und damit beginnt eine Periode der experimentellen Forschung, die sich bis in unsere Zeit fast ohne Unterbrechung hingezogen hat.

Von *Duhamels*[7]) erster Veröffentlichung bis zu *Heines* berühmten Arbeiten sind es fast genau 100 Jahre. In dieser Zeit ist eine unendlich fleißige, gründliche und tiefschürfende Untersuchungsarbeit über die

---

[1]) *Ollier*, Traité expérimental et clinique de la régénération des os usw. 1867.

[2]) *Petit*, Traité des maladies des os. Bd. II. Paris 1723. Nouvelle édition avec discours de Louis. 1772.

[3]) *Heister*, Instit. chir. Amstel. 1750, Teil I, S. 185.

[4]) *Boerhave*, Prälect. in Instit. r. med. u. S. 476.

[5]) *Platner*, Instit. chir. nat. Lips. 1745, S. 1841.

[6]) *van Swieten*, komm. in *Boerhave*, Aphorismos de cognoscendis et curandis morbis. 1744, Teil I.

[7]) *Duhamel*, Sämtliche Schriften stehen in den Mémoires de l'Académie des Sciences von 1739—1743. Erster Hinweis auf Knochenbildung durch Periost 1741, S. 67.

Knochenregeneration geleistet worden, wobei das Problem trotz aller scheinbaren Abweichungen bald hieß: Ist das Periost Knochenbildner oder nicht? In diesem Streite sind dieselben Diskussionen zu beobachten, wie wir sie in unserer Zeit bei dem Zwiespalt über den Umfang der Fähigkeiten der einzelnen Knochenteile erleben. Es kämpfte eben die Bearbeitung auch dieser Theorien mit den Schwierigkeiten, die sich bei biologischen Fragen immer wiederholen werden, wo es sich um Dinge handelt, die nie mit mathematischer Genauigkeit entschieden werden können; wo die Versuchsbedingungen eigentlich in jedem Versuch andere sind, so daß Vergleiche nur sehr bedingten Wert haben. Der mit viel persönlicher Schärfe und leidenschaftlichem Eifer geführte Kampf wurde nach 100 Jahren dadurch entschieden, daß *Heine* in unwiderlegbarer Weise die knochenbildende Kraft des Periostes nachwies. Es ist für uns von großem Interesse, den Gang der Entwicklung zu verfolgen, den die wissenschaftliche Bearbeitung unseres Themas in diesen 100 Jahren bis zum Jahre 1825 etwa nahm.

Duhamel war Naturforscher und nicht Arzt. Er hatte daher keinerlei klinische Erfahrungen. So ist auch die eigentümliche Einstellung zu verstehen, die er dem Problem der Knochenregeneration gegenüber einnahm. Er geht aus von der Knochenbildung beim wachsenden Individuum und fand auf Grund zahlreicher sorgfältiger Versuche an Tieren eine so weitgehende Übereinstimmung zwischen dem Wachstum der Knochen und dem der Bäume, daß er seiner Darstellung diese Analogie zugrunde legt und den Vergleich bis in Einzelheiten durchführt. Seine Lehre ist die folgende.

Beim Wachstum der Knochen lagern sich in der Knochenhaut entstehende neue Knochenschichten an den vorhandenen Knochen an und vermehren so seine Dicke; in gleicher Weise lagern sich um einen Knochenbruch ebenfalls in der Knochenhaut entstehende Schichten an, die durch Aufnahme von Kalksalzen aus der Nahrung sich verhärten. Diese Bildung geschieht lediglich in der inneren Schicht des Periostes, während die äußere dabei gänzlich unbeteiligt bleibt oder höchstens durch eine stärkere Durchblutung die Nähe des regenerativen Prozesses anzeigt; ihre Struktur bleibt weich. Die Knochenhaut ist daher als aus mehreren Schichten bestehend anzusehen, einer äußeren und einer inneren, welch letztere die eigentliche Knochenbildnerin ist. Bei dieser Lage der Verhältnisse kommt man dazu, einen Vergleich zu ziehen zu einem anderen Wachstum in der Natur, dem der Bäume; auch hier geschieht das Wachstum durch Anfügen von Holzlagen aus der inneren Rindenschicht, aus dem Cambium.

Diesen Namen übernahm *Duhamel* daher — entsprechend dem Beispiel von *Malpighi*[1]) — und nannte die innere Periostschicht Cambium,

---

[1]) *Malpighi*, Anatomia plantarum, Bd. 1, S. 20. London 1675.

welcher Name noch heute gebräuchlich ist. Einige wenige Sätze aus den *Duhamel*schen Schriften sollen seine Ansicht belegen:

Les os commencent par n'ôter que du périoste, car je regarde les cartilages comme un périoste fort épais.

Mémoire sur les os dans Mémoires de l'Académie des sciences 1748, S. 433.

„*Le fait n'est par douteux: sûrement les lames du perioste s'ossifient et contribuent à l'augmentation de grosseur des os.*" Mémoires, 1743, S. 101.

„*Les os augmentent en grosseur par l'addition de lames très minces qui faisaient partie du perioste avant que d'être adhérentes aux os, avant que d'en avoir acquis la dureté.*" Mémoires 1743, S. 88.

„*J'ai tâché d'établir que les os croissent en grosseur . . . par la suraddition des couches du périoste, qui, en s'ossifiant, forment l'épaissement des parois du canal médullaire.*" Mémoires 1743, S. 111.

Während er nun den neuen Knochen im wesentlichen aus dem Periost hervorgehen ließ, lehnte er die überlieferte Lehre von einer kittenden Flüssigkeit zwischen den Bruchenden vollständig ab und warf damit einer viele Jahrhunderte alten Meinung den Fehdehandschuh hin. Und da es sich bei seiner Lehre nicht um unbewiesene Hypothesen handelte, sondern um Schlüsse, die auf beweiskräftige Experimente gestützt waren, so mußten seine Ausführungen zu seiner Zeit das größte Interesse und eine begierige Aufmerksamkeit erregen.

Und das um so mehr, als *Duhamel* zum erstenmal eine objektive, durch keinerlei von vornherein eingenommene Stellungnahme rein auf das Experiment gestützte Prüfung des Problems der Knochenwiederbildung versucht hatte. Daher wirkten seine Arbeiten in zweierlei Hinsicht. Einmal war der Weg gezeigt worden, wie man zur Erkennung einer biologischen, in medizinisch-praktischer Hinsicht wichtigen Frage kam, und zweitens waren seine Behauptungen über die Rolle des Periostes neu und mußten, wie alle neuen Ideen, sowohl Widerspruch wie Beifall hervorrufen. Der Widerspruch war größer, und da er von einer der mächtigsten wissenschaftlichen Stellen ausging, so wurde die *Duhamel*sche Theorie im Laufe der Jahre niedergekämpft, ja sie geriet gegen Ende des Jahrhunderts ziemlich in Vergessenheit.

Nachdem zunächst *Boehmer*[1]) gegen *Duhamel* gesprochen hatte, trat vor allem in der Person *v. Hallers* in Göttingen die mächtigste Autorität der Zeit gegen ihn auf. Dieser, der das Problem der ursprünglichen Knochenbildung am bebrüteten Huhn studiert hatte, stützte sich außerdem auf die Versuche *Dethlevs*[2]), seines Prosektors, und kam zu dem Schluß, „daß der Callus durch einen aus den Bruchflächen und aus dem Mark hervorgeschwitzten Saft (Succus ossificus) gebildet werde, der sich mehr und mehr verdicke, zu Knorpel werde, in dem sich

---

[1]) *Benjamin Boehmer*, De ossium callo. Lipsiae 1748.
[2]) *Dethlev*, Diss. ossium calli generationem et calli naturam usw. 1751.

Knochenkerne entwickeln, die wie bei der natürlichen Knochenbildung endlich den Knorpel verdrängen; daß aber das Periost keinen Anteil an der Vereinigung der Knochenenden habe". Weiter gibt *Haller* zwar zu, daß der Callus Gefäße habe, aber trotzdem sei dieser unorganischer Natur: *Callus — et in hoc cardo rei est — tamen non est organicus.*

Nach *Dethlevs* Versuchen ist der Succus ossificus nichts anderes als der zwischen die Bruchränder ergossene Bluterguß. Dieser wird zwar auch von *Duhamel* beschrieben, der ihn aber für bedeutungslos hält; für *Haller*[1]) dagegen ist er die Grundlage des an sich unorganischen Callus.

Damit stand *Haller* annähernd auf dem Boden der alten *Galen*schen Lehre. Der Succus ossificus macht den Knochen. Das Periost ist nicht selbst aktiv, produziert keinen Callus, hat auch keinen Teil an der Knochenbildung. Da es in der Embryonalzeit später als der Knochen entsteht, so kann es ihn auch nicht bilden. Näher geht *Haller* auf das Periost und seine Bestimmung nicht ein.

Dagegen tut es *Bordenave*[2]), der nach *Duhamel* und *Haller* nun eine dritte Theorie aufstellt. Der Callus entsteht nach ihm genau analog einer Weichteilnarbe, nur aus den Bruchenden, ohne jede Beteiligung des Periostes. Dieses ist lediglich Begleit- und Stützmembran für die Gefäße und hat als Besonderheit eine Fortsetzung, die es den Gefäßen in den Knochen mitgibt.

Fassen wir die Streitpunkte noch einmal kurz zusammen, so behauptet *Duhamel*, daß das Periost ein Gewebe ist mit der Bestimmung, sich in Knochen zu verwandeln; *Haller* dagegen bestreitet dies auf das entschiedenste, *Duhamel* sieht, wie das Periost sich nach Fraktur verdickt, hart wird und sich in Knochen verwandelt, seine Gegner behaupten, daß der neue Knochen das Ergebnis der Organisation eines ausgeströmten Saftes ist.

Wir haben diesen Streit zwischen *Haller* und *Duhamel* etwas ausführlicher behandelt, weil er für die Entwicklung der Frage der Knochenregeneration, wie sie im 18. Jahrhundert vor sich ging, von außerordentlicher Bedeutung ist. Nicht nur die Zeitgenossen, sondern auch weit spätere Autoren gehen von den Ansichten *Hallers* und *Duhamels* aus, als den wichtigsten Stationen, an welche eine eigene Auseinandersetzung über die Knochenregeneration anzuknüpfen sei. *Fougeroux*[3]), der Verwandte *Duhamels*, der die Ansichten seines Oheims leidenschaftlich verteidigte und mit eigenen Experimenten zu belegen suchte, hat in seiner Schrift „Mémoires sur les os" die Thesen *Duhamels* und die Gegenthesen

---

[1]) *Haller*, Elementa physiologica. 1766, Teil VIII.
[2]) *Bordenave*, siehe *Fougeroux*.
[3]) *Fougeroux*, Mémoires sur les os. Paris 1740.

Hallers, Dethlevs und *Bordenaves* mit eigenen Schriften dieser Autoren vereinigt und hat so in lebendig fesselnder Weise ein Bild von dem Streit entworfen, das von hohem Interesse ist für jeden, der sich mit diesen Fragen beschäftigt. Er geht in diesem Buche auf alle Behauptungen seiner Gegner ein und tritt ihnen mit Geschick, zum Teil sehr überzeugend entgegen.

Wenn wir heute die Schriften *Duhamels* und *Hallers* lesen, dann ist es schwer verständlich, wie der große *Haller* sich den klaren Experimenten *Duhamels* gegenüber so gänzlich ablehnend verhalten konnte. Welche Beurteilung er später fand, dafür seien die Worte zweier hervorragender Forscher angeführt. *Macdonald*[1]) sagt: „*Si opinionem praeclari huius physiologi de ossium formatione animo contemplemur, non possumus non existimare illum praejudicatam opinionem contra sententiam Hamelii, accepisse, ilioque experimenta ad opinionem potiusquam opinionem ad experimenta animo accommodasse.*“ Und *Flourens*[2]), der ausdrückt, daß man von *Haller* nur mit der größten Hochachtung sprechen dürfe, sagt, man sähe in der Arbeit *Hallers* „De ossibus“ zu sehr „*le parti pris d'avance de combattre l'opinion de Duhamel*“.

In späteren Jahren war die allgemeine Ansicht geteilt, sie neigte sich mehr den Theorien von *Haller* und *Bordenave* zu. Als Anhänger von *Duhamel* ist *Marrigues*[3]) zu nennen, der sich ausführlich mit der Rolle des Periostes auseinandersetzt und dabei nicht in allen Punkten, wohl aber in den wesentlichsten der Ansicht von *Duhamel* zuneigt. Auch zwei deutsche Arbeiten sind in dieser Entwicklung von Bedeutung gewesen, die von *Blumenbach*[4]) und *Köhler*[5]), auf die wir später noch zurückzukommen haben. *Blumenbach* gibt an, „*daß die Gallerte, die nachher zum Knochen erhärte und endlich mit Knochensaft getränkt den Callus bilde, nicht sowohl, wie Haller will, aus der Knochensubstanz, als vielmehr aus den zerrissenen Gefäßen der Beinhaut sich ergieße*“. Auch nach *Macdonald* trägt das Periost am meisten zur Bildung des neuen Knochens — aber nur mittelbar — bei.

Die Lehre von *Haller* und *Bordenave* vereinigte *Camper*[6]), der einen äußeren und inneren Callus unterscheidet, welch ersterer aus dem Knochen unter der Beinhaut ausschwitze, der innere hingegen durch eine Verlängerung und Anschwellung der Knochenlamelle entstehe.

Der wichtigste Punkt aus der Lehre *Duhamels* war unstreitig der

---

[1]) *Macdonald*, Disput. inaug. de necrosi et callo. Edinburgh 1799, S. 38.

[2]) *Flourens*, Théorie expérimentale de la formation des os. Paris 1847, S. 106.

[3]) *Marrigues*, Sur la formation du cal. Paris 1783; ins Deutsche übersetzt durch Bonn. Leipzig 1786, S. 130—133.

[4]) *Blumenbach*, Anmerkungen über Trojas Experimente in Richters chirurgischer Bibliothek. Göttingen 1782, Bd. 6.

[5]) *Köhler*, Experimenta circa regenerationem ossium. Göttingen 1786.

[6]) *Camper*, Essays and observations physical and literary. Edinburgh 1771.

von der knochenbildenden Fähigkeit des Periostes. Das wurde auch erkannt und daher das Periost zum Gegenstand der weiteren Untersuchungen gemacht.

Jedoch als wichtigstes praktisch bedeutsames Ergebnis der *Duhamel*schen Arbeiten ist aus dieser Zeit das Bestreben zu vermerken, seine Ergebnisse für die Klinik praktisch brauchbar zu machen. Im Vordergrund des Interesses stand der Wunsch, die regenerativen Elemente des Knochens so auszunutzen, daß die Amputation verlassen und eine erhaltende Behandlung eingeschlagen werden konnte. Hierfür trat außer *Boucher*[1]) vor allem der berühmte Feldchirurg Friedrichs des Großen *Bilguer*[2]) ein, der in seinen vortrefflichen Abhandlungen und Lehrbüchern immer wieder auf die ausgezeichnete Regenerationsfähigkeit des Knochens hinwies und die Notwendigkeit betonte, daraus die Folgerung zu ziehen, zerschmetterte Gliedmaßen nicht zu amputieren, sondern zu erhalten. In Frankreich schlossen sich ihm *Gervaix*[3]) und *Faure*[4]) an.

Und es fehlte nicht das Gegenstück zu dem Streit *Duhamel-Haller*; handelte es sich bei diesen um die Theorie, so fochten *David*[5]) und *Brun* auf literarischem Felde um die praktische Auswertung *Duhamel*scher Gedanken. *David* führte die Entfernung großer Sequester aus der Totenlade des Knochens aus und verwarf daher die Amputationen wegen Nekrose, *Brun* verteidigte sie warm und griff *David* wegen seiner „unmenschlichen" Operationen heftig an. Aber *Davids* Ideen setzten sich mehr und mehr durch und machten den Namen ihres verdienten Begründers berühmt in der Medizin für alle Zeiten.

Mit der zusammenfassenden Arbeit von *Fougeroux*[6]) kam der berühmte Streit zwischen *Duhamel* und *Haller* im wesentlichen zur Ruhe. Aber *Duhamels* Anregungen wirkten fort und erzeugten eine Menge neuer Experimente und Beobachtungen, die der weiteren Entwicklung der knochenphysiologischen und -pathologischen Ansichten förderlich waren. Vor allem befruchtend und fördernd sind die Arbeiten des Neapolitaners *Troja*[7]), der insofern mit neuen Versuchsanordnungen arbeitete, als er besonders die Wiedererzeugung des durch Nekrose zerstörten Knochens studierte. Diese Arbeiten erregten um so mehr Interesse, als man gerade um die Mitte des 18. Jahrhunderts auf die Fälle, bei denen durch innere Krankheitsursachen oder durch erlittene Unfälle abgestorbene größere

---

[1]) *Boucher*, Mém. de l'Acad. de chir. **2**, 304.

[2]) *Bilguer*, Praktische Anweisung für Feldwundärzte u. Diss. de membranorum amputatione. Halle 1761.

[3]) *Gervaix*, Anfangsgründe der Wundarzneikunst. Straßburg 1755.

[4]) *Faure*, Mém. qui ont concouru pour le prix de l'Acad. de chir. Bd. I, S. 100.

[5]) *David*, Observat. sur une maladie comme sur le nom de nécrose. Paris 1770—1782. 　　　　[6]) l. c.

[7]) *Troja*, De novorum ossium … experimenta, 1775; übersetzt von *Kühn*, Leipzig 1790.

Knochenstücke sich wieder ersetzt hatten, aufmerksam geworden war. Es war davon schon vorhin bei der Erwähnung der Arbeiten von *David* die Rede. Diese, die zeitlich etwas nach dem Erscheinen von *Trojas* Hauptwerk herauskamen, bildeten eine gute Bestätigung der *Troja*schen Feststellungen. Wir wollen auf diese näher eingehen.

Troja kam als junger Mann nach Paris und machte dort die Experimente, die so berühmt geworden sind und wegen deren er bald zum korrespondierenden Mitglied der Akademie ernannt wurde. Seine Versuche gingen davon aus, solche Teile des Knochens fortzunehmen, von denen er annahm, daß sie in irgendeinem Zusammenhang mit der Bildung und Regeneration des Knochens standen. Daher zerstörte er erstens das Mark. Er amputierte bei Tauben den Fuß unmittelbar über dem Gelenk, zerstörte das Knochenmark mittels von der Knochenwundfläche eingeführter Sonden und tamponierte die Höhle mit Fäden aus. Der Erfolg war die Bildung eines neuen Knochens um den abgestorbenen alten herum. *Troja* spricht bei diesem Versuch von der Zerstörung des Marks und *der Markhaut* und gibt an, daß der neue Knochen durch die Zerstörung der Markhaut gebildet sei. Sein zweiter Versuch hatte die Rolle des Periostes zum Gegenstand. Wieder wurde der Fuß amputiert, nachdem die Weichteile von der Mitte der Tibia an nach unten entfernt waren, dann wurde der nackt liegende Knochen durch Abschaben mit dem Scalpell von dem Periost entblößt. Wieder bildete sich ein neuer Knochen, jetzt in dem alten liegend. Also nach Markzerstörung Bildung des neuen Knochens *um* den alten, nach Periostzerstörung Bildung des neuen Knochens *im* alten.

Welche Folgerung zog *Troja* nun aus diesen Experimenten? Das ist sonderbarerweise nicht mit Sicherheit zu sagen. *Troja*[1]) fällt kein bestimmtes Urteil (wie er selbst in seinem späteren Werke zugibt), wendet sich im ganzen aber gegen *Duhamel* und erkennt das Periost als Knochenbildner nicht an; trotzdem sagt er aber, daß es zur Bildung des Knochens notwendig sei. Seine Worte sind folgende: „*Nun behaupte ich, daß aus allem hier Gesagten klar hervorgeht: 1. die Beinhaut sei das große Organ, das die Knochen selbst zur Bildung vorbereite, sowohl für das Wachstum, als für die Erzeugung der Knochen. Wo die Beinhaut fehlt, fand die Verknöcherung nicht statt. Bei großen Knochenentblößungen aber, wenn die Entblätterung eingetreten ist, bilden sich fleischige Körnchen, geeignet, den entblößten Raum zu bedecken; 2. daß, wenn die innere Beinhaut der Lamellen sich zuerst verknöchert, um den Zuwachs des Knochens in die Dicke zu bilden, so hätte sie gleichmäßig die erste sein müssen bei der Bildung des neuen Knochens; 3. daß, wenn sich die äußere Beinhaut beim Zuwachs des Knochens in die Dicke verknöchere, sich die innere, die nach*

---

[1]) *Troja*, Neue Beobachtungen und Versuche über den Knochen. Übersetzt von *Schönberg*, Erlangen 1828.

Duhamel existiert, sich ebenfalls und auf dieselbe Weise verknöchern müsse. Dieses vorausgesetzt, mußte die große Höhlung des Markes der langen Knochen anstatt sich auszubilden, eher durch die sich allmählich verknöchernden Schichten zerstört werden. Die Beobachtung der Entwicklung dieser Höhlungen selbst führt natürlicherweise dahin, einen dritten Zuwachs anzunehmen, den man in die Breite nennen könnte, und zwar bei den langen sowohl als bei den breiten Knochen. Diese letzteren wachsen nach der Länge, nach der Dicke und Breite. Wären die langen Knochen vollkommen angefüllte Zylinder, so könnten sie nur den ersten und zweiten Zuwachs erhalten, wie die Baumstämme; da sie aber hohl sind, so muß man notwendigerweise noch einen dritten Zuwachs annehmen; bedarf dieser nun des Stoffes zu seiner Ausbildung, so könnten die beiden anderen ebensogut darauf verzichten."

Wie man sieht, ist für *Troja* das Periost und die innere Markhaut dasselbe; aus dieser Identität leitet er dann die obige fadenscheinige Beweisführung ab. Wie er sich die Knochenbildung eigentlich genau vorstellt, ist nach dem Angeführten kaum zu sagen. Selbst *Haller*, der *Troja* nach dem Erscheinen des Werkes „De regeneratione ossium" ein höchst schmeichelhaftes Schreiben zusandte, — in welchem er sich allerdings über das schlechte Latein beklagt, was *Troja* veranlaßte, sein Werk italienisch herauszugeben[1]) —, wußte nicht, wie er sich die Knochenbildung nach *Troja* vorstellen sollte und schrieb daher: „*Num periosteum novi ossis aut materies sit aut modulus?*" — *Ist denn nun das Periost die Grundlage des neuen Knochens oder nur sein formgebendes Prinzip?* — In der 4 Jahre später erscheinenden italienischen Ausgabe erklärte *Troja* direkt, daß das Periost zwar Nutzen hätte, aber keineswegs fähig sei, das Knochenwachstum zu fördern.

40 Jahre später gab *Troja* eine Reihe neuer Versuche heraus, oder vielmehr sie erschienen in seinem Todesjahr, und spricht sich darin deutlich gegen eine knochenbildende Fähigkeit des Periostes aus. Er stellte sich die Knochenbildung vor im Sinne von *Galen* und *Haller*, daher schreibt er: „*Aus all diesem geht unzweideutig hervor, daß die Gallerte die Markhaut zuerst an jener Fläche überströmt, mit welcher sie sich an die Tibia anschließt, und erst nachher in ihrer ganzen Ausdehnung; ...daraus folgt indessen nicht, daß die Markhaut nach der Ordnung der Natur geeignet sei, sich in Knochen zu verwandeln, sondern nur weil sie zufälligerweise von jenem Stoff überströmt wird, der die Eigenschaft hat, zu verknöchern.*" Diese seine Meinung sprach er aus und hielt sie aufrecht, zu welcher *Meding* [2]) bemerkt: „*Obgleich in seinen Beobachtungen*

---

[1]) Findet sich in dem letzten Werke *Trojas*.

[2]) *Meding*, Diss. de generatione ossium usw. Leipzig 1823 und Über die Knochenwiedererzeugung. Zeitschr. f. Natur- u. Heilkunde. Bd. III, Heft 3, S. 313. 1824.

genau die Erscheinungen beschrieben sind, die ihn von dem Gegenteil hätten überzeugen sollen."

Trojas Verdienst liegt in den ausgezeichneten Experimenten, die er gemacht hat, und mittels deren er richtunggebend wirkte.

Mit ihm beginnt eine weitere fruchtbare Periode in der Erforschung des uns beschäftigenden Problems. Die Arbeiten, die nun folgten, sprechen sich im ganzen gegen die Theorie von *Duhamel* aus, die knochenbildende Fähigkeit des Periostes wird nur in mittelbarem Sinne anerkannt, indem es als Urheberin der entzündlichen Gallerte, als besonders gefäßreiche Membran, als „modulus", nicht als „materies" (*Haller*) der Knochenbildung anzusehen sei.

So entsteht nach *Callisen*[1]) der Callus aus der blutigen Gallerte zwischen den Bruchenden, in die von beiden Seiten Gefäße hineinwachsen, die sich miteinander verbinden.

Eine bekannte schon erwähnte deutsche Arbeit, die von *Blumenbach*[2]), nennt sich direkt Anmerkung zu *Trojas* Arbeit. In ihr gibt der Verfasser der Ansicht Ausdruck, daß die Wiederbildung des Knochens aus den zerrissenen Gefäßen der Beinhaut vor sich gehe; diese gäben ein Exsudat von sich, das erst weich und gallertig, allmählich knorplig und dann knöchern werde. *Köhler*[3]), der die *Blumenbach*schen Versuche nachmachte, schreibt den Erguß der Gallerte sowohl dem Knochen wie dem Periost zu, und betont, daß es Zustände gäbe, wo der Knochen noch nicht sezernieren könne, dann trete das Periost allein als Knochenbildner auf. Beide deutschen Arbeiten zeugen von gründlichem Eindringen in die Knochenregenerationsverhältnisse.

1793 erscheint die Arbeit von *Weidmann*[4]), eine sehr eingehende Studie, die alles bringt, was auf dem Gebiete der Knochenpathologie resp. -physiologie bis dahin erschienen war. *Weidmann* hatte selbst zahlreiche Versuche gemacht und gelangte zu dem Ergebnis: „*Wenn der innere Teil der Knochenrinde abstirbt, der äußere Teil aber gesund bleibt, wird dieser selbst aufschwellen, und gleichsam auf diese Weise einen neuen Knochen darstellen.*"

Ungefähr in demselben Jahre wurde das Problem in England erfolgreich behandelt. *Macdonald*[5]) schloß sich in seinen Lehren den Ansichten von *Haller* und seiner Schule an, mehr vielleicht noch an *Troja*, indem er auch die zwischen Knochen und Periost ergossene Gallerte als Ursache der Knochenbildung ansah. Jedoch weicht er von *Troja* darin ab, daß er bemerkt, daß die gelatinöse Materie aus dem entzündeten Periost zwischen diesem und dem Knochen sich ergieße, und daß die

---

[1]) *Callisen*, Adnot. circa callum ossium, in den Collect. soc. med.. Bd. II. 1775.
[2]) l. c.   [3]) l. c.
[4]) *Weidmann*, De necrosi ossium. Francofurti 1793.
[5]) l. c.

Membran, die die innere Fläche des neuen Knochens auskleide, erst neu erzeugt sei.

Von größerem Einfluß noch waren die Experimente des großen *John Hunter*, nach dem in dem geronnenen Bluterguß Gefäße entstehen, dabei sich die Bruchenden entzünden und ein Exsudat liefern, das außerordentlich gefäßreich ist. Die Knochenbildung beginnt am Knochen selbst und schreitet von da in die zwischen den Bruchenden liegende Substanz fort. Durch die Entzündung der Bruchenden entstehe eine Aufsaugung von Knochenstoff aus den Zwischenräumen der Knochenstruktur, so daß die Bruchenden glatt und gefäßreich werden und gewissermaßen in den jugendlichen Zustand zurückkehren.

Aitken[1]) spricht eine ähnliche Meinung wie *Hunter* aus: Die Bruchenden erweichen nach ihm zu einem gefäßhaltigen Leim, zugleich wird solcher zwischen sie ergossen; sein Gefäßreichtum ist anfangs groß; dadurch ist die Farbe dieses Gewebes rot, als welche in dem Maße verschwindet, wie die Masse fest und zu Knochen wird.

Von besonderer Wichtigkeit erscheint *Hunters* Meinung über die Vergrößerung des Markkanals, die er durch die Resorption der inneren Schichten des Knochens erklärt. *Hunters* anatomische Studien wurden in England maßgebend.

Wir sind damit an der Wende des Jahrhunderts angekommen und nähern uns den Arbeiten der Zeitgenossen *Heines*. Die Frage der Knochenregeneration und des Knochenbaus, die 100 Jahre vorher durch *Clopton Havers* in Anregung gebracht war, die durch die Arbeiten in erster Linie der Franzosen, weiter aber auch durch die der anderen Kulturnationen in so fleißiger, leidenschaftlicher und gründlicher Weise gefördert waren, waren deswegen keineswegs in einem einheitlichen Sinne gelöst und weit davon entfernt, eine übereinstimmende Auffassung gefunden zu haben. Der Streitpunkt war vor allem das Periost. War diese eigentümliche Haut der Knochenbildner? Noch hatte die alte Auffassung *Galens* von der zwischen die Knochenenden resp. zwischen einzelne Knochenbestandteile ergossenen Gallerte die meisten Anhänger, und wie sehr sich Untersucher von geistigem Range und anerkannter Gründlichkeit gegen die Lehre von der knochenbildenden Kraft des Periostes wehrten, zeigte das Beispiel *Trojas*, von dem es scheint, als ob er trotz eindeutiger experimenteller Ergebnisse nicht von seinen a priori oder auch in langer Gewohnheit angenommenen Ansichten abkommen will. Im ganzen vermissen wir überhaupt eine klare Stellungnahme zum Problem des Periostes; so bemerkt z. B. *Chopart*[2]), der die

---

[1]) *Aitken*, Über Beinbrüche und Verrenkungen; übersetzt von *Reich*, Nürnberg 1793.

[2]) *Chopart*, Diss. de necrosi ossium. In Sammlung auserles. Abh. f. prakt. Ärzte. Bd. VI, S. 221. 1781.

knochenbildende Kraft des Periostes wohl anerkennt: „. . . *daß, wenn der Knochen nur in einem Teile seines Durchmessers abstirbt, aus dem lebendig gebliebenen Teil neue Fleischwärzchen entstehen, die den toten Knochen ersetzen*"; so spricht *Bonn*[1]) die Ansicht aus, daß „*die neuen Knochenfleischgranulationen sowohl eine Fortsetzung des Periostes wie des aus dem Knochen selbst wachsenden Fleisches sind*". Auch *Boyer*, der den Gegenstand eingehend bearbeitet hat, nimmt eine Aufschwellung der alten „*lebendigen*" Knochenränder an. Eine Anerkennung der knochenbildenden Fähigkeit des Periostes widerspricht eben zu sehr überkommenen Anschauungen, eine vollkommene Ablehnung, wie es die *Haller*sche Schule tat, ging nach den Experimenten der Franzosen nicht mehr an, und so wird vielfach der Mittelweg gewählt und eine Anteilnahme des Periostes in irgendeiner Form zugestanden. Die Folge waren Erklärungen nicht immer klaren Inhalts; welch gewundene Auffassung spricht aus den Worten *Marrigues*, daß der Callus „von einer Ergießung der kreideartigen Materie des Nahrungssaftes in die Zellen der Beinhaut" stamme. Das neue Jahrhundert sollte zunächst auch keine Klärung bringen.

Schon in den ersten Jahren wurde die ganze Entwicklung des Problems durch zwei Männer von autoritativem Namen und wissenschaftlichem Range stark beeinflußt. Der eine ist der Italiener *Scarpa*[2]), der die Knochenbildung des Periostes überhaupt verwarf und als das Grundelement des Knochens die Karunkel (Caruncula; *Celsus*) ansah, das aus dem Ende des Knochens hervorgeht. Er erklärt die Entstehung des Callus durch eine Anschwellung und Rückbildung der Knochenenden in den Knorpelzustand; durch die eintretende adhäsive Entzündung werde die Absonderung einer plastischen Feuchtigkeit bedingt, die anfangs als kleine rote Karunkeln, dann als größere fleischähnliche Knötchen sich erst in Knorpel und dann in Knochenmasse verwandeln.

Den experimentell erzeugten neuen Knochen hält *Scarpa* nicht für solchen; entsprechend seiner Theorie von der schwammigen Auflockerung und der zelligen Struktur der Knochen spricht er die Ansicht aus, daß der neue Knochen nur die schwammig aufgelockerte Rinde des alten sei, welche im natürlichen Zustand fest und zusammengezogen sei.

Weiter spricht sich *Bichat*[3]), einer der größten Reformatoren der Medizin, gegen eine knochenbildende Fähigkeit des Periostes aus. Er unterscheidet drei Perioden der Callusbildung; ein zelliges und gefäßreiches Gewebe bezeichnet die erste, in der die Bildung der Fleischwärzchen

---

[1]) *Bonn*, Descript. thesauri oss. morb. 1783, S. 162 de callo.

[2]) *Scarpa*, De penit. oss. structura. Leipzig 1799; übersetzt von *Rose*, Leipzig 1800.

[3]) *Bichat*, Allgemeine Anatomie; übersetzt von *Pfaff*, Leipzig 1803, II. Teil, I. Abt., S. 61.

erfolgt, die von allen Punkten, wie er sagt, „*der geheilten Oberfläche ausgeht, welcher Zustand der ersten Periode bei der Bildung des Knochens, nämlich dem schleimigen Zustande, entspricht. Durch reichliche Ergießung von Gallerte beginnt der knorpelige Zustand, die zweite Periode, die durch Verknöcherung in die dritte übergeht.*"

Bichats Auffassung ist eben im großen und ganzen die von *Galen*, dagegen hält er den eigentlichen Succus ossificus von *Haller* für ein nicht bewiesenes Produkt. Über das Periost finden wir folgenden durchaus ablehnenden Standpunkt[1]: „*Die Beinhaut hat mit der Bildung des Knochens selbst nichts zu schaffen. Ebenso ist sie nur Nebensache bei der Bildung des Callus. Sie ist eine Art von natürlicher Grenze, welche die Fortschritte der Verknöcherung einschränkt und sie hindert, sich unregelmäßigen Abweichungen zu überlassen.* Die ganze Lehre von der Knochenregeneration war hierdurch ins Wanken gekommen. Das Periost wurde seiner knochenbildenden Fähigkeiten, ungeachtet der Versuche eines *Duhamel*, eines *Troja*, eines *Weidmann*, entsetzt, besonders auf französischer Seite von *Léveillé*[2], der leidenschaftlich für *Scarpa* eintrat, u. a., schließlich verneinte man die Möglichkeit der Wiederbildung des Knochens überhaupt, was auf die damalige praktische Chirurgie einen sehr ungünstigen Einfluß hatte. 1818 schrieb *Larrey*[3], der große und bekannte Feldchirurg Napoleons — l'homme le plus vertueux, que j'ai connu —, daß man sich in den Schulen überall von den Irrtümern *Duhamels* und *Trojas* abgewandt hätte.

Wir sehen also in diesem Jahre zweifellos einen Rückschritt gegenüber den letzten Jahren des 18. Jahrhunderts. Die damals gewonnenen Einsichten waren wohl noch nicht fest genug in der Überzeugung verankert gewesen, man ahnte mehr das Richtige, als daß man es fest begründet wußte, was wiederum an den nicht mit der genügenden Beweiskraft ausgeführten Experimenten lag. *Voetsch* weist noch auf einen weiteren Grund der auseinandergehenden Meinungen hin; er betont, daß nicht sowohl die verschiedene Deutung derselben Objekte, als vielmehr der Umstand die Ansichten bestimmte, daß nicht unterschieden wurde zwischen der Heilung der Knochenwunde per primam und per secundam intentionem. Es ist zuzugeben, daß die Mannigfaltigkeit der Bilder hier verwirrend gewirkt hat.

Das Problem erfuhr wieder energische Anregung und Förderung durch *Dupuytren*[4]. Dieser unterschied zwei Arten von Callus, den provi-

---

[1] l. c., S. 146.

[2] *Léveillé*, Mém. de phys. et de chir. Paris 1804, S. 245.

[3] *Larrey*, Journ. compl. du dict. des sciences med. Bd. VIII. 1818.

[4] *Dupuytren*, 1. in seinen Vorlesungen vorgetragen, 2. Exposé de la doctrine de M. le Prof. *Dupuytren* sur le cal par L. J. Samson. Journal des sciences méd. Paris 1820.

sorischen und den definitiven. An der Bildung des ersteren beteiligt sich nicht nur die Knochenhaut, sondern auch das umgebende Bindegewebe, die Sehnen und die Muskulatur. Alle diese Gewebe gehen mit in die Verknöcherung ein. Die Bildung des Callus geschieht folgendermaßen: Das Markgewebe der Bruchenden verwächst, um dieses herum bilden die umgebenden Weichteile einen knöchernen Ring. Zwischen der inneren Markvereinigung und dem äußeren Ring findet sich der noch nicht verheilte Bruch der Compacta. Dauer dieses Stadiums 30—40 Tage. Jetzt vereinigen sich die eigentlichen Bruchränder, die verknöcherten Weichteile der Umgebung beginnen sich zurückzubilden, der definitive Callus ist erreicht. Dauer etwa 8—12 Monate.

Diese neue Lehre *Dupuytrens* gewann viele Anhänger, und es wurden vielerorts Versuche gemacht, sie zu stützen. Von besonderer Bedeutung ist hier für uns der Name *Cruveilhier*[1]), weil er der Präsident der Sitzung war, in der *Heine* seinen berühmten Vortrag hielt. *Cruveilhier* wiederholte zum Teil die Experimente *Trojas*, teils ergänzte er sie und kam zu dem Schluß, daß sowohl das Periost wie das Mark zwar Knochen bilde, jedoch nicht nur diese, auch die umgebenden Weichteile beteiligen sich daran, welch letztere Behauptung die besondere Aufmerksamkeit erregte. Der Succus ossificus ist kein besonderer isolierter Saft, sondern ist ein Infiltrat des geschwollenen Periostes, die Knochenenden nehmen an der Bildung des Callus keinen Anteil.

Breschet[2]) und *Villermé* konstatierten einen Callus sowohl auf der äußeren wie inneren Oberfläche der Bruchflächen, stellten damit mit *Dupuytren* einen doppelten Boden für die Bildung des Callus fest, und gingen dabei mit diesen auf *Duhamel* zurück. Aber auch deutsche Autoren arbeiteten an der wieder in Fluß gekommenen Frage eifrig mit. 1823 und 1824 erschienen die Arbeiten von *Meding* und *Kortum*[3]), von denen der erstere eine zeitige und eine spätere Ossification unterscheidet. Beide kommen schließlich zu dem Schluß, daß die größte knochenbildende Fähigkeit dem Periost innewohnt.

M. 1. Weber[4]) nimmt eine zweifache Knochenentwicklung an, eine vorübergehende, die durch die Bein- und Markhaut stattfindet, und eine zweite, die genau so entsteht, wie der normale Knochen. Ähnliches sprach *Gendrin* aus, der jedoch nicht zwei Arten des Callus unterscheidet.

In Frankreich erscheint 1821 die berühmte Schrift von *Charmeil*[5]),

---

[1]) *Cruveilhier*, Essays sur l'anat. path. Bd. II. 1816.

[2]) *Breschet*, Rech. exp. sur la formation du cal. Paris 1819.

[3]) *Kortum*, Diss. proponeus exp. et obs. c. regen. oss. Berlin 1824.

[4]) *M. I. Weber*, Über die Wiedervereinigung oder den Heilungsprozeß gebrochener Röhrenknochen. In Nova Acta phys. med. Acad. Caes. 1825. Leipzig Bd. XII.

[5]) *Charmeil*, Rech. sur les métastases suivies de nouv. exp. sur la régén. des os. Metz 1821.

die für uns immer in Hinsicht auf unseren Zweck der Darstellung des Arbeitsgebietes *Bernhard Heines* zu seiner Zeit in mehrfacher Hinsicht von hohem Interesse ist. *Charmeil* führte aus, daß erstens der Knochen imstande sei zu regenerieren, was, wie wir gesehen haben, in diesen Jahren nicht unbestritten war, und zweitens, daß die Regeneration nicht vom Periost ausgehe, auch die Lehre *Duhamels* nicht aufrechtzuerhalten sei.

Dazu kommt *Rayer*[1]), der aus einer eigentümlichen Deduktion heraus die Möglichkeit einer Knochenwiederbildung ablehnt: Als eine der Endstadien der Entzündung im Bindegewebe kommt eine Knochenbildung vor; da nun das Periost ein völlig heterogenes Gewebe ist, das auch nur annähernd nicht den Elementen des Bindegewebes gleich kommt, so kann es unmöglich die Ursache einer Knochenbildung sein. *Rayer* beschäftigte sich in seiner Arbeit viel mit dem Einfluß des Reizes auf die Knochenbildung. Er suchte diesen Reiz auszuüben durch Verletzung des Periostes, indem er es abriß; ferner durch Hervorrufen einer Entzündung, indem er Fremdkörper in die Kondylen des Femur einheilen ließ. Danach studierte er die Wirkung dieses Reizes auf Knochen und Knorpel.

3b. Die Anschauungen über Anatomie und Physiologie des Knochens zu Heines Zeit.

Wir sind damit in dieser Auseinandersetzung über die Knochenregeneration bis zu dem Zeitpunkt etwa gekommen, an welchem *Heine* seine Versuche begann. Wir können uns daher jetzt ein Bild machen, bis zu welchem Punkt die experimentelle Forschung gediehen war. Indessen genügt uns diese Kenntnis nicht; das Verständnis für *Heines* Vorgehen und Arbeit werden wir erst erlangen, wenn wir uns eine Vorstellung von der Gesamtanschauung der damaligen Zeit über den Knochen, seine Anatomie und Physiologie, seine Entstehung, sein Wachstum und seinen Haushalt machen können. Eine Darstellung, die den Versuch einer übersichtlich zusammenfassenden Behandlung dieses für uns so wichtigen Gebietes macht, soll daher hier folgen. Es ist der entsprechende Abschnitt wie im Anfang meiner Ausführungen. Wenn dort mit einer Abhandlung über den allgemeinen Stand der Medizin zu Anfang des 19. Jahrhunderts dem Leser die Möglichkeit gegeben werden sollte, sich in die Anschauung und Denkweise und den ganzen Geist der damaligen Medizin einzufühlen, so soll jetzt dasselbe an einem Sonderfall dargestellt werden, nämlich an den Anschauungen über den Knochen im ganzen, damit auch hier eine Einfühlung in die Gedankengänge der über dieses Thema arbeitenden Forscher möglich wird.

---

[1]) *Rayer*, Mém. sur l'ossification morbide usw. 1823.

1. Die Entstehung der Knochen.

Bichat nahm drei Zustände des Knochensystems während des Wachstums an. 1. Den „schleimigen", in dem der Knochen kaum von den übrigen Organen des wachsenden Individuums unterschieden werden kann. Er besteht nur in der ersten Zeit des Embryos. Die Durchtränkung mit Gallerte verursacht eine festere Konsistenz des Knochens und stellt den Übergang zu dem 2. Stadium dar, dem knorpligen. Die Gallerte setzt sich zuerst in der Mitte der Knochen ab und verbreitert sich dann nach den Enden bzw. nach der Peripherie zu. Dieser Zustand geht bald in den 3., den knöchernen, über, der wiederum in der Mitte der Knochen anfängt. Hier beginnt sich nun eine rötliche Stelle zu entwickeln, die dadurch verursacht ist, daß die an sich schon im knorpeligen Zustand vorhandenen, aber nicht in Funktion gewesenen Gefäße Blut führen; gleichzeitig wird phosphorsaure Kalkerde abgelagert. Schrittweise kann nun verfolgt werden, wie eine rote Gefäßschicht zwischen dem Knorpel und dem verknöcherten Teil des Knochens mehr und mehr ihren Ort wechselt, und schließlich beim erwachsenen Individuum ganz verschwindet.

Über die Entstehung der langen Knochen, des Markraums und der Spongiosa sei hier die vielgenannte Theorie von *Howship*[1]) angeführt. Dieser sieht bei der Entstehung der langen Röhrenknochen — nachdem er *Bichats*[2]) Theorie beigestimmt hat — als hauptsächlich bestimmendes Moment den mechanischen Druck der Flüssigkeiten im Innern der Knochen in der Markhöhle an; dieser bewirkt, daß die Knochenmasse als feine röhrenartige Blättchen in regelmäßiger Anordnung abgelagert wird, während im Gegensatz dazu nach demselben Autor die Knochenmasse an den platten Knochen, vor allem des Schädels, in unregelmäßiger Weise durch die Druckwirkung der von ihnen eingeschlossenen Eingeweide und des Kreislaufes abgesetzt wird. Der knöcherne Zustand beginnt schon am Ende des ersten Monats; der ganze Prozeß ist in seiner Dauer etwas verschieden in den langen und in den platten Knochen. Vollkommen zu Ende gebracht ist er erst um das 16. Lebensjahr.

Wenn damit rein deskriptiv die Entstehung des Knochens gegeben ist, so fragt es sich jetzt, welches die genetische Grundlage des Knochens ist. Es ist klar, daß hierüber nur Vermutungen bestehen konnten. Im ganzen ist die von *Fougeroux*[3]) zuerst ausgesprochene Ansicht geltend, daß die Knochenhaut der Teil des Knochens ist, aus dem sich all seine anderen Teile entwickeln. (Es darf hier eingeschaltet werden, daß die Äußerungen über diesen Punkt in der ganzen damaligen Literatur nur

---

[1]) *Howship,* Bemerkungen über den krankhaften Bau der Knochen usw. In Hamburger Magazin Bd. II, Stück I, S. 41.   [2]) l. c.   [3]) l. c.

sehr spärlich und, wenn überhaupt, nur kurz sind.) Als Beweis für die periostale Entwicklung im Embryonalleben gilt die Tatsache, daß das Periost als erster Teil des Knochens auftritt. Und weitere Beweise sind folgende Analogieschlüsse: An allen Stellen des Körpers beobachten wir Verdickungen und Aufschwellungen, an denen eine Neuentstehung irgendwelcher Art stattfindet. Ebenso ist auch das Periost im Entwicklungszustand verdickt und aufgeschwollen. Das gleiche ist der Fall im Entzündungszustand: Periostverdickung und Knochenbildung. Ferner sterben von Periost entblößte Teile ab [*Troja*[1])]. Kurz, die Annahme der Bildung des jungen Knochens aus dem Periost erscheint berechtigt.

Aber mit dieser Erkenntnis ist die größte Schwierigkeit noch nicht gelöst, vielmehr beginnt sie erst jetzt. Wenn das Periost der Knochenbildner ist, auf welche Weise vermag es ihn zu bilden? Wir wollen uns vergegenwärtigen, daß der Satz *Virchows* „Omnis cellula e cellula" noch nicht ausgesprochen war; so mußte man dazu kommen, die Rolle des Periostes nur als sekundäre, nicht als unmittelbare anzusehen, und als Vermittler galten die Gefäße. Über diese spricht sich ausführlich *John Hunter*[2]) aus, ebenso *Macdonald*[3]). Nach *Hunters* Lehre verzweigen sich die Gefäße in außerordentlich reicher Weise im Periost, in einer so reichen Weise sogar, daß durch die vielen Verästelungen der Kreislauf im Periost verzögert würde. Aus den Gefäßen wird die plastische Lymphe ausgeschieden, und zwar durch den eben beschriebenen langen verzögernden Weg, den das Blut macht, in um so größerer Menge. Diese weiche Masse erstarrt zu Knorpel, der nun phosphorsauren und kohlensauren Kalk aufnimmt und dadurch die Konsistenz des Knorpels enthält.

Haben wir damit den Knochen nach der Geburt vor uns, so fragt es sich jetzt, in welcher Weise er nunmehr in die Länge wächst, in der Breite sich verdickt, und wie es um die Beschaffenheit und die Eigenschaften seiner einzelnen Teile steht.

2. Das Längenwachstum.

Die Anschauungen hierüber beruhen auf den Experimenten *Duhamels* und *John Hunters*. Der erstere hatte in die Schienbeine von jungen Tauben in bestimmten Abständen 4 Löcher gebohrt; Loch 1 und 4 kurz über dem Fußgelenk und kurz unter dem Knie, Loch 2 und 3 das mittlere Drittel der Tibia zwischen sich fassend. Schon nach 8 Tagen tötete er das Tier, und sah nun, daß der Abstand zwischen Loch 1 und 4 größer geworden war. Zur Erklärung nimmt er die alte Lehre *Havers*[4]) an, daß sich ein erstarrender Saft zwischen die Knochen-

---

[1]) l. c.   [2]) l. c.   [3]) l. c.   [4]) l. c.

teilchen lege und diese dadurch extendiere. Unter Zugrundelegung seines Versuches spricht er daher die Meinung aus, daß diese Zwischenlagerung nur in den Teilen des Knochens erfolgen könne, die noch nicht die völlige Härte erreicht hätten. Daher wachse der Knochen in der Mitte nicht mehr, sondern nur an den Enden, die noch weich seien. (IV. Mémoires sur les os, 1743, p. 93.)

Hunters Experimente waren ähnlich. Er bohrte 2 Löcher in die Tibia eines jungen Schweines, das einer großen Rasse angehörte, legte in jedes Loch ein Bleikorn und ließ das Tier sich völlig auswachsen. Er fand dann, daß der Abstand zwischen den Bleikörnern derselbe war, wie bei der Anlegung der Löcher. Daraus ergab sich, daß das Knochenlängenwachstum nur an den Enden geschieht, denn wüchsen alle Teile, dann hätten sich die Bleikörner in dem Maße voneinander entfernen müssen, wie der Knochen im ganzen gewachsen war.

Weiter ist die Frage nicht wesentlich bearbeitet worden; sie wurde erst 1844 durch *Flourens* wieder in Angriff genommen und durch schöne und einwandfreie Experimente erklärt.

3. Das Dickenwachstum.

Auch hierin war die Lehre *Duhamels*[1]), die auf Analogieschlüsse mit dem Wachstum der Bäume aufgebaut war, und sich auf ausgezeichnete Experimente stützte, grundlegend. Wie schon im vorigen Teil kurz angedeutet, stammt der Vergleich des Knochenwachstums mit dem der Bäume von *Malpighi*[2]), der in seiner Anatomie der Pflanzen sich des längeren über das Wachstum der Knochen ausläßt und eine Parallele zieht zu dem von ihm eingehend beschriebenen Wachstum der Bäume. Was hier das Cambium, ist dort das Periost. *Duhamel* machte den Versuch, einen Silberfaden um den Knochen einer jungen Taube zu legen, und zwar so, daß der Faden unter den Sehnen und über dem Periost lag; das Tierchen wuchs, der Silberfaden befand sich bald nicht mehr über dem Knochen, sondern im Knochen, und je mehr das Wachstum des Knochens fortschritt, desto mehr näherte sich der Faden dem Markkanal, bis er schließlich innerhalb desselben aufgefunden wurde. Dieses berühmte Experiment wurde später von *Flourens* in wesentlich umfangreicherer Weise wiederholt. *Duhamels* Schlußfolgerungen aus seinem Experiment waren jedoch nicht die, daß das Periost die neue Knochenmasse liefere. Vielmehr nahm er für das Dickenwachstum eine zwischen Knochen und Periost eingeschobene Masse an, in der der Faden bei der Anstrengung des Knochens, ihn zu sprengen, schließlich einschnitt. Jedoch war für *Duhamel* das Dickenwachstum des Knochens durch Auflagerung neuer Knochenmasse unzweifelhaft. Ein Wachstum in der Dicke findet also durch Ablagerung neuer Knochensub-

---

[1]) l. c.   [2]) l. c.

stanz statt. Diese wird aus den beiden hauptsächlichsten Teilen des Knochens immer von neuem herangeführt.

4. Der Stoffwechsel.

Eine längere Äußerung über das Dickenwachstum ist bei *Bichat* zu finden. Dieser betont unter Anerkennung des Dickenwachstums durch Anlagerung neuer Knochenmasse an die vorhandene — wobei er jedoch eine Wirkung des Periostes nicht anerkennt — vor allem den stetigen Fluß im Zustand des Knochens. Er schildert, daß gallertartige und kalkhaltige Substanzen dauernd herbeigeführt würden, die nachher in das Blut wieder zurückkehrten, so daß der Knochen unaufhörlich in seiner Zusammensetzung wechsele. *Bichat* spricht von „Aushauchung" und „Einsaugung". Die Gallerte und die kalkartige Substanz sind nach ihm die beiden Dinge, aus denen sich der Knochen immer wieder zusammenfügt. Bei zunehmendem Alter nimmt der Kalk zu, die Gallerte ab, bis in hohem Alter der Knochen fast nur noch aus kalkerdiger Substanz besteht, welch letztere im Alter infolge ihres Übergewichtes sich an den verschiedensten Organen, z. B. an den Arterien und anderen, absetzt.

5. Der Zustand des fertigen Knochens.

Hat der Knochen damit durch Wachstum in die Länge und in die Dicke seinen Endzustand erreicht, so stellt er ein Organ von wohlcharakterisierter Eigenart dar.

Er besteht aus Gallerte und phosphorsaurem Kalk und enthält eine Menge Fasern, die durch mehr oder weniger große Entfernung voneinander zwei Arten von Gewebe zustande bringen, einmal ein dichteres, in dem diese Fasern nur schwer zu unterscheiden sind, und zweitens ein zelliges. Dieses letztere existiert erst in dem Zeitpunkt beim werdenden Knochen, in dem der Knorpel zwar mit Gallerte durchtränkt, aber noch kein phosphorsaurer Kalk abgesetzt ist, und man kann es sich vorstellen als eine Höhle im Knochen, die von einer Menge sich durchkreuzender Fasern erfüllt ist. In dem dichten Gewebe dagegen lassen die Fasern keinen Zwischenraum zwischen sich und geben durch ihr nahes Aneinanderliegen eine auffallende Dichtigkeit. In den langen Knochen haben die Fasern eine Längsrichtung, in den platten eine strahlige Richtung, und in den kurzen durchkreuzen sie sich nach allen Seiten.

Die *Scarpa*sche Ansicht, nach welcher der Knochen eine Art Schwamm darstellt, der in der Mitte der langen Knochen breite Löcher zeige mit weit auseinandergehenden Wänden, während er an den seitlichen Teilen zusammengezogen ist und dadurch eine feste Struktur aufweist, hat wohl zu vielen Diskussionen Anlaß gegeben, aber sie scheint sich nicht durchgesetzt zu haben. Abgesehen von dem Franzosen *Léveillé* hat *Scarpa* wenig Verteidiger gefunden.

Dichtes und zelliges Gewebe unterscheidet nun durch die ungleiche Verteilung und Anordnung ihrer Fasern die langen, platten und kurzen Knochen. Weiteres darüber auszuführen ist nicht notwendig, da der Knochenbau in dieser Beziehung sehr genau durchforscht und bekannt war. *Bichat* weist darauf hin, wie durch die große Masse des zelligen Gewebes die Möglichkeit des Knochenbruches hintangehalten würde, im Gegensatz zu dem dichten Gewebe, das viel eher brechen könne; ferner daß der platte dünne Knochen, der leicht Brüchen zum Opfer fiele, immer von einer dicken Muskelplatte geschützt sei.

Physikalisch ausgedrückt besteht der fertige Knochen aus kurzen, in der Länge gleichen Röhren, die parallel laufen (*Caspari*). Feine Kanälchen durchbohren ihn, sind mit Fortsätzen des Periostes ausgekleidet und dienen zur Aufnahme der Blutgefäße.

Von diesen unterscheidet *Bichat* drei Arten. Die erste versorgt die Markhöhle der langen Knochen, die zweite versorgt die Spongiosa, die dritte die Compacta. In die Markhöhle dringt nur ein einziges Gefäß, das sich in unendlich viel Äste in der Markhöhle verteilt und schließlich feine Anastomosen mit den Gefäßen der Spongiosa eingeht.

Die Gefäße der Spongiosa verästeln sich in den zahlreichen Zellen derselben und gehen Anastomosen sowohl mit denen der Compacta wie mit denen des Markes ein.

Die Compacta erhält ihr Blut aus den Ausläufern der Gefäße, die den Knochen umgeben, und die in großer Menge in das dichte Gewebe eindringen. In enger Beziehung mit den Gefäßen steht das Mark, von dem *Bichat* zwei Arten unterscheidet: Das eine sitzt im Schaft der langen Knochen. Ihm galten vor allem die Arbeiten von *Troja*[1]) und *Macdonald*[2]), die nachgewiesen haben, daß seine Zerstörung den Untergang des Knochens zur Folge hat. Die zweite ist in dem spongiösen Gewebe der Enden der langen Knochen und in den platten Knochen vorhanden. Bemerkenswert ist seine Beziehung zu der Entwicklung der Knochen. Es erhält seine Gefäßversorgung — nach *Bichat* — schon zu einem Zeitpunkt, wo der Knochen noch knorplig ist, aber diese Gefäße füllen sich erst mit Blut, wenn die Verknöcherung beginnt. Daher wurde angenommen, daß dieses Mark in irgendwelcher Beziehung zu der Verknöcherung steht, ob mit bedingend, ob selbst bedingt, steht dahin.

Über das Periost ist nicht viel zu sagen. Die Ausführungen der einzelnen über seinen Bau, seine Anatomie sind erschöpfend. Besonders betont wird die Tatsache, daß es in der Kindheit nur schwach mit dem Knochen verbunden ist und mit Leichtigkeit abgehoben werden kann.

---

[1]) l. c.   [2]) l. c.

Auch ist es in der Kindheit am dicksten, im erwachsenen Alter ist es dünner, im Alter ist es dichter und gedrungener.

Wir sehen somit den Knochen mit seinen wichtigen Organen, dem Periost und dem Mark, in seiner eigentümlichen Verbindung mit diesen und Abhängigkeit von diesen als im wesentlichen passives Organ bestehen, das keine Tätigkeit auszuüben imstande ist, außer auf dem Wege über Periost und Mark, noch selbst auf einem anderen Wege als diesem verändert werden kann. Diese Passivität ist einer der wichtigsten und bedeutendsten Punkte in dieser ganzen Anschauung. In ihm unterscheidet sich der Knochen von den Weichteilen, die in allem, was sie selbst betrifft, ihre eigene Wirksamkeit entfalten. Sie bilden sich selbst, wehren sich selbst gegen Angriffe von außen oder innen, führen ihren Haushalt selber, kurz sie sind in den Grenzen, die allen Organen zukommen, durchaus selbständig, während alle diese Äußerungen des tätigen Lebens beim Knochen durch seine Hilfsorgane, Knochenhaut und Mark, besorgt werden, und der Knochen leidet, wenn eines von ihnen Schaden genommen hat. So stirbt der Knochen ab, wenn das Periost schwer erkrankt ist, oder sein Verhältnis zum Knochen gestört ist; seine Festigkeit und Form wird ihm immer wieder von neuem dadurch gegeben, daß ihm das Periost durch seine Gefäße die festen, erdigen Teile zuführt, aus denen der Knochenstoff besteht.

Über die Sensibilität des Knochens und seiner Einzelgebilde liegen schon lange zurückliegende Untersuchungen vor. Daß das Periost empfindlich ist, hat schon *Thomas Bartholinus* ausgesprochen (1651). Den experimentellen Beweis für die Empfindlichkeit des Markes hat *Duverney* gebracht; *Bichat* spricht die Ergebnisse dieses Forschers aus dem Jahre 1700 aus. Über den Nervenverlauf im Knochen selbst liegen erst Untersuchungen aus dem Jahre 1846 vor. Daß auch *Heine* diese Frage aufmerksam verfolgte, beweist eine Stelle aus seinen Protokollen.

6. Knochenregeneration.

Die Entwicklung dieser Frage bildet den Inhalt der vorhergehenden Abhandlung. Wir haben gesehen, wie der Streit um die Bedeutung der einzelnen Teile des Knochens für die Regeneration in den zwanziger Jahren des vorigen Jahrhunderts wieder aufs höchste entflammt war, daß er so weit ging, daß von einigen die Regeneration überhaupt geleugnet wurde, welche Tatsache für die praktische Chirurgie von höchster Bedeutung war, wie das Beispiel von *Larrey* zeigt.

Jedoch können wir uns hier kurz fassen. Und da wir Gelegenheit haben, *Bernhard Heine* selbst zu seiner Zeit Stellung nehmen zu lassen, so wollen wir seine Worte anführen, wie er die Ansicht seiner Zeit wiedergibt[1]:

---

[1] *v. Graefe* und *v. Walthers*, Journ. d. Chirurgie u. Augenheilkunde. Bd. 24. 1836.

„Im ganzen kann man vier Hauptmeinungen bezeichnen, die über die Callusbildung aufgestellt wurden, wovon jede eine bedeutende Zahl Anhänger und Verteidiger hat; die Mehrzahl derselben bezieht sich aber auf die Haut mit bedeckten Knochenbrüchen, und nicht auf offene Knochenwunden mit Substanzverlust:

1. Einige — Duhamel, Dupuytren, Boyer, Ribes, Schwenke, Bordenave, Köhler u. a. — schreiben dem Periosteum den wesentlichen Anteil an der Callusbildung zu.

2. Andere behaupten, der Callus werde von den verletzten und entzündeten Knochen erzeugt — Detlev, Haller, van Hekeren, Richerand, Troja, Scarpa, Soemmering, Aitken u. a.

3. Als ein unmittelbares Produkt des Blutes wird der Callus dargestellt von Hunter, Macdonald, Meckel, Howshi, Horship u. a.

4. Cruveilhier, Charmeil, Breschet, Villermée, Meding, Weber u. a. verbinden die beiden ersten Meinungen und behaupten, die Callusbildung gehe von den Weichgebilden und den Knochen aus.“

Diese Worte schrieb *Heine* im Jahre 1836. Damals war seit der Arbeit von *Meding* im Jahre 1824 keine einzige von Bedeutung mehr erschienen, so daß die Äußerung *Heines* 10 Jahre später für die ganze Zeit gültig ist.

Im ganzen läßt sich in wenigen Worten zusammenfassen, welche Arbeiten aus der vorhergegangenen Zeit von dauerndem Einfluß gewesen waren. Es sind das die Namen *Duhamel, Haller, Troja, Hunter, Dupuytren*. Jeder dieser Namen bedeutet einen Anhang einer Menge anderer, die, in den Spuren des Meisters wandelnd, oder aber im Gegenteil zum Widerspruch angeregt, jedenfalls kaum grundsätzlich Neues und Wichtiges gebracht haben. Wenn wir die Frage beantworten sollen, welche Theorie die meisten Anhänger hatte, so kommen wir mit der Beantwortung in einige Verlegenheit; immerhin glauben wir doch mit einiger Zurückhaltung sagen zu können, daß die alte *Galen*sche Lehre, die von *Haller* mit soviel Eifer verteidigt wurde, diejenige war, die die meisten für am plausibelsten hielten. Wir können hierfür noch das Urteil eines berühmten Mannes anführen, der noch 30 Jahre später schrieb: *„Von der unphysiologischen Vorstellung Duhamels, daß die Beinhaut das Bildungsorgan des Knochens sei, ist schon früher die Rede gewesen.“* Wenn *Johannes Müller* so in seinem Lehrbuch der Physiologie schreiben konnte, er, dem die Versuche *Heines* und später *Flourens'* nicht unbekannt waren, wie sehr mußte die Lehre von der knochenbildenden Fähigkeit des Periostes mit der überkommenen Lehre in Widerspruch stehen, wie schwierig war es für ihre Anhänger, sich durchzusetzen. 100 Jahre hatte der Kampf um die Anerkennung des Periostes bis dahin gedauert; er hatte nur das Ergebnis gehabt, daß die Gültigkeit der *Galen*schen Lehre angezweifelt wurde, und daß einige

Forscher das Periost als den Knochenbildner anerkannten. Selbst *Flourens* äußerte gelegentlich des Vortrages *Heines* im Sommer 1834 in Paris in einer privaten Unterredung zu diesem, daß dies (nämlich die Regenerationsfähigkeit der Beinhaut) zwar große Wahrscheinlichkeit für sich habe, jedoch noch nicht vollständig erwiesen sei, denn andere von der gegenteiligen Ansicht stützten sich ebenfalls auf Beweisgründe.

Einfluß der theoretischen Anschauungen auf die chirurgische Praxis.

Fragen wir uns nun einmal, in welcher Weise die Entwicklung der knochenphysiologischen Anschauungen auf die Ausgestaltung der chirurgischen Behandlung der Knochenkrankheiten eingewirkt hat. Wir haben schon oben gesagt, daß in der zweiten Hälfte des 18. Jahrhunderts das Bestreben aufkam, mehr als bisher geschehen war, verletzte und erkrankte Glieder zu erhalten und von der Amputation abzukommen. *Bilguers*[1]) großes Verdienst kann nicht genug betont werden, *David* in Frankreich versuchte sich gegen Jahrhunderte alte Gewohnheiten durchzusetzen. Mit welchen Schwierigkeiten sie zu kämpfen hatten, zeigt der Streit *Davids*[2]) mit *Brun*[3]), der neben dem Versuch einer sachlichen Widerlegung *Davids* in leidenschaftlicher Weise allerlei Argumente moralischer Natur gegen *David* ins Feld führte. Diese Bestrebungen fallen zeitlich fast mit der Veröffentlichung von *Trojas* Versuchen zusammen. Eine Beeinflussung hat also wohl nur durch die Polemik der *Duhamel*schen Schule gegen die *Hallers*, die von der ganzen Medizin mit größtem Interesse verfolgt wurde, stattgefunden. Aber seitdem ist die praktische Chirurgie im großen und ganzen ihre eigenen Wege gegangen. Es wäre vielleicht zu erwarten gewesen, daß man in der Operationslehre der Wichtigkeit des Periostes die größte Aufmerksamkeit geschenkt hätte, und daß die Anhänger der Ansicht, daß die Knochenhaut der wichtigste regenerative Teil des Knochens ist, der Schonung des Periostes weitgehend das Wort gesprochen hätten. Das ist mit Ausnahmen im großen und ganzen nicht der Fall. Nehmen wir z. B. die berühmte Schrift des jüngeren *Moreau*[4]) zur Hand, so finden wir über die Bedeutung des Periostes eigentlich so gut wie nichts gesagt, weder in negativem Sinne, noch im Sinne der Erhaltung, noch der Unwichtigkeit dieser Haut. Wir können mit Sicherheit aus dieser Arbeit nicht einmal sagen, welcher Meinung der Verfasser über die Knochenhaut ist.

Woran hat diese eigentümliche Resistenz gelegen? Sie lag an der Unklarheit der Ergebnisse der so zahlreich und mit soviel Geist und Überlegung angestellten Versuche. Es lag eben ein absolut eindeutiges Resultat noch nicht vor, keine der vielen aufgestellten Ansichten hatte

---

[1]) l. c.   [2]) l. c.   [3]) l. c.
[4]) *Moreau,* Essay sur l'employ de la résection des os. 1816.

sich zur Allgemeingeltung durchringen können, keine war eben mit Sicherheit bewiesen oder — wenn wir das Wort „Beweis" als unpassend in einer biologischen Frage, wo man stets mit zu vielen Unbekannten rechnet, vermeiden wollen — keines der Ergebnisse war befriedigend geklärt. Es fehlte immer noch der Ergänzungsversuch, der grundlegend wichtige zum Beweis der knochenbildenden Fähigkeit des Periostes, nämlich der der Entfernung des Knochens unter Erhaltung des Periostes.

Ob die Knochen sich nach der Resektion wiederbildeten, darüber waren die Meinungen sowohl bei den Theoretikern wie bei den praktischen Chirurgen durchaus geteilt. Immerhin wurden Resektionen seit dem Jahre 1768 ausgeführt. In diesem Jahre hatte *White* in England mit der Resektion des Humeruskopfes die erste Gelenkresektion ausgeführt. Seitdem hatte sich die Technik dieser Resektionen unter dem Einfluß von *Vermandois*, dem älteren *Moreau, Cooper, Kirkland* u. a. vervollkommnet. *Park* resezierte 1781 zuerst das Kniegelenk, *Wainmann* 1783 das Ellbogengelenk, in den nächsten Jahren folgte das Handgelenk, Fußgelenk und andere Gelenke. Die allgemeine Haltung gegenüber diesen Operationen war jedoch ablehnend, so daß die Schrift des älteren *Moreau* vom Jahre 1789, die er der Akademie vorlegte, ohne jede Wirkung blieb, ebenso wie die Schrift des jüngeren *Moreau* (1803) und die von *Roux* (1802). Sehr langsam gewannen diese Operationen in Deutschland an Boden und fanden erst durch die Arbeiten von *v. Graefe* und *Textor* in weiteren ärztlichen Kreisen Aufnahme, aber erst nach der Zeit, die für uns in Frage kommt. Auch in England wurden sie erst nach Erscheinen der Arbeiten von *Syme* in den vierziger Jahren allgemeiner geübt.

Damit war die Praxis der Theorie vorausgeeilt. Um so mehr jedoch mußte sich das Bedürfnis herausstellen, daß das Experiment der praktischen Ausübung die nötige Berechtigung gäbe, und es ist deshalb in den nächsten Jahrzehnten auch eine mächtige Arbeit im Gange, um diese Lücke endlich auszufüllen. Diese Arbeit knüpft sich an die Namen von *Heine, Textor, Flourens, Ollier* u. a.

Von welcher Bedeutung *Heines* Arbeit ist, wird die folgende erstmalige Veröffentlichung seiner knochenphysiologischen Experimente zeigen.

C. Die Entstehung der Versuche Heines.

Heine scheint zu seinen knochenphysiologischen Versuchen erst auf
mittelbarem Wege gekommen zu sein. Nach Fertigstellung des Osteotomes in seiner ersten Gestalt versuchte er das neue Instrument außer
an der Leiche auch am lebenden Tier, und zwar zunächst am Schädel,
in dem er Schnitte verschiedener Tiefe und Gestalt anbrachte. Diese
ersten Eingriffe haben wir an den Schluß der zwanziger Jahre zu ver-
legen; nach und nach wurde — besonders als das Osteotom seine endgültige
Konstruktion gefunden hatte — der Eingriff am Knochen selbst zum
Gegenstand seines Studiums und er dehnte daher seine Versuche —
gleichzeitig mit der Absicht der Erprobung der Anwendungsbreite
des neuen Instrumentes beschäftigt — auf alle Knochen des Körpers
aus. Bei der Vorführung des Osteotomes vor den medizinischen Fakultäten von Bonn, München und Würzburg in den Jahren 1830 und 1831
ist von den Versuchen als solchen noch keine Rede; die Tierschädel
wurden lediglich zur Demonstration der Wirkungsweise des Osteotomes
vorgeführt. Einen gewissen Abschluß scheint *Heine* im Jahre 1834
gefunden zu haben. Denn gelegentlich des Vortrages über das Osteotom
vor der Akademie der Wissenschaften in Paris, durch welchen Vortrag
es so berühmt wurde, macht er zum ersten Male Angaben über seine Beobachtungen über Knochenregeneration. Der Vortrag liegt als Original-
aufsatz vor (Gazette médicale 1834, Nr. 18) und enthält als Sonder-
paragraphen eine zusammenfassende Darstellung der Versuchsergebnisse.
Jedoch nimmt dieser Abschnitt in dem dem Osteotom gewidmeten Ar-
tikel einen sehr kleinen Raum ein.

Der Bericht über die Sitzung, in der *Heine* seinen Vortrag hielt,
enthält ebenfalls seine Ausführungen über seine Versuche; dieser Bericht ist aber äußerst mager (Archives générales de médecine, II. série,
tome 6, 1834, page 213). Der Präsident der Sitzung war *Cruveilhier*.

2 Jahre später veröffentlichte *Heine* einen Aufsatz: „Über die
Wiedererzeugung neuer Knochenmasse und Bildung neuer Knochen"
(*v. Graefes* und *v. Walthers* Journal der Chirurgie 1836, Nr. 24). In
dieser Arbeit betont er die Wichtigkeit des Periostes bei der Knochenbildung, spricht aber die Ansicht aus, daß auch andere Teile knochen-
regenerierende Fähigkeiten besäßen, so vor allem das Mark, dann die
umgebenden Weichteile. Von seinen Versuchen geht er auf die an den
Rippen ein. Am Schluß äußert er, daß er demnächst eine größere Arbeit

über Nekrose bringen werde. Eine solche Arbeit ist jedoch niemals erschienen.

1837 reichte *Heine* der Akademie der Wissenschaften in Paris eine Schrift ein, betitelt: „Recherches sur la régénération des os." Dieser Titel ist lediglich aus dem Sitzungsbericht der Akademie und aus der darüber referierenden Literatur bekannt, auf den *Heine*schen Manuskripten fand er sich nicht wieder. Über den Inhalt der Schrift wußten wir bisher lediglich das, was der Sitzungsbericht angab. Es sind die Ergebnisse der Arbeit in 8 kurzen Sätzen zusammengefaßt (Revue médicale française et étrangère, Journal des progrès de la médecine Hippocratique, Paris 1838, tome III, page 414). Sie lauten in der Übersetzung:

II. Preis der experimentellen Physiologie.

Um diesen Preis sind 13 Arbeiten der Akademie der Wissenschaften eingereicht worden. Die Kommission hat die des Herrn *Bernhard Heine* aus Würzburg über die Regeneration des Knochensystems des Preises für würdig erachtet.

Die Hauptfolgerungen, die man aus den Versuchen des Herrn *Heine* ziehen kann, lauten:

1. Das Periost spielt die Hauptrolle bei der Vernarbung der Knochen.

2. Welches auch immer die Verletzung des Knochengewebes ist, das Periost bestreitet zum größten Teil die Hervorbringung der knöchernen Masse, die den Substanzverlust ersetzt.

3. Das Periost ist imstande, einen neuen Knochen vollkommen herzustellen und ersetzt den ursprünglichen.

4. Die Markhaut nimmt ebenfalls an der Knochenbildung teil, aber in geringerem Grade und nur insoweit, als sie mehr oder weniger verletzt oder bloßgelegt ist.

5. Die vasculo-membranösen Verlängerungen des Periostes und der Markhaut, die in das Knochengewebe eindringen, nehmen ebenfalls an der Vernarbung des Knochens und der Bildung des Callus teil, aber in geringerem Grade als die Markhaut.

6. Das Knochengewebe selbst ohne die erwähnten vasculo-membranösen Verlängerungen nimmt an der Festigung der Frakturen keinen Anteil.

7. Die Weichteile haben nur eine sekundäre Tätigkeit.

8. Schließlich ist das Blut, wie im übrigen tierischen Haushalt, sicherlich das Hauptprinzip der Vernarbung und der Knochenbildung, aber nur mittelbar.

Diese Sätze sind alles, was über die bedeutungsvolle Preisschrift *Heines* bekanntgeworden ist. Aber auch sie sind nicht in die Literatur übergegangen, sondern alles, was in der Literatur über *Heine* erwähnt wird, nimmt Bezug auf den Aufsatz aus der Gazette médicale, den wir vorhin erwähnt haben. So ist auch der durchgängige Irrtum zu verstehen, daß *Heine* seine Präparate und seine Versuche im Jahre 1834 der Akademie zur Beurteilung vorgelegt habe. Der Vortrag dieses Jahres bezog sich nur auf das Osteotom, des Interesses halber zeigte er gleichzeitig die Präparate; jedoch blieben diese neben dem Osteotom durchaus im Hintergrunde.

Die Preisschrift aber verschwand in den Archiven der Akademie. Niemand fragte wieder nach ihr. Die *Heine*sche Sammlung in Würzburg war die Bewunderung vieler Besucher; wer sich ihrer bei der Bearbeitung einer knochenphysiologischen Frage bedienen wollte, studierte sie an Ort und Stelle und las darüber den kleinen Abschnitt aus dem Aufsatz vom Jahre 1834 nach. Ungehoben blieb beinahe 100 Jahre lang der kostbare wissenschaftliche Schatz, der erst die ganze Bedeutung der Sammlung zum Ausdruck brachte. Es scheint auch, daß niemand daran gedacht hat, nach der Originalarbeit *Heines* zu forschen; wir finden die Sammlung besprochen bei *Henle*, bei *Ollier*, bei *Albrecht*, aber niemals wird ausgesprochen, daß das über die Sammlung vorhandene schriftliche Material doch eigentlich höchst ungenügend ist.

Heine scheint später die Herausgabe der ganzen Sammlung mit einer zeichnerischen Darstellung der Versuchsergebnisse geplant zu haben. Er ließ die Präparate durch den anatomischen Prosektor *Feigel* zeichnen, kam jedoch nicht mehr zur Herausgabe, da er schon 1846 starb; aber auch *Feigel*, der die gezeichneten Bilder in einen Atlas chirurgischer Instrumente übernehmen wollte, erlebte die Publikation nicht mehr, er starb 1848 an Lungentuberkulose. Der fertige Atlas wurde im Jahre 1851 von *Karl Textor* herausgegeben. Nun scheint dieser *Feigel*sche Atlas nur auf Subskription abgegeben zu sein, und offenbar mit den Abbildungen der *Heine*schen Präparate nur auf Wunsch. Denn erstens ist dieser Atlas überhaupt nur in wenigen Exemplaren vorhanden, und zweitens gibt es an den deutschen Universitätsbibliotheken einschließlich der österreichischen nur 3 Exemplare, die die Abbildungen der *Heine*schen Sammlung mit enthalten. Zu dem Atlas gehört eine eingehende Beschreibung, und hierin findet sich auch die Schilderung der Versuche. *Feigel* gibt an, daß ihm *Heine* sein Manuskript übergeben hätte und druckt es mit einigen Kürzungen ab. Diese Schilderung enthält die Art des Eingriffs, den Erfolg der Operation und das Ergebnis des Versuches, dagegen so gut wie nichts über die Folgerungen, die man aus den Versuchen ziehen konnte.

Der *Feigel*sche Text ist daher als der Originaltext *Heines* anzusehen und ist im folgenden abgedruckt.

Zur weiteren Verbreitung der Kenntnis der Sammlung kann dieses Werk nicht viel beigetragen haben; welche Beurteilung es in Fachkreisen fand, geht aus den Worten *v. Langenbecks* hervor[1]): „*Der Wert der Heine-*

---

[1]) Arch. f. klin. Chir. **16**, 361.

schen Versuche ist von den Chirurgen nicht genug gewürdigt worden, weil die von Heine gegebene Schilderung derselben mangelhaft ist und die von Feigel gelieferten Abbildungen vieles zu wünschen übriglassen.“

Dieser Tadel *Langenbecks* geht wohl vor allem auf den Mangel einer zusammenfassenden Darstellung der Versuchsergebnisse. Auch er spricht im folgenden von der Demonstration der Präparate vom Jahre 1834 und erwähnt nichts von der großen Bearbeitung, die *Heine* in der Preisschrift gegeben hat. Sie war eben vergessen.

Hier setzten unsere Nachforschungen ein. Es gelang, in Paris in der Akademie der Wissenschaften die alte Handschrift aufzufinden, womit endlich der Würzburger Sammlung die entsprechende Ergänzung in der Literatur gegeben ist.

Die in Paris gefundenen Schriften sind folgende:

1. Note sur l'ostéotome modifié et sur des pièces osseuses à l'appui des avantages, qu'offre l'emploi de cet instrument.

2. Déscription des pièces anatomiques relatives aux opérations pratiquées avec l'ostéotome et leurs suites.

Diese beiden Schriften bilden den wesentlichen Inhalt des Vortrages vor der Akademie im Jahre 1834. Die Schilderung der Präparate in Schrift Nr. 2 ist dieselbe, nur in kürzerer Form, wie in den späteren Schriften. Beide Manuskripte tragen das Datum: 29. September 1834.

3. III. Division. — Résection des os différents dans leur continuité et dans les articulations.

4. Histoire générale de la réproduction des os après les incisions.
(Se rapportant à la I. Division des expériences.)

5. Histoire générale de la réproduction des os après les exstirpations.
(Se rapportant à la II. Division des expériences.)

6. Histoire générale de la réproduction des os après les resections.
(Se rapportant à la III. Division des expériences.)

Diese 4 Schriften tragen sämtlich die Bezeichnung: *Concours Monthyon 1837.* Nr. 3 enthält die Beschreibungen der Eingriffe des Versuchsabschnittes „Resektionen“; es fehlen die entsprechenden zu den Abschnitten: „Incisionen“ und „Exstirpationen“. Daß sie dagewesen sind, ist sicher, denn sonst könnte sich die Schrift Nr. 3 nicht als III. Division bezeichnen. Der Verlust ist aber nicht allzu schwer, denn wir haben als Beschreibung der Eingriffe zu den Teilen „Incisionen“ und „Exstirpationen“ ja den Text von *Feigel,* und da dieser in dem Teil „Resektionen“ die Übersetzung unserer Schrift Nr. 3 darstellt, so werden die beiden anderen Teile ebenfalls authentisches Material darstellen.

Schließlich fand sich noch eine Schrift, die mit den vorhergehenden jedoch in keinem zeitlichen und sachlichen Zusammenhang steht, sondern die von *Heine* nachgelassen war und erst 1897 geöffnet wurde:

7. Bericht an die Königliche Akademie der Wissenschaften in Paris über neue Ideen und Tatsachen bezüglich auf operative Chirurgie.

Heine wünscht sich nach seinen eigenen Worten in dieser Schrift die Priorität zu sichern hinsichtlich gewisser Reformvorschläge im chirurgischen Unterricht. Dieses Manuskript ist für uns ohne weiteres Interesse. Es ist wohl deutsch wie französisch vorhanden.

Die für uns wichtigsten dieser Schriften sind Nr. 4, 5 und 6. Sie stellen die zusammenfassende Bearbeitung *Heines* über seine Versuche dar und geben daher erst den vollen Einblick in die bedeutungsvolle Leistung, die wir in der Sammlung immer gesehen haben. Wie alle Schriften — mit Ausnahme der letzten — waren auch diese drei französisch geschrieben. Aus Raumersparnis geben wir nur die Übersetzung wieder. Der Originaltext ist in Paris bei der Akademie geblieben, die Originalschrift ist bei den *Heine*-Akten der Universität in Würzburg niedergelegt worden und kann dort eingesehen werden. Die übrigen Stücke sind nicht mit gedruckt worden, da sie für uns unwesentlich sind; ihre Abschriften befinden sich ebenfalls in Würzburg bei den *Heine*-Akten.

Als Unterlage zu einer genauen Durcharbeitung der *Heine*-Sammlung in Würzburg besitzen wir demgemäß: 1. Den Text des Atlas von *Feigel*, der sich in seinem Abschnitt „Resektionen“ als übereinstimmend mit dem Originaltext *Heines* in Paris erwiesen hat, und der daher auch in den beiden anderen Teilen als zuverlässiges Dokument gewertet werden darf. Er gibt eine Darstellung des Eingriffs und des Erfolges. Diese *Feigel*sche Schilderung ist im folgenden ganz mit übernommen worden. 2. Besteht an den Würzburger Präparaten eine Beschriftung, die in französischer und deutscher Sprache das Präparat hinsichtlich Eingriff und Erfolg erklärt. Es ist eine verkürzte Wiedergabe dessen, was im *Feigel*schen Atlas steht. Die zierliche Schrift dieser auf dem Befestigungsbrett der Präparate angehefteten Blätter hat sich nach eingehender Prüfung als die der Gattin *Heines* herausgestellt, was sich aus mehreren Schriftproben, die wir der Güte der Tochter *Heines*, Frau Baronin *von König* verdanken, unzweifelhaft ergab. Diese Erklärungen stammen also sicher ebenfalls von *Heine* selbst her. Sie wurden nur zur Ergänzung benutzt. 3. Sind wir nun in der Lage, die Originalbearbeitung *Heines* aus Paris zu veröffentlichen, die das Ganze zu einer geschlossenen Einheit macht.

Die
Bernhard Heinesche Sammlung

Von

Dr. Ernst Redenz und **Dr. Hermann Walter**

I. Allgemeines.

Die im Anatomischen Institut der Universität Würzburg verwahrte Bernhard Heinesche Sammlung über Knochenregeneration hat schon rein äußerlich einen ganz persönlichen Charakter. Skelettierte Schädel und Röhrenknochen, aber auch Stücke samt den Weichteilen, in einzelnen Fällen sogar die vordere oder hintere Körperhälfte des Versuchshundes sind in der Sammlung von rund hundert Präparaten vereinigt. Jedes der Präparate ist Trockenpräparat, auf einer Holztafel angebracht und mit einer Beschriftung versehen, welche Art, Zweck und Erfolg der Operation kurz angibt; alle sind übersichtlich geordnet und in Gruppen zusammengefaßt.

Die Knochenpräparate sind sorgfältig von Weichteilen befreit, gebleicht und von einer dicken Firnisschicht bedeckt. Die den Knochen überlagernden Weichteile sind gespalten und auseinandergeklappt, Muskeln in einzelnen Gruppen präpariert, von Fett und Bindegewebe befreit und getrocknet, so daß sie als bandartige Gebilde Ursprung und Ansatz und annähernd auch die Form erkennen lassen. Die Arterien sind in vorbildlicher Weise mit einem metallhaltigen Zinnoberrot injiziert, so daß sie z. B. oft in den präcapillaren Verzweigungen der Dura noch als feinste Striche erkennbar und röntgenologisch darzustellen sind. Auch diese Präparate sind durch eine ziemlich dicke Lackschicht gegen die Einwirkung der Witterung geschützt und haben größtenteils unversehrt das Alter von fast hundert Jahren erreicht.

' Durch die Operation entfernte Stücke sind an der zugehörigen Stelle aufbewahrt oder mindestens durch ein gleichgroßes und gleichgeformtes Stück ersetzt. Durch den Feigelschen Atlas über „Chirurgische Bilder zur Instrumenten- und Operationslehre" und den zugehörigen Text war es in allen Fällen möglich, den Vorgang der Operation, den Verlauf der Wundheilung, das funktionelle Resultat und den Erfolg sowohl nach Heines Auffassung, wie am Objekt selbst zu untersuchen. Dabei mußte, um besser sehen zu können, der Lack von den Präparaten großenteils wieder entfernt werden; in ganz vereinzelten Fällen war eine mikroskopische Kontrolle an kleinsten herausgeschnittenen Stückchen nicht zu umgehen, im übrigen aber durfte die Sammlung selbst durch die Untersuchung nicht verändert werden. Deshalb blieb außer der rein makroskopischen Betrachtung nur noch die Kontrolle durch Röntgenstrahlen, von der ausgiebig Gebrauch gemacht wurde.

Die Beschreibungen und Operationsberichte würden ohne figürliche Darstellung schwer verständlich und dem Zweck der vorliegenden Abhandlung nicht gerecht werden können. Deshalb wurde von der Wiedergabe der Präparate, wenigstens der wichtigen Teile derselben in Bild und Röntgenogramm nicht zurückgescheut, andererseits aber mußte aus Gründen der Sparsamkeit in vielen Fällen auf die eine oder andere Form der Darstellung verzichtet werden. Die Zeichnungen sind von dem Maler *Hermann Pfeiffer* und die Röntgenbilder von der Röntgenabteilung der Chirurgischen Klinik unter unserer Anleitung angefertigt worden. Der Feigelsche Text, der an der Spitze jeder Einzelbesprechung steht, ist durch Kleindruck gekennzeichnet und dadurch von der eigentlichen Beschreibung des vorhandenen Präparates und Röntgenbildes auch äußerlich unterschieden. Mit Rücksicht auf möglichste Kürze waren wir gezwungen, überflüssige Bemerkungen fallen zu lassen. Der Charakter der Darstellung, der die Auffassung der damaligen Zeit widerspiegelt, wurde dadurch nicht berührt. Auch verstoßen die kleinen Kürzungen nicht gegen die Sache selbst, da *Feigel*, wie er angibt, sich nicht nur an die Heineschen Aufzeichnungen gebunden hielt, sondern auch eigene Beobachtungen berücksichtigte. Auch die Abbildungsverweise von *Feigel* sind als überflüssig fortgelassen. Eine Umgruppierung der Präparate, abweichend von Heines Reihenfolge, schien uns nach reiflicher Überlegung geboten. Die großen Gruppen sind dadurch nicht beeinträchtigt. Eine Reihe von Präparaten, die *Feigel* nicht anführt, fanden sich in der Sammlung vor und wurden eingefügt.

Ein Einblick in Heines Arbeitsweise ist am leichtesten bei Betrachtung der Tabelle (S. 196) zu gewinnen, in der vor allem auf Heines Versuchsbedingungen, die er systematisch änderte, Rücksicht genommen wurde. *Heine* beginnt mit einfachen Einschnitten in den Knochen, wie sie durch den Sägeschnitt des Osteotoms gegeben sind. Er ändert die Tiefe des Einschnitts und seine Ausdehnung und beobachtet den zeitlichen Verlauf der Regeneration.

Durch planmäßiges Variieren sucht er die Bedeutung aller an der Neubildung des Knochens möglicherweise beteiligten Gewebe experimentell zu erfassen und ihren Einfluß einzeln und im Zusammenwirken für jede Art des Knochens klarzustellen, wobei er besonders die Schädelknochen eingehend behandelt. Er ändert Form und Größe des resezierten Stückes und schafft dadurch die Unterlagen für vergleichende Untersuchungen des Regenerats; er reimplantiert das herausgenommene

Stück, reseziert schließlich alle Gelenke und scheut auch vor der „Exstirpation" ganzer Extremitäten nicht zurück. Wenn *Heine* eine Leinwandeinlage oder eine Darmumwicklung an die Stelle des resezierten Knochens setzt, so nimmt er damit die Frage der Form des Regenerats bewußt in Angriff.

Daß das Alter der Versuchstiere nicht immer berücksichtigt ist, so daß der unmittelbare Vergleich entsprechender Versuche manchmal nicht bis zur völligen Entscheidung getrieben werden kann, lag an der rationellen Ausnützung des verfügbaren Materials. Es kann dies ebensowenig wie die Tatsache, daß *Heine* vor Eiterungen nicht nur nicht zurückschreckt, sondern sie, entsprechend den Anschauungen seiner Zeit, sogar wünscht, den Wert seiner Untersuchungen in unsern Augen nicht herabsetzen.   Das Bewunderungswürdige liegt ebensosehr in der seine Zeitgenossen vielfach überragenden Kenntnis als in einer auch heute noch vorbildlichen Folgerichtigkeit seiner wissenschaftlich aufbauenden Versuche.

II. Die Bernhard Heineschen Präparate über Knochenregeneration.

1. Incisionen.

Nr. 1a (Abb. 1 u. 2).

(*Feigel* Abb. 26, 1; Text 408; Sa. 158) [1]).

Der Schädel eines 8 Jahre alten Metzgerhundes von oben gesehen. Die Beschreibung von Prof. *Heine* lautet wie folgt: Fast in der Mitte des Schädels, eine Linie rechts vom Sinus longitudinalis entfernt und parallel mit diesem wurde ein Längsschnitt von 9‴[2]) durch die äußere Knochentafel und Diploe gemacht; die innere Knochentafel wurde nur in der Länge von 2‴ durchgeschnitten, so daß die Dura mater 2‴ lang und fast 1‴ in der Breite bloß lag. Das Periost wurde von dem gegen die Schläfe hin gelegenen Schnittrande noch 2—3‴ weiter von der äußeren Oberfläche des Knochens abpräpariert, um zu sehen, ob sich dasselbe mit dem Knochen wieder vereinige oder *letzterer sich nekrosieren werde* [3]). Hierauf wurden die Wundränder der äußeren Haut durch ein blutiges Heft vereinigt. Das Tier schien durch diese Operation wenig oder gar nicht geniert zu sein, denn es lief in den nächsten 6 Tagen wie vordem ganz munter im Freien herum und zeigte die gewöhnliche Freßlust. Am 7. Tage wurde die Knochenwunde durch Umschreibung und Ausschneidung eines halb ovalen Stückes samt den, die äußere Oberfläche zunächst bedeckenden Weichteilen aus dem Schädel herausgenommen und sodann die Wunde der weichen Teile wieder durch die blutige Naht vereinigt.

Das aus dem rechten Os parietale ausgeschnittene ursprünglich incidierte Stück ist nicht vorhanden. Aus dem Protokoll, auf das wir uns allein verlassen müssen, geht hervor, daß die Incision treppenförmig

---

[1]) Abkürzung für: Abbildung im *Feigel*schen Atlas: *Feigel* Abb. .., Beschreibung bei *Feigel:* Text ...; Sa. = Nummer des Sammlungspräparats der Würzburger Anatomie.

[2]) Eine „Linie", mit ‴ bezeichnet, ist nach heutigem Maß etwa 2,1 cm. Zehn Linien werden mit ″ bezeichnet.

[3]) Sperrungen vom Verfasser.

abgestuft war, was bei der Benutzung des Osteotoms durch den Bau
des Instruments bedingt war. Die Tabula externa war daher am weitesten eingeschnitten, die Diploe wies den kleineren und die Tabula interna
den kleinsten Einschnitt auf. Die Dura mater lag frei. Auf dem rechten
Os parietale befindet sich eine der Größe des ausgeschnittenen ovalen
Stückes entsprechende geringe Vertiefung. In Abb. 1 ist die Größe
dieses Stückes nach den Maßen von *Feigel* mit punktierten Linien
eingetragen. Aus der Tabula externa sind 4 cm und aus der Tabula interna

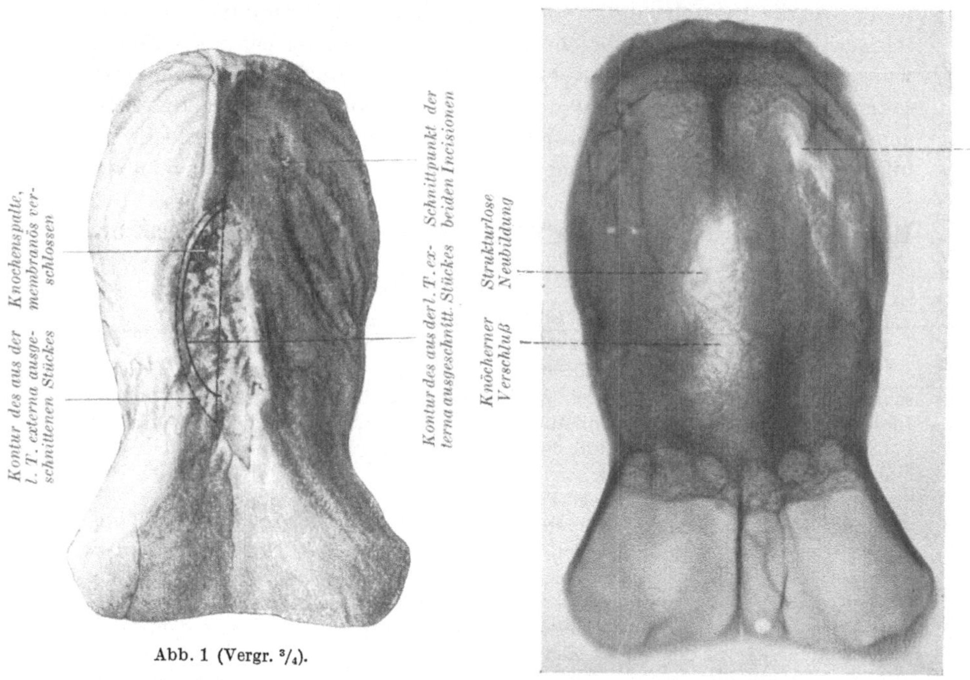

Abb. 1 (Vergr. ³/₄).

Abb. 2 (Vergr. ⁴/₅).

3,5 cm weggenommen worden; die größte Breite des Stückes beträgt
$7^1/_2$ mm (Tabula externa). Die Oberfläche der Knochennarbe ist fein-
höckerig. Die Crista sagittalis fehlt. Ihr entspricht der mediale Rand
der Vertiefung. Am frontalen Ende des Processus interparietalis befindet sich noch eine membranös verschlossene kleinbohnengroße Lücke
im Knochen (Abb. 1). Die dünnen Ränder springen zungenförmig
gegen die Membran vor. Die Innenfläche des Schädels ist der mulden-
förmigen Eindellung des rechten Os parietale entsprechend ein wenig
gehoben. Bis auf die offen gebliebene Knochenlücke hat sich überall
fester neuer Knochen gebildet, dessen Entstehung aus mehreren Knochen-

kernen durch feine Furchen noch zu erkennen ist. Der neugebildete Knochen ist deutlich dünner und durchscheinender als der entsprechende Teil des linken Os parietale. Die Unebenheiten in der Umgebung des Defektes breiten sich auch nach links über die Mittellinie aus, also auf ein Gebiet, das durch die Incision in keiner Weise berührt wurde. Der frontale Verschluß ist besonders gut.

Röntgenbild: In der Mitte über dem Sinus longitudinalis, von einer atrophischen abgebauten äußeren Randzone umgeben, findet sich ein etwa doppellinsengroßer Defekt, der unregelmäßig begrenzt und nach innen von homogenem neugebildetem Knochen umsäumt ist. Zwei kleine einzelne Inselchen liegen diesem Saum vor. Nach der Stirn hin findet sich strukturierter Knochen, der jedoch viel weitmaschiger und gegen die übrige Diploe durch Atrophie deutlich unterschieden ist.

Nr. 1b (Abb. 1 u. 2).

(*Feigel* Abb. 26, 1; Text 408; Sa. 158.)

An dem linken Seitenwandbein wurde später eine ovale Incision gemacht von 15′′′ Länge. Das durch die Incision umschriebene Knochenstück wurde aber nicht aus dem Schädel herausgenommen, sondern es blieb mit demselben durch einige, nicht in der ganzen Dicke durchschnittene Punkte in Verbindung. Das Periost wurde von der äußeren Fläche des umschriebenen Knochenstückes ganz weggeschabt und hierauf die Wunde der Weichteile vereinigt.

In den nächsten 10 Tagen zeigte sich etwas Anschwellung der allgemeinen Bedeckung.

7 Monate nach der ersten und 4 nach der letzten Operation wurde das Tier getötet, und es fand sich:

1. Die ovale Knochenwunde ist vernarbt und der Substanzverlust durch neu erzeugte Knochenmasse wieder ersetzt. Nur an einer Stelle ist die Lücke noch nicht ganz geschlossen.

2. Die ovale Incision an der linken Seite ist ebenfalls durch neue Knochenmasse wieder ausgefüllt, und nur an einer Stelle zeigt sich noch Kommunikation in dem Schädelraume von der Größe eines Stecknadelkopfes.

Auf dem linken Os parietale ist ein spitzwinkliges Oval umschrieben, dessen größter Durchmesser 3,4 cm und dessen kleinster Durchmesser 1,1 cm beträgt. Die alten Schnittlinien sind durch in kleinen Abständen aufeinander folgende Vertiefungen markiert. Die Schnittkanten sind ein wenig erhaben aufgewulstet und abgerundet. Die Incision scheint überall außer am kranialen Ende des umschnittenen Ovals verschieden stark knöchern verschlossen. Hier ist eine stecknadelkopfgroße Öffnung geblieben (Abb. 1 u. 2). Die Innenfläche des Schädels zeigt bis auf die verbliebene Öffnung und bis auf zwei feine strichförmige kurze Linien in der Schnittrichtung nicht die geringste Veränderung. Diese Linien sind wohl Überreste des eben durch die Tabula interna geführten Schnittes. Die Impressionen der Hirnwindungen und der Gefäße sind ungestört erhalten. Nach den Angaben des Protokolls soll die Incision an einigen

Stellen die Tabula interna durchdrungen haben. Im Gegensatz zu dem regenerierten Knochen des rechten Os parietale, der nach 7 Monaten durch seine höckrige Beschaffenheit noch als Regenerat erkennbar ist, ist angesichts der glatten Innenfläche des linken Os parietale nach einer Zeit von 4 Monaten wohl mit Recht anzunehmen, daß eine gröbere Zerstörung der Tabula interna nicht stattgefunden hat.

Röntgenbild: Auf dem Schläfenbein sind die Reste der sich spitzwinklig schneidenden Incisionen zum Teil von Knochenmasse ausgefüllt, in ihrem ganzen Verlauf aber noch erkennbar. Am Schnittpunkt ist keine Neubildung vorhanden, hier besteht ein kreisrundes Loch, an das sich die osteoiden Massen anschließen.

Nr. 2 (Abb. 3 u. 4).

(*Feigel* Abb. 26, 3; Text 411; Sa. 160.)

Der Schädel eines 12 Jahre alten Spitzhundes (2 Operationen).

a) Einfache Incision mit nachfolgender Ausschneidung der Knochenwunde durch Herausnahme eines ovalen Stückes. Die äußere Knochentafel und die Diploe wurden fast in der Mitte des Scheitels 7′″ in der Länge und die Glastafel dagegen nur 4′″ und fast 1′″ breit durchgesägt. Hierauf ward die Wunde geheftet. Nach 14 Tagen wurde die Knochenwunde durch Ausschneiden eines ovalen 14′″ langen Knochenstückes samt der Dura mater aus dem Schädel herausgenommen und sodann die Wunde der weichen Teile durch die blutige Naht wieder vereinigt.

b) Zwei parallel verlaufende Incisionen auf der linken Seite im Scheitelbein und teils sich in das Stirnbein erstreckend. Beide Schnitte waren 9′″ lang und durchdrangen die ganze Knochendicke. Von dem Raume, welchen beide Incisionen zwischen sich faßten, wurde das Periost entfernt und die Wunde vereinigt.

10 Monate nach der 1. und 7 nach der 2. Operation wurde der Hund getötet, und es fand sich: 1. Keine Reproduktion der ausgeschnittenen Dura mater. Die Lücke ist mit einem membranösen Gewebe verschlossen, aber an den Rändern nur wenig und mit dünner Knochenmasse wieder ausgefüllt, was offenbar anzeigt, daß auch die Dura mater immer wesentlichen Einfluß auf die Heilung der Knochenwunden ausübt. 2. Die beiden Knochenspalten der später gemachten Incisionen waren größtenteils durch neue Knochenmasse ausgefüllt; in der Mitte zeigten beide noch Lücken, die durch eine halbdurchsichtige Membran verschlossen waren. Es fällt auf, daß hier verhältnismäßig zu manchen anderen Schädelwunden nur wenig neue Knochenmasse reproduziert wurde, *was davon herzurühren scheint, daß dieser Schädel sehr dünn ist und äußerst wenig, fast gar keine Diploe enthält.*

Das nach 14 Tagen herausgeschnittene Stück zeigt Neubildung einer dünnen L. interna über die ganze Länge der Incision. Der Defekt in der L. externa und Diploe ist durch jetzt nicht mehr näher bestimmbares Gewebe ausgefüllt. Der Einschnitt ist als deutliche tiefe Furche in ganzer Ausdehnung von der Oberfläche sichtbar, von der Hirnfläche aus nur noch kaum merkbar gezeichnet. Die durch Herausschneiden der Incisionsstelle entstandene Lücke ist durch eine Membran ganz verschlossen, knöchern aber nur durch feine ins Lumen vorspringende dünne Knochenzungen und eine dünne größere Lamelle im frontalen

Winkel des excidierten Ovals deutlich verkleinert. Die Ränder des Defektes sind uneben und rauh aufgeworfen und fallen sanft nach innen ab. Die Dura ist in einem kleineren Oval fest an der Verschlußmembran angeheftet. Es macht den Eindruck, als sei gerade im Bereich der Anheftungszone der Dura am medialen Rand des rechten Os parietale an die Membran die Knochenneubildung durch eine dickere und breitere Randzone wie im übrigen Defekt ausgezeichnet. Im frontalen und occipitalen Teil, wo die Excisionslinien aufeinanderstoßen, ist wieder der beste Verschluß erreicht. Daß der frontale Abschnitt besser verschlossen ist, liegt nicht allein an einer Eigenheit des Os frontale oder

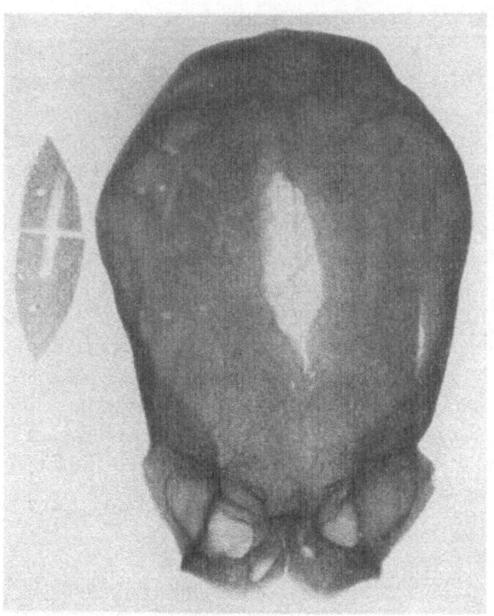

Abb. 4 (Vergr. ⁴/₅).

Abb. 3 (Vergr. ⁴/₅).

Verschiedenheiten der Dicke der Diploe, sondern an einem anscheinend bei der Excision stehengebliebenen Stück der Lamina interna.

Auf dem linken Os parietale sind noch zwei flache Furchen zu erkennen. Sie sind bis auf eine kleine Stelle der unteren Furche, die membranös verschlossen ist, von einer dünnen Knochenlamelle gebildet. Auf der Innenseite blieb die durchtrennte Lamina interna durch zwei parallel in Ausdehnung der Schnittlänge verlaufende Fissuren gekennzeichnet.

Röntgenbild: Die Incision des herausgenommenen Stückchens hat nicht den ganzen Knochen durchsetzt, wie aus der noch erhaltenen Diploezeichnung im Spalt geschlossen werden kann.

Der längsovale ungefähr mandelgroße Defekt genau über der Mitte des Schädeldaches trägt rundherum einen ganz schmalen Saum strukturlosen kalkhaltigen Gewebes, der an zwei Stellen etwas breiter ist; 1. am frontalen Abschnitt des Defektes. Hier ist die Lücke bis auf einen kaum 1 cm breiten Spalt verschlossen; und 2. erhebt sich auf der rechten Seite der hinteren Umrandung ein unregelmäßig kammartig vorspringender Knochensaum, der Spongiosastruktur zeigt und als ein stehengebliebenes Stückchen der Tab. interna gedeutet werden muß. In dem Defekt selbst ist keinerlei Andeutung von Knochenneubildung.

Nr. 3 (Abb. 5).

(*Feigel* Abb. 26, 4; Text 412. Sa. 162.)

Der Schädel eines Spitzhundes nach folgenden Operationen:

1. Einfache Incision des Schädels. Das rechte Seitenwandbein wurde 7′′′ lang mit Schonung der Glastafel bis auf $4^1/_2$′′′ durchschnitten; dann die blutige Naht angelegt. Nach 20 Tagen wurde das die Incisionsstelle enthaltende Knochenstück ausgeschnitten. Die Untersuchung zeigt:

Verengerung der Knochenspalte in der Glastafel soweit sich die Diploe erstreckt, man möchte fast glauben, daß die Knochensubstanz von beiden Seiten her gegen die Spalte gewachsen sei: doch ist auch nicht zu verkennen, daß die genannte Verengerung zum Teil durch Absetzung von neuem Knochenstoff zustande kam. Man bemerkt nämlich in derselben feine weiße Pünktchen und Fäden, die in einer zwischenliegenden dünnhäutigen Membran am Knochen anliegen. Die äußere Oberfläche des Knochens war von einem etwas körnigen, rötlichen Gewebe bedeckt und zeigt sich nebst den Schnitträndern resorbiert und rauh.

2. Zwei parallele Incisionen durch eine dritte quer verbunden. — Nach Verlauf von mehr als 2 Monaten machte man an der linken Hälfte zwei miteinander parallel laufende, $2^1/_2$′′′ voneinander entfernte Einschnitte durch die ganze Dicke des Knochens, und ein dritter verband die beiden ersten, der aber nicht an allen Punkten bis zur Dura mater drang. Nachdem das Periost von der äußeren Fläche dieser Knochenbrücke abgeschabt war, vereinigte man die Wunde durch die blutige Naht, die per primam reunionem heilte.

3 Monate nach der 1. und 20 Tage nach der letzten Operation wurde das Tier getötet.

Die Untersuchung des Schädels zeigt: Die drei Knochenwunden sind durch eine häutige, an der innern Fläche etwas körnige, blutreiche Membran ausgefüllt, die die Schnittränder und die äußere Oberfläche des Knochens rings um die Wunde bedeckt. — Die äußeren Schnittränder sind größtenteils resorbiert, und längs dieser Stellen zeigt sich Ablagerung neuer Knochenmasse; die äußere Oberfläche und die Schnittränder der Knochenbrücke sind noch unverändert. — Die Glastafel ist auffallend porös und durchlöchert; auch diese zeigt sich von einer dünnen Membran überzogen, die die Knochenspalte von der inneren Fläche des Schädels verschließt. Es scheint, daß diese Knochenbrücke sich in der Folge nekrotisch abgestoßen haben würde.

Das ursprünglich incidierte nach 20 Tagen entnommene Stück zeigt eine geringe Verengerung des Spaltes, dessen Ränder rauh und eingeebnet sind. Der Spalt scheint, wie das auch die Innenfläche zeigt, an verschiedenen Stellen verschlossen zu sein und ist durch Umbau der Ränder verengert. Die beschriebene häutige Membran ist am Präparat erhalten. Die Länge des Spaltes zeigt keine Verkürzung.

Über dem Sinus longitudinalis und auf das rechte Os parietale übergreifend liegt der häutig verschlossene Defekt, der von der Entnahme des eben beschriebenen Stückes nach 3 Monaten noch verblieben ist. Die Maße stimmen etwa mit denen des entnommenen Stückes überein. Dies hat jedoch nicht etwa zu bedeuten, daß jegliche Neubildung fehlt, da sich durch die Breite des Osteotoms stets eine Differenz von etwa 2 mm zwischen Excisionsöffnung und Ausmaß des entnommenen Stückes ergibt. Es befinden sich an den wie gewöhnlich etwas aufgeworfenen Rändern, die nach innen abgerundet das spitzwinklige Oval umgeben, einige kleinere Knochenzungen und Knochenkerne und ein reiner, besonders von der Innenfläche wahrnehmbarer feiner weißer Saum, der wohl mit Recht als regenerierter Knochen aufzufassen ist (Abb. 5).

Die zweite Operation ist auf dem linken Os parietale ausgeführt. Die drei Spalten (Ausmaß 2 : 1 : 2 cm, die vierte Seite des Vierecks wäre die stehengebliebene Knochenbrücke) sind nicht knöchern verschlossen, sind aber z. T. von einem häutigen Gewebe erfüllt. An der Innenfläche des Schädels hat die Querincision, wie angegeben, die Schädeldecke nicht völlig durchdrungen. Die mediale Längsincision ist z.T. sehr dünn und durchscheinend, aber knöchern verschlossen. Die Knochenbrücke, deren Periost entfernt wurde, ist eigentümlich weiß und zeigt

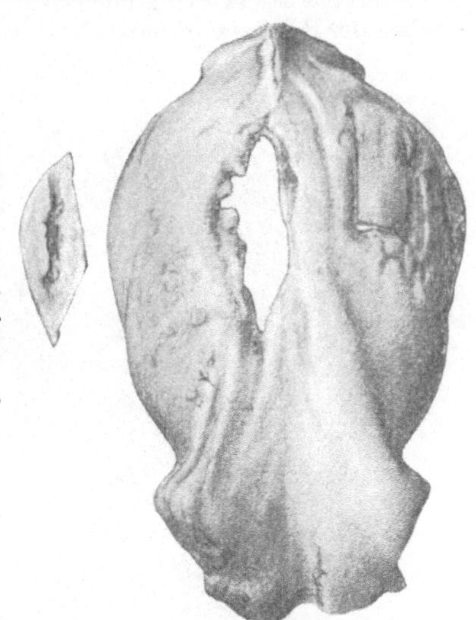

Abb. 5 (Vergr. ⁴/₅).

anschaulich im Gegensatz zu den wallartig aufgeworfenen, nach innen abfallenden Außenrändern der Incisionen scharfe Kanten. Ihre Innenfläche ist wie angefressen und von zahlreichen kleinen Grübchen bedeckt und wäre sicherlich abgestoßen worden. Von einer Ausfüllung der Knochenspalten ist wohl nicht zu sprechen.

Röntgenbild: Die Schnittränder des längsovalen Defektes über dem Sinus longitudinalis sind scharf abgesetzt. Ihnen ist ein verschieden breiter, vorwiegend homogener Saum vorgelagert. In dem frontalen Abschnitt des rechten Parietale enthält er deutliche Diploëzeichnung, die ihrem Verlauf nach sich der Umgebung des erhaltenen Schädelknochens einfügt und deshalb als stehengebliebener Knochen gedeutet wird. Außerdem finden sich im ganzen vier bis linsengroße Inseln kalkarmen Gewebes in den Randpartien des Defektes, der im übrigen nichts von Neubildung zeigt.

Der durch ein offenes Rechteck umschriebene Knochenbezirk des linken Parietale ist scharfrandig, durch fleckige Aufhellung als unregelmäßig kalkhaltig zu erkennen. Von Neubildung ist nichts zu bemerken. Der gegenüberliegende Rand ist unregelmäßig, zerfressen und unscharf, die Schnittlinie durchbrochen und nicht mehr als Gerade zu erkennen. Im Grund ist die Sägespur fleckweise durch Ablagerung homogenen Gewebes gezeichnet.

Nr. 4 (Abb. 6 u. 7).
(*Feigel* Abb. 26, 2; Text 410; Sa. 164.)

Der Schädel eines 3jährigen Hundes mit 2 sich kreuzenden Incisionen auf dem Scheitel.

Zwei Schnitte 14′′′ lang und fast 1′′′ breit wurden gemacht ohne vorheriges Abschaben der Beinhaut. Wundheilung in 10 Tagen. Tod 2 Monate nach der Incision.

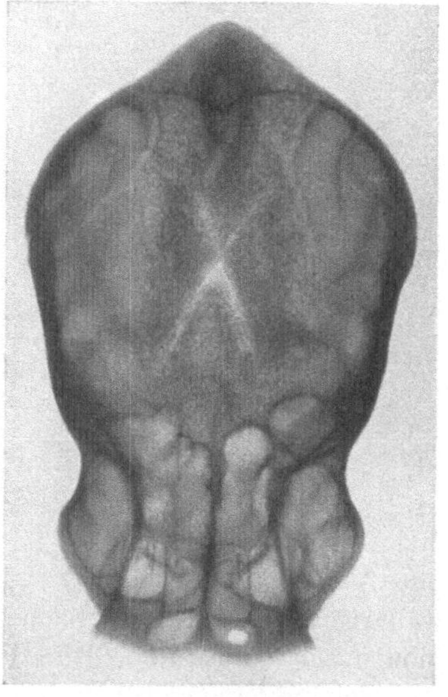

Abb. 6 (Vergr. ⁴/₅).

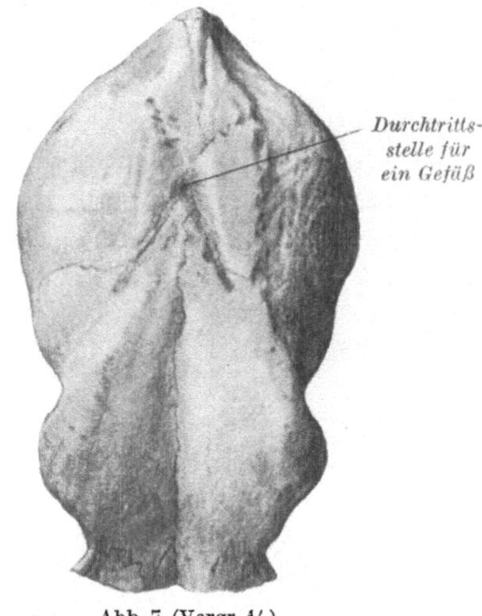

Abb. 7 (Vergr. ⁴/₅).

Es ergab sich: 1. Schöne Vernarbung der Knochenwunde, Ausfüllung der Spalten durch neue Knochenmasse. In der Kreuzungsstelle beider Incisionen bemerkt man eine Vertiefung und in dieser ein kleines Loch für den Durchgang einer von der inneren Seite des Schädels herkommenden Arterie. 2. An der inneren Oberfläche des Schädels sieht man nur noch zwei feine sich kreuzende Furchen als Spuren der Einschnitte.

Auf dem Scheitel sind zwei sich vor dem Proc. interparietalis kreuzende, etwa 3,1 cm lange Incisionen gemacht, die der Linea semicircularis ossis frontis folgend ein Stück in die Stirnbeine hineinführen. Das Periost wurde unberücksichtigt beim Schnitt durchtrennt. Der Defekt ist in den occipital gelegenen Partien der Einschnitte völlig verschlossen.

Eine geringe Vertiefung kennzeichnet noch den Schnittverlauf. Die Kreuzungsstelle ist napfförmig vertieft und erweitert, da durch die spitzwinklige Schnittführung die schlechtversorgte Spitze des vorderen Winkels nekrotisch geworden ist. Auch an der Innenfläche des Schädels ist eine punktförmige offene Stelle erhalten. Die nach vorn verlaufenden Schnitte sind gänzlich verschlossen und als Furchen mit sanft aufsteigenden Rändern wahrnehmbar. Der Kreuzschnitt ist an der Innenfläche des Schädels noch durch eine fissurähnliche feine Linie, die aber auch an einigen Stellen schon völlig verschwunden ist, angedeutet.

Röntgenbild: Die kreuzförmige Incision ist im Röntgenbilde deutlich sichtbar. Nach dem linken Frontale hin läuft der Schnitt in zwei parallele Streifen aus, die durch Stellung der Zähne des Osteotoms zu erklären sind. Die Ausfüllung der Incisionen mit Knochensubstanz ist vollständig, der Knochen ist in seiner Anordnung gleich der umgebenden Diploe, nur weniger dicht. — Im Schnittpunkt der beiden Incisionen entsteht ein kreisförmiger Defekt; der nach frontal gelegene spitze Winkel ist in umschriebenem Bezirk atrophisch geworden.

Nr. 5.

(Fehlt bei *Feigel*; Beschriftung des Präparates Nr. 165.)

Operation: Incision der kompakten Substanz des rechten Femur. Periost nicht abgelöst, Mark nicht zerstört.

Erfolg: Nach 5 Tagen beginnende Entwicklung neuen Knochenstoffes mit Ausfüllung der Knochenspalte durch weiches, rötliches Gewebe.

Die Kanten der Incision, die 2 cm unterhalb des Trochanter major an der Außenseite bis zur Schaftmitte verläuft, sind scharf und die Wände des Schnittkanals glatt. Der Defekt zeigt keine knöcherne Ausfüllung. Die Incision trifft den spongiosareichen oberen Teil des Schaftes und die Spongiosa entbehrende Diaphyse in gleicher Weise. Der Markraum ist unverändert.

Nr. 6.

(*Feigel* Abb. 32, 11; Text 483; Sa. 166.)

Der linke Oberschenkel eines Hundes nach 8 Tage vorher gemachter Incision. Man schabte das Periost 2′′′ seitlich ab und durchsägte die kompakte Substanz der Knochenröhre in der Länge von 12′′′ bis auf das Knochenmark. Die Wunde der Weichteile wurde nur in der Mitte durch eine Schlinge vereinigt und nach 8 Tagen der Knochen mit den ihn zunächst bedeckenden Weichteilen in der Nachbarschaft der Incision vollkommen exstirpiert.

Untersuchung: Die Knochenwunde war von einer Membran bedeckt, die hier und da durch dieselbe drang und mit einer anderen Membran in der Markhöhle innig verwachsen war. Beide zeigten einen großen Gefäßreichtum und scheinen als Träger des neuen Knochenstoffs gedient zu haben. Wir finden denselben bereits in der Knochenspalte wie in der Markhöhle und auch partiell auf der Oberfläche des Knochens abgesetzt. Besonders reichlich ist das neben der Spalte der Fall, wo sich eine neue Knochenbildung inselartig über das Niveau der äußeren Fläche des Schenkelbeins erhebt. An anderen Stellen zeigt sich nur ein leichter

Anflug. Der Knochen wurde senkrecht durchschnitten, und man fand die Markhöhle an der Stelle der Verwundung in etwas größerer Ausdehnung mit neuem
Knochenstoff ausgefüllt. Um die Schnittränder der Wunde genauer beurteilen
zu können, wurde der Knochen an dieser Stelle durchbrochen, und es zeigten sich
dieselben unverändert, ein Beweis, daß sie nicht die Quelle der in der Incision
abgesetzten Knochenmasse waren, sondern die oben schon erwähnten 2 Membranen.

Auf der Außenseite des Femur befindet sich eine ca. $2^3/_4$ cm lange
Incision von der Mitte nach abwärts verlaufend, darin Verdickungen,
die wohl als Knochenmassen von *Heine* gedeutet wurden.

Im Röntgenbild ist keine knöcherne Ausfüllung des Spaltes nachweisbar.

Nr. 7 (Abb. 9 b).
(*Feigel* Abb. 32, 12; Text 483; Sa. 167.)

Das linke Schenkelbein eines 12 Jahre alten Spitzhundes, an welchem 12 Tage
zuvor 2 Incisionen gemacht wurden. Die obere Incision fällt zum Teil in das
spongiöse Knochengewebe, die untere dagegen nur in die kompakte Rindensubstanz.

Am 12. Tage nach der Operation wurde der Knochen exstirpiert, wobei sich
zeigte, daß die Knochenwunden nur soweit mit neuer Masse wieder ausgefüllt
waren, als notwendig ist, um die Markhöhle von ihnen aus unzugängig zu machen.
Einige Spuren von neuer Knochenbildung zeigen sich indessen auch in der Markhöhle und auf der äußeren Fläche des Knochens.

Die Incisionen sind gleichmäßig gut verschlossen. Das Niveau des
Schaftes ist durch die ausfüllende Knochenmasse nicht völlig erreicht.
Wesentlich für dieses Ergebnis ist vor allem, daß die eine Incision im
oberen spongiösen Teil unterhalb des Trochanter major sitzt, der andere
Einschnitt in der Mitte des Schaftes lag, wo die Spongiosa völlig fehlte.
Dabei zeigt sich, daß da, wo Spongiosa fehlt, eine völlige Ausfüllung
des Markraums mit Markcallus erfolgt ist, mit dem der den Spalt ausfüllende Knochen in unmittelbarer Verbindung steht (Abb. 9 b). Im
spongiosareichen Teil des Schaftes hingegen scheint die gleiche starke
Abdeckelung des Markraumes erfolgt zu sein, ohne die Spongiosa wesentlich zu beeinträchtigen. Jedenfalls ist hier die Spongiosastruktur nur
in geringem Maß verdichtet.

Röntgenbild: Die Incisionsstellen sind schwach verschattet, so daß
die Ablagerung von Kalksalzen in den Spalten noch nicht bedeutend
sein kann.

Nr. 8 u. 9 a.
(*Feigel* Abb. 32, 13; Text 484; Sa. 168.)

Die Tibia von einem 8 Jahre alten Hunde. Einem großen Hunde wurde eine
1″[1]) lange Incision in die kompakteSubstanz der Tibia gemacht und dadurch das
Markgewebe bloßgelegt. Das Periost war vorher zu beiden Seiten nur 2″ zurückpräpariert und wurde nach gemachter Knochenwunde wieder über diese zusammengezogen.

Die Exstirpation des Knochens 13 Tage nach der Operation: Die Incision
ist fast ganz mit neuer Knochenmasse ausgefüllt, an einigen Punkten aber ragt

---

[1]) Über den damals gebräuchlichen Maßstab siehe S. 59 unten.

dieselbe sogar aus ihr hervor. Soweit man das Periost bei der Operation abgetrennt hatte, zeigt sich keine neue Knochenmasse, allein außerhalb dieser Grenze fand eine ziemlich reichliche Ablagerung statt. Die Farbe der obersten Schicht dieser Knochenmasse ist größtenteils dunkelbraun, an anderen Stellen rötlichbraun; dagegen ist die unterste, auf der Tibia liegende Schicht weiß und etwas härter als die oberste. — Zur näheren Betrachtung der Markhöhle ist die Tibia

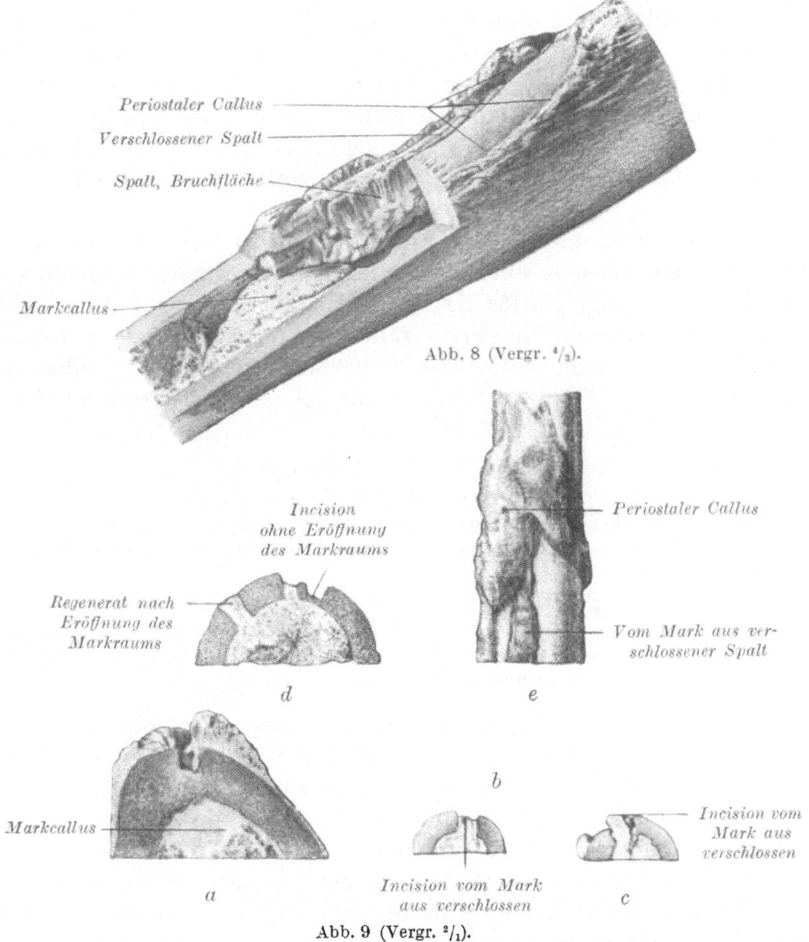

Abb. 8 (Vergr. $^4/_3$).

Abb. 9 (Vergr. $^2/_1$).

senkrecht durchsägt, und es zeigt sich, daß erstere in ihrem Querdurchmesser fast ganz von neuem Knochenstoff ausgefüllt ist, welcher aus einem feinen, netzförmigen Gewebe von gelblichweißer Farbe und geringer Härte besteht. Nach Ausschneidung eines Stückchens dieser Knochenmasse zeigte sich, daß zwischen ihr und der kompakten Substanz der Knochenröhre noch etwas freier Raum für die Kommunikation der Gefäße des Medullarsystems besteht. — Ferner wurde die vordere Knochenhälfte durch zwei Querschnitte in drei Stücke getrennt und von diesen zwei so voneinander gebrochen, daß der Bruch der Länge nach durch die mit Knochenmasse ausgefüllte Wunde lief. Die Bruchflächen lassen nun deutlich erkennen, daß die neue Masse, welche die Spalte ausfüllt, eine Fortsetzung von jener ist, welche sich in der Markhöhle gebildet hat. Demnach ist die Wunde von der Markhöhle aus verschlossen worden.

Die Incisionsstelle ist so künstlich aufgebrochen, daß deutlich der Zusammenhang zwischen dem völlig verknöcherten Markraum, der die Spalte ausfüllenden Knochenmasse und der aus ihr über die glatte Oberfläche des Schaftes wenig herausragenden Masse sichtbar ist (Abb. 8). Die Incisionsstelle ist in einem ovalen Kranz von einer erhabenen knöchernen Randzone umgeben, die mit dem die Spalte ausfüllenden Knochen nicht in Verbindung steht. Diese am Rand befindlichen Auflagerungen sind als Bildung des zurückgeschobenen Periostes anzusehen.

Röntgenbild: Unterhalb der Tuberositas tibiae hat sich ein 4 cm langes ovales Fenster von unregelmäßigen periostalen Neubildungen gebildet; darin liegt glatter Knochen. Die obere Markhöhle der Tibia ist von strukturiertem Knochen erfüllt. Der über die Corticalis herausgewachsene, mit dem Markcallus in Verbindung stehende Callus, der den Spalt der Incision ausfüllt, ist als schmaler strukturloser Saum erkennbar.

Nr. 9 (Abb. 9 *c* u. *e*).

(*Feigel* Abb. 32, 9; Text 481; Sa. 169.)

Das rechte Schenkelbein eines 1 Jahr alten Spitzhundes. Durch einen Einschnitt von 1″ wurde die Markhöhle geöffnet. Weichteilnaht. Nach 15 Tagen exstirpierte man den Knochen.

Untersuchung: Die Knochenspalte ist mit neuer Masse ausgefüllt, welche sich zugleich auch noch auf die äußere Fläche ausdehnt. Ferner ist auch die Markhöhle an der verwundeten Stelle mit neuer Knochenmasse ausgefüllt, die mit der vorerwähnten im Zusammenhang steht.

Der in der Diaphyse gelegene Spalt ist völlig verschlossen. An der Stelle der Incision ist bis auf einen geringen Bezirk der gesamte Markraum völlig hart und mit Markcallus ausgefüllt. Aus dem aufgesägten Querschnitt ist zu entnehmen, daß der den Spalt ausfüllende Knochen sich in Verbindung mit der im Markraum gebildeten Knochenmasse entwickelt und auf die Oberfläche ausgebreitet hat. Die Incisionsstelle ist daher mit einigen flachen Auflagerungen versehen, die das ursprüngliche Schaftniveau überragen.

Nr. 10.

(*Feigel* Abb. 32, 10; Text 482; Sa. 170.)

Der Oberschenkel der linken Seite von demselben Spitzhunde. Um den Unterschied kennenzulernen, welcher in der Ausfüllung der Knochenspalte stattfindet, wenn man die kompakte Substanz der Knochenröhre nicht ganz (wie bei dem vorhergehenden Versuche), sondern nur an einigen Punkten durchschneidet, so wurde eine Incision von 15‴ in das linke Schenkelbein gemacht, die nur an zwei Stellen bis in die Markhöhle führte. Nach 15 Tagen Exstirpation des Knochens; man fand:

Die Knochenspalte ist nur da, wo sie bis in die Markhöhle drang, mit neuer Masse ausgefüllt, so daß man die Quelle ihrer Bildung nur in den Gefäßen der Markhäute suchen kann. — Auf der Oberfläche des Knochens zeigte sich eine rötliche Membran, welche die äußeren Schnittränder überdeckte und sich in den nicht durch neue Knochenmasse ausgefüllten Teil der Spalte einsenkte. Ein Stück dieser Haut ist noch in Verbindung mit dem Knochen und in der Zeichnung an den unteren Teilen der Spalte sichtbar. Ob diese Membran eine Fortsetzung der Beinhaut oder ein neues Produkt sei, konnte nicht mit Bestimmtheit unterschieden werden.

Die 3,9 cm lange Incision liegt auf der Außenseite des Femur. Aus der Abbildung bei *Feigel* ist zu entnehmen, daß die Incision an der Grenze von distalem und mittlerem Drittel an einer Stelle und an der Grenze des mittleren zum proximal gelegenen Drittel an einer anderen Stelle bis ins Mark eingedrungen ist. Der übrige Schnitt soll nur flach die Corticalis angesägt haben.

Die Knochenspalte ist im oberen proximalen Drittel völlig geschlossen. Dabei tritt deutlich die völlige Ausfüllung der Spalte an der Stelle, an der die Markhöhle eröffnet wurde, gegenüber dem proximalen Teil hervor, an dem nur die Corticalis angesägt wurde. Hier blieb eine kleine Vertiefung zurück. Leider fehlte an der wichtigsten Stelle ein 2 mm breites Stück, das zur Sichtbarmachung des Querschnitts herausgesägt wurde. Der ganze übrige Teil der Spalte zeigt keine Ausfüllung, die als Knochen anzusprechen wäre. Wo der Schnitt die Corticalis durchdrungen hat, ist der darunter liegende Markraum und der Spalt mit Callus ausgefüllt.

Nr. 11 (Abb. 10).

(*Feigel* Abb. 34, 1; Text 494; Sa. 171.)

Das linke Schenkelbein von einem ungewöhnlich großen Fleischerhunde.

Einem 10 Jahre alten Hunde, dem man 13$^1/_2$ Monate zuvor eine Incision am unteren Ende des linken Schenkelbeins gemacht hatte, wurde derselbe Knochen in der oberen Hälfte 3″ 2‴ parallel mit dessen Längenachse eingeschnitten. Der Schnitt fing in dem spongiösen Teile an der äußeren Seite des großen Trochanters an und lief, die ganze Dicke der Knochenwand durchdringend, bis zur Mitte des Schenkelbeins herab. 9‴ von dem Anfangspunkte der ersten Schnittlinie entfernt wurde eine zweite, mit dieser in spitzem Winkel zusammenstoßende, schief abwärts laufende Incision gemacht; eine dritte mit dem Endpunkt der zweiten zusammentreffende durchkreuzte sich mit der ersten rechtwinklig. Durch die beiden letzteren Schnitte entstand ein umschriebenes Dreieck in der kompakten Knochensubstanz. Das Periost wurde nur einige Linien vom Knochen abpräpariert. Im Verlaufe von 6 Tagen war die geheftete Wunde vereinigt, und nach 24 Tagen nahm man die Exstirpation des Knochens vor.

Untersuchung: Hier zeigt sich eine bei weitem größere Menge neuer Knochenmasse als bei den abgehandelten einfachen Incisionen; wahrscheinlich weil die Verletzung des Knochens ausgedehnter war und dabei das Periost erhalten blieb. Die drei Knochenwunden sind fast ganz mit neuer Masse wieder ausgefüllt. Auf der äußeren Fläche des Mittelstücks hat sich eine dicke Schicht neuer Knochensubstanz abgesetzt, die hier und da noch dicker ist, als die kompakte Masse des alten Knochens selbst. Die obere Hälfte der gemachten Incisionen ist nicht so ergiebig überdeckt. An der senkrechten Durchschnittsfläche ist nicht zu verkennen, daß das Innere des Knochens nicht an allen Stellen von gleichem Gefüge ist. In der Mitte ist dasselbe kompakter und besteht aus neu abgesetzter Masse, dagegen ist die obere Partie weit poröser und nur an einigen Stellen dichter. Das untere Ende ist zur Hälfte netzförmig und zur Hälfte von dicht spongiösem Gewebe. An einem Teil des Knochens ersieht man die Korrespondenz zwischen den neuen Ablagerungen in- und außerhalb des Röhrenknochens durch die Incisionsspalten vermittelt. Neben der reproduktiven Tätigkeit hat aber auch ein Schwinden der kompakten Substanz des Röhrenknochens stattgefunden.

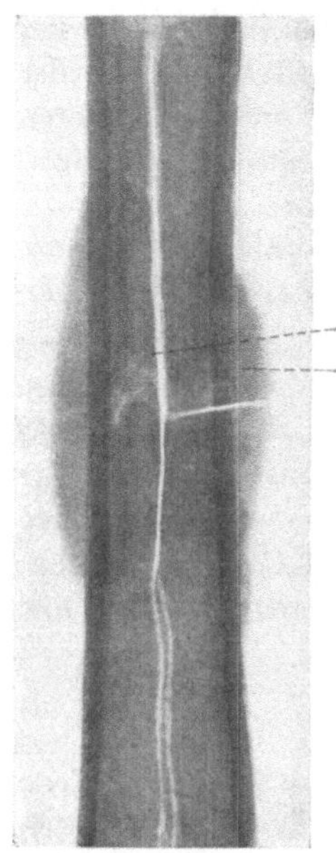

Abb. 10 (Vergr. ³/₄).

Der Femurschaft ist in seinem mittleren Drittel spindlig durch neugebildeten Knochen aufgetrieben. Auf der Beugeseite verlaufen zwei rauhe Kämme durch den sonst ziemlich gleichmäßig gebauten Callus als Rest der Incision. Eine dritte Incision reicht vom Trochanter durch die obere Hälfte des Femurschaftes nach abwärts; sie ist bis auf einen kleinen Rest durch aus dem Mark überquellenden Callus ausgefüllt. Auf mehreren Schnitten zeigt sich die Markhöhle von dichtem Callus ausgefüllt, der sich durch die Incisionen hindurch fortsetzt und in den äußeren Callus ununterbrochen übergeht.

Röntgenbild: Durch die ganze sehr breite Markhöhle des kräftigen Oberschenkelknochens zieht sich ein homogener Schleier, der die Corticalis nicht so scharf wie sonst hervortreten läßt, ohne daß die Corticalis deshalb atrophisch wäre. In der Mitte der Diaphyse, wo die Markhöhle am dichtesten verschattet ist, sitzen Callusmassen auf der Corticalis, die eine deutliche Fiederung senkrecht zur Längsachse zeigen.

Nr. 12 (Abb. 11).

(*Feigel* Abb. 34, 2; Text 495; Sa. 172.)

Das rechte Schenkelbein eines kräftigen 1jährigen Hundes nach einer Incision in seiner kompakten Substanz.

Der Körper des Schenkelbeins wurde auf 1¹/₂ Zolls Länge bis in die Markhöhle eingesägt und das Periost noch einige Linien von den Schnitträndern zurückgeschabt. Die Wunde heilte nicht, sondern es trat Eiterung ein. Der Hund schonte anfangs das kranke Glied nicht, nach 8 Tagen trat er aber seltener damit auf. Nach 30 Tagen wurde der Knochen exstirpiert.

Untersuchung: Der Knochen ist durch die Einwirkung der Muskeln schief gebrochen und die Bruchenden übereinandergeschoben. An der Bruchstelle hat sich Knochenmasse abgelagert, wodurch gewissermaßen ein Zusammenhalten beider Bruchflächen bedingt wird. Der nach oben frei hervorstehende Knochensplitter stak in dem zunächst gelegenen fleischigen Teile des Muskels, und nur da, wo derselbe noch mit seinem Periost bedeckt in den dicken Teil des Knochens übergeht, zeigt sich dessen Oberfläche und die innere Wand der Markhöhle mit neuer Knochenmasse bedeckt. Wahrscheinlich wäre der vordere Teil bald resorbiert worden; man fand denselben von einer etwas körnigen rötlichen Substanz umgeben. Der Knochen wurde voneinandergesägt und längs der Vereinigungslinie beider Bruchhälften mit dem Messer getrennt. Die Markhöhle ist in der Nähe der Bruchstelle mit neuer Knochenmasse ausgefüllt, und diese hängt mit jener an der äußeren Oberfläche des Knochens abgelagerten zusammen.

Das Präparat stellt eine schlecht stehende, stark verkürzte Oberschenkelfraktur dar. Die Enden sind abgerundet und atrophisch, die Randzonen sind von Callusmassen dicht besetzt. Der der äußeren Corticalis aufsitzende unregelmäßige Callus ist feingliedrig strukturiert, und zwar in der Art, daß die einzelnen Lamellen oder Fiederungen senkrecht zur Schaftachse verlaufen.

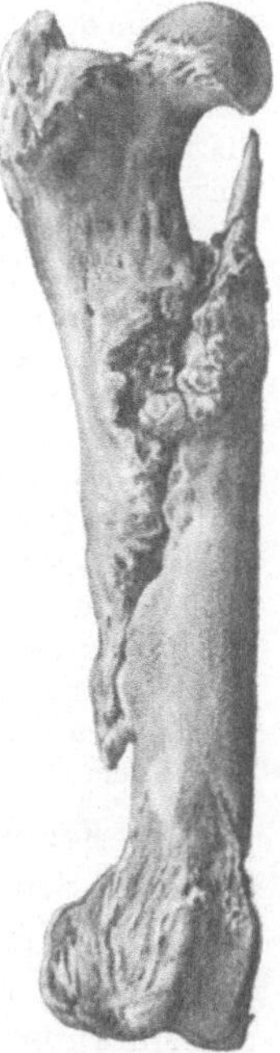

Abb. 11 (Vergr. $^2/_3$).

Nr. 13.

(*Feigel* Abb. 34, 5; Text 498; Sa. 173.)

Das Schenkelbein von einem 3 Monate alten Fleischerhunde. Das Periost wurde von dem Mittelstück des Femur ringsum 2″ lang abgeschabt und dann durch eine Incision das Markgewebe in angebener Länge entblößt. Hierauf wurde zwischen dem abgetrennten Periost und dem Knochen ein Läppchen Leinwand gebracht und letzterer damit umwickelt, wodurch eine Scheidewand zwischen dem Knochen und der Beinhaut entstand. Die Wunde der Weichteile vereinigte man wie gewöhnlich durch die blutige Naht; sie heilte aber nicht, sondern es trat starke Eiterung ein, wobei das Tier auffallend abmagerte, obwohl die Freßlust nicht gestört war. 12 Tage nach der Operation wurde der Hund getötet und die Gefäße injiziert.

Sektion: Nach Entfernung des Eiters zeigte sich die Oberfläche der Wundhöhle mit einem neugebildeten, fleckigen und rötlichen Zellgewebe überzogen. Ferner fand sich ein außerordentlicher Gefäßreichtum in dem Zellgewebe und im Periost, welcher sich in die neugebildete Knochenmasse fortsetzte. Ebenso zeigten sich die Gefäße der Nachbarteile in ihrem Lumen verstärkt und durch neuentstandene vermehrt, Erscheinungen, die den Blutzufluß an der leidenden Stelle bedeutend heben mußten. — Das Schenkelbein ist $^3/_4$″ unterhalb der Basis des großen Trochanter anfangend bis an die Kondylen am Kniegelenk total nekrotisch geworden. Der Leinwandüberzug bedeckte das Mittelstück noch unverändert und war von Eiter umgeben. Dann hat sich eine auffallende Menge neuer Knochenmasse gebildet, die teils mit dem abgestorbenen Knochen und mit dem Reste der noch erhaltenen Gelenkenden zusammenhängt, teils in dem durch den Leinwandüberzug isoliert gehaltenen Teil des Periosts abgesetzt ist. Am oberen Ende bildet die neue Knochenmasse eine ziemlich dicke Röhre, welche den alten Knochen umgibt. In der Mitte, soweit die Beinhaut vom alten Knochen separiert worden war, zeigen sich in ersterem eine Menge Knochenkerne. Am unteren Ende bildet die neue Knochenmasse eine zweite Röhre, die hier ebenfalls den alten Knochen einschließt und sich mit den beiden Kondylen vereinigt. Der abgestorbene Teil des alten Knochens ist in der neuen Röhre beweglich und kann herausgezogen werden. Man sägte den Knochen der Länge nach voneinander und fand in der neuen Masse eine außerordentliche Menge mit Injektionsmasse gefüllter Gefäße, die dem Knochen eine lebhafte Röte gaben. Unverkennbar ist hier die energische Tätigkeit der Gefäße und ihre aufsaugende Kraft wahrzunehmen; denn die äußere Oberfläche des abgestorbenen Knochens ist gerade so weit, als sie in der neuen Knochenröhre stak und von den genannten Gefäßen berührt wurde, tief angesaugt und rauh. Der übrige Teil des Mittelstücks des alten Knochens ist hart, glatt und schmutzigweiß, zeigt weder im Innern der Markhöhle noch in der kompakten Substanz eine Spur von fortbestandener organischer Tätigkeit. Dagegen hängt die im Periost befindliche an der hinteren Seite liegende Knochenplatte unten und oben mit den neu erzeugten Knochenröhren zusammen. Es läßt sich hier das Streben der Natur, eine vollständige Knochenröhre wieder herzustellen, nicht verkennen.

Das Femur gliedert sich in drei Abschnitte: den von Periost ganz befreiten Schaft mit der Eintrittsstelle der Art. nutritia und die durch überreichlichen Callus verdickte obere und untere Metaphyse. Die unregelmäßig neugebildeten Knochenmassen umschließen den Schaft röhrenförmig auf eine Länge von ungefähr 3 cm. Innerhalb dieser Umhüllung ist am oberen und unteren Diaphysenende im spongiösen Teil eine breite Demarkationslinie, so daß der Schaft wie aus einem konzentrischen Rohr gelöst werden kann. Die Epiphysenfuge ist ebenfalls gelockert. Nur soweit die Corticalis mit der Periostschale in Berührung steht, ist sie auch angerauht, in der leinwandumwickelten Mitte ist sie glatt. Der vom Knochen abgehobene Periostschlauch trägt versprengte Inseln von neugebildetem, unregelmäßigem Knochen.

Röntgenbild: Es fällt die Dicke des neugebildeten Knochenrohres am oberen und unteren Ende auf, die sich in feine, senkrecht zur Längsachse des Knochens verlaufende Lamellen gliedert. Das übrige entspricht dem bekannten Bilde des Totalsequesters. Am Schaft selbst ist außer der Arrosion an seinen Enden nichts Besonderes zu bemerken.

Nr. 14 (Abb. 12 u. 101).
(*Feigel* Abb. 32, 8; Text 480; Sa. 174.)

Das linke Schenkelbein aus einem 8 jährigen Fleischerhunde. Ein $2^{1}/_{2}''$ langer Schnitt wurde in den Körper des Schenkelbeins bis auf die Markhöhle gemacht, ohne die Häute in derselben zu verletzen. Nun wurde das Periost in derselben Länge ringsum von den Knochen abgeschabt und dann die Wunde mittels fünf blutiger Hefte vereinigt, deren Heilung erst in 15 Tagen erfolgte. Am 20. Tage nahm man die Exstirpation des Knochens vor.

Untersuchung des Knochens: Das Periost bedeckte größtenteils den Knochen wieder, doch war dasselbe nur an den Stellen innig fest mit ihm verwachsen, soweit sich neue Knochenmasse auf der äußeren Oberfläche des alten Knochens absetzte.

An mehreren Stellen zeigte das Periost eine etwas körnige Beschaffenheit mit vielen neuentwickelten Gefäßen und schien hier als Resorptionsorgan des alten Knochens zu dienen, d. h. soweit dessen kompakte Substanz ein glattes, schmutzigweißes nekrotisches Ansehen und auch schon hier und da Demarkationsfurchen zeigte. — Der gemachte Sägenschnitt ist bis auf eine kleine Stelle mit reichlicher Knochenmasse wieder ausgefüllt, die sich, namentlich oben, frei nach außen erhebt. An der hinteren Seite des Femur erhebt sich ein neugebildeter Fortsatz, der kein Produkt des alten Knochens ist, sondern der Tätigkeit der abgetrennten Beinhaut zugeschrieben werden muß, welche sich an dieser Stelle wieder mit dem Femur vereinigt hatte. Nach oben, wo sich ebenfalls das Periost wieder mit dem Knochen vereinigt hatte, zeigt sich ein Knochenkranz, der *nicht minder die Tätigkeit der Beinhaut an der Bildung neuer Knochensubstanz zeigt.* — Um das Gewebe des Knochens näher beurteilen zu können, ist derselbe der Länge nach durchschnitten und die eine Hälfte wieder durch zwei Querschnitte getrennt.

Das linke Femur ist fast in der ganzen Länge seiner Diaphyse durch unregelmäßigen Callus in seiner Form verändert. Nur ein zweiquerfingerbreiter Rest des Schafts vom Schenkelhals an nach abwärts und ein ebenso großer Abschnitt oberhalb der Condylen ist unverändert und glatt. Auf der Außenseite verläuft innerhalb der callösen Wucherungen eine besonders in ihrer oberen Hälfte noch deutlich erkennbare Incision, die den Markraum eröffnet hat und durch Markcallus (wie auf der Schnittfläche zu erkennen ist) größtenteils ausgefüllt ist. Dieser Markcallus überragt in korallenstockähnlichen Fortsätzen die äußere Corticalis und flacht sich nach den Rändern hin ab. An der Stelle des unteren Ausschnittes der Incision geht dieser Markcallus in den periostalen Callus ununterbrochen über. — Nach der Vorder- und Innenseite des Femur findet sich ebenfalls flächenhaft ausgebreiteter Periostcallus.

Abb. 12 (Vergr. ⁴/₅).

Mit einem kräftigen Randwulst nach der lateralen Seite hin bildet er die Begrenzung eines weißglänzenden, wohl sequestrierten Knochenspans des Schaftzylinders. Nach der oberen Epiphyse hin geht der hier besonders kräftige Callus auf die Hinterseite des Femur und in die Linea aspera über. — (Vgl. Abb. 101, S. 180.)

An der unteren Begrenzung periostaler Auflagerungen entspringt nach hinten und oben spornartig in die Weichteile vorragend ein kräftiger

Knochenspieß, der mit seiner Basis dem Knochen ziemlich schmal aufsitzt und durch einen versprengten Periostlappen erklärt werden muß.

Röntgenbild: Die im Schaft verlaufende Incision ist deutlich sichtbar und nach dem Röntgenbilde nur teilweise wieder verschlossen. Das würde also bedeuten, daß der makroskopisch sicher vorhandene Callus nicht überall genügend kalkhaltig ist, um sich von der Corticalis und der unregelmäßig fleckig ausgefüllten Markhöhle scharf abzuheben. Auch die bei der Besichtigung des Präparats sofort auffallenden periostalen Neubildungen sind im Röntgenbild fleckig, ungleich kalkhaltig und nur wenig strukturiert. Der unterhalb des unteren Endes der Incision auf der Beugeseite entspringende Callussporn ist am weitesten entwickelt; er läßt eine feingemaserte, diploeähnliche Struktur durch seinen ganzen Verlauf erkennen. Ein unregelmäßiger, treppenförmiger Spalt in seinem Verlaufe ist seiner Bedeutung nach nicht sicher als Pseudarthrose zu erklären.

Nr. 15 (Abb. 13).

(*Feigel* Abb. 32, 5; Text 479; Sa. 175.)

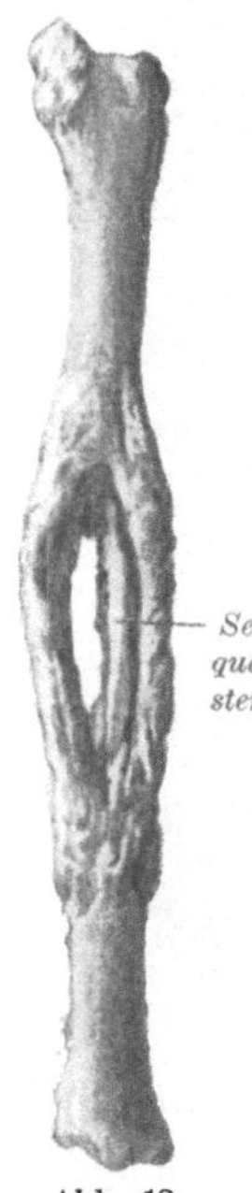

Abb. 13
(Vergr. $^9/_{10}$).

Der Radius des rechten Vorderarms aus einem über 12 Jahre alten Spitzhunde nach einer Incision. Dieser Knochen wurde 1″ lang bis über die Hälfte seiner Dicke eingeschnitten, so daß dessen inneres Gewebe z. T. zerstört worden war. — Bald trat Eiterung ein, man fühlte mit der Sonde den Knochen entblößt und rauh. — Am 25. Tage nach der Incision wurde der Radius total exstirpiert.

Erscheinungen an dem Knochen: Das ganze Mittelstück des Radius ist fast in der Länge eines Zolls nekrotisch geworden. Man bemerkt vom ursprünglichen Knochen nur noch den Rest, der die Knochenspalte begrenzt, nämlich die Schnittränder, die von der äußeren Seite angefressen sind und als Sequester in der Kloake liegen. Diese besteht aus neuerzeugter Knochenmasse, welche oben und unten mit den noch gesunden Resten des Radius in inniger Verbindung steht.

Der Radius ist in seiner Schaftmitte durch periostale Knochenauflagerungen spindelartig aufgetrieben, die eine ungefähr ein Viertel des Schaftes einnehmende Höhle umschließen. Darin liegt außer der ganz atrophischen, aber gut abgrenzbaren Corticalis des Schaftes ein in seinem ganzen Verlauf demarkierter, etwa 3 cm langer Sequester. Dieser Sequester gehört der alten Corticalis an. Er ist auf der einen Seite durch lacunäre Resorption abgehoben, auf der anderen Seite glattwandig, wohl Kunstprodukt (Sägeschnitt).

Nr. 16 (Abb. 14 u. 15).

(*Feigel* Abb. 27, 4; Text 433; Sa. 177.)

Ein Teil des Thorax der rechten Seite von einem großen Hunde.

Der 10. Rippe entsprechend wurde ein $2^1/_2$″ langer Schnitt in die Weichteile gemacht, dann die Rippe selbst ringsum auf $1^1/_2$″ vom Periost entblößt, quer durchschnitten und an jedem der beiden Schnittränder ein Loch zum Durchziehen eines Fadens eingebohrt. Nun wurde ein Darmstück von einem anderen Tiere über die Rippe gezogen, um deren entblößten Teil wieder zu bedecken. Mittels der Ligatur wurden beide sich gegenüberstehende Schnittflächen der Rippe an-

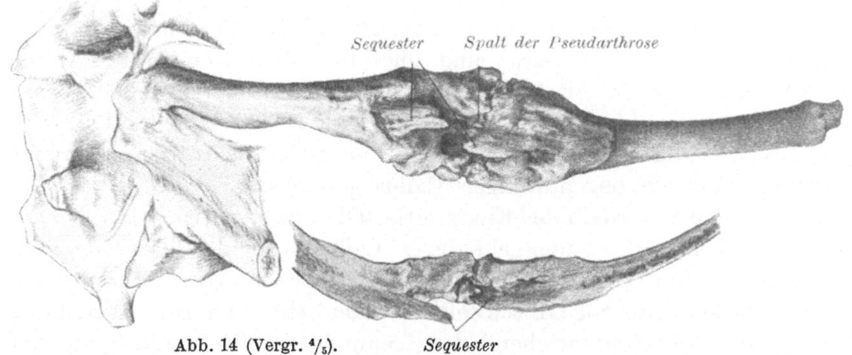

Abb. 14 (Vergr. ⁴/₅).

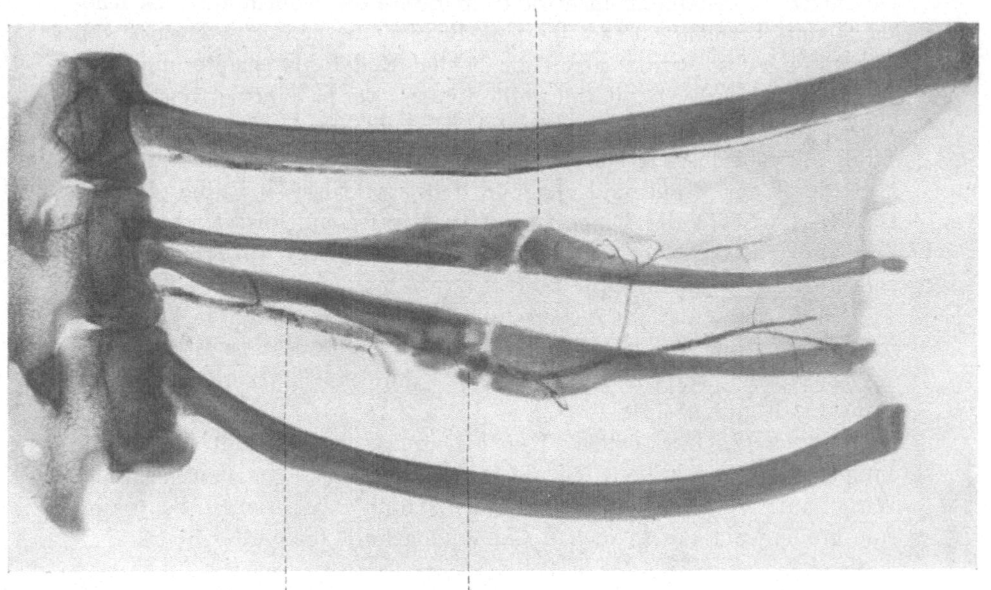

Abb. 15 (Vergr. ³/₄).

einander und gleichzeitig auch das Darmstück befestigt. Vereinigung der Weichteile durch die blutige Naht.

Sektion 33 Tage nach der Operation: Auffallende Vergrößerung der Rippe durch neu erzeugte Knochenmasse, die sich soweit erstreckt, als dieselbe mit dem Darmstück umwickelt worden war. — An der Durchschnittsstelle hat sich eine Partie der Rippe nekrotisiert, und die neue Knochenmasse berührte sich gegenseitig, ohne daß die Kontinuität der Rippe wieder hergestellt wäre. Es besteht ein widernatürliches Gelenk; denn zwischen den Berührungspunkten liegt ein dichtes, festes Zellgewebe, welches zwar beide Knochenenden zusammenhält, aber doch Bewegung zuläßt.

Die 10. Rippe wurde unter Abschälung des Periostes auf einer Strecke von 3 cm freigelegt und quer durchschnitten. Dann wurde die Operationsstelle mit frei transplantiertem Darm umwickelt.

Das Präparat bietet ein ähnliches Bild wie Nr. 76 (Abb. 90 u. 91), wo ein Stück Radius transplantiert wurde und um das nekrotisch gewordene Transplantat ein bogenförmiger Callus gewachsen ist. Die Rippe ist oberhalb und unterhalb der Einschnittsstelle nicht verdickt. Ein beiderseits brückenförmiger unregelmäßiger Callus verbindet die getrennten, an ihren Enden abgestorbenen Teile der Rippe, so daß die Operationsstelle eine kolbenförmige Anschwellung bildet (Abb. 14 u. 15). Auch durch den Callus zieht entsprechend der Trennung der Rippe ein Spalt, der nur bindegewebig ausgefüllt ist (s. Röntgenbild; Abb. 15). An der Durchtrennungsstelle ist in etwa 1 cm Breite die Kontinuität des Knochens unterbrochen. Etwa in dem Bereich, in dem das Periost von der Rippe gelöst wurde, ragen die beiden Enden als spießförmige, angerauhte und poröse Sequester in die Lücke. Der in seinem Längsverlauf aufgesägte Knochen zeigt mit Beginn der kolbenförmigen Anschwellung der Rippe eine bis zur Durchtrennungslinie ständige Verkleinerung des Markraums der Rippe und endet in dem strukturlosen Sequesterspieß. Die alte Corticalis der Rippe ist am proximalen und distalen Ende der Verdickung deutlich gegen die massive Callusmasse abzugrenzen und verschwindet schließlich im zentralen Nekroseherd.

Der Periostschlauch, dessen Spuren noch am Präparat zu sehen sind, scheint nur wenig verdickt. Die Arteria intercostalis ist um etwa das Zweifache vergrößert und hat zahlreiche stärkere Nebenäste (Abb. 15, Röntgenbild).

Röntgenbild: Der callöse Knochen zeigt dem Verlauf der Rippe entsprechend angeordnete Struktur und hat besonders den nach der Wirbelsäule zu gelegenen Teil der in Atrophie begriffenen Rippe auf eine größere Strecke in dicken Callus eingehüllt (Sequester?).

Nr. 17.
(*Feigel* Abb. 84, 3; Text 497; Sa. 179.)

Die 8. rechte Rippe von einem ungewöhnlich großen Fleischerhunde.

Nach einer Trennung der Weichteile von 3″ Länge wurde das Periost der Rippe eingeschnitten, etwas zurückgeschabt und eine 2″ lange Incision bis auf die Pleura gemacht. — Nach Verlauf eines Monats zeigte sich eine Geschwulst von der Größe eines halben Hühnereis unter der Haut auf der eingeschnittenen Rinne, die in wenigen Tagen aufbrach, wodurch ein starker Eßlöffel voll dünnen, gelblichgrauen Eiters entleert wurde. Die beiden hierdurch entstandenen Öffnungen und die zwischen ihnen liegende Hautbrücke wurden dazu benutzt, um ein Haarseil einzuziehen, welches 1 Monat liegenblieb und die Eiterung mäßig unterhielt. Nach dieser Zeit wurde die Hautbrücke mit einem Bistouri gespalten, und es zeigten sich nun die bloßgelegenen Stellen der Rippe mit Granulation überdeckt. Die Wunde vernarbte hierauf in wenigen Tagen, ohne daß sich ein Knochenstückchen nekrotisch abgestoßen hätte.

Das oberhalb der Incision gelegene Ende hat die knöcherne Verbindung mit dem Sternalende verloren. Es hat sich eine etwa 1 cm lange bandartige Brücke zwischen den Bruchstücken gebildet, auf die kleinere Knochenpartikel aufgelagert sind.

Nr. 18.
(*Feigel* Abb. 27, 4; Text 434; Sa. 178.)

Der oberen Teil eines Oberschenkels von einem Hunde nach einer Incision im spongiösen Gewebe.

Durch den großen Trochanter und den Schenkelhals ist ein 15''' langer Schnitt gemacht, der bis über die Hälfte der ganzen Knochendicke eindrang. Bei der Vereinigung der Wunde durch die blutige Naht wurde durch die Kontraktion der an den großen Rollhügel sich inserierenden Muskeln ein Stück von dem vorderen Teile der Spitze des erwähnten Knochenteils abgerissen und nach oben und vorne gezogen, welches man von den Sehnen und Muskeln trennte und entfernte. Heilung nach 14 Tagen, Untersuchung nach 2 Monaten.

Der große Trochanter ist an der äußeren Oberfläche mit neu erzeugter Knochenmasse bedeckt, die sich auch an den Hals bis an den knorpeligen Rand des Femur erstreckt. An der Basis des großen Trochanters findet sich eine breite Exostose, deren Oberfläche uneben, höckerig und rauh ist. Dieselbe besteht aus einer harten, dichten Rinde, die hier und da ein faseriges Gewebe zeigt und von dunkler Farbe ist. — In dem innern spongiösen Gewebe des Femur zeigt sich eine weiße, dichte und harte Knochenmasse.

Die Incision ist nicht mehr sichtbar.

Nr. 19 (Abb. 16, 17 u. 18).
(Fehlt bei *Feigel;* Text nach der Beschriftung des Präparates; Sa. 180.)

Operation: Incision in die Diaphyse des Femur (rechts). Zerstörung und Entfernung des Periosts. Schonung des Markgewebes. Umwicklung des Knochens mit Leinwand.

Befund nach $1^3/_4$ Monaten: Resorption an dem mit Leinwand bedeckten Knochenstück, Furchenbildung durch die herumgelegten Leinwandstreifen, merkwürdigerweise fast gänzliche Ausfüllung der mit dem Osteotom gemachten Knochenspalte. Neue Knochenbildung ober- und unterhalb der umwickelten Stelle.

Das Femur ist in dem mit Leinwand umwickelten Mittelstück dünner und mit tiefen Einschnürungen versehen. Besonders auf der Rückseite oberhalb und unterhalb der Umwicklung haben sich mächtige Osteophyten gebildet, die korallenstockartig gewuchert und gegen die

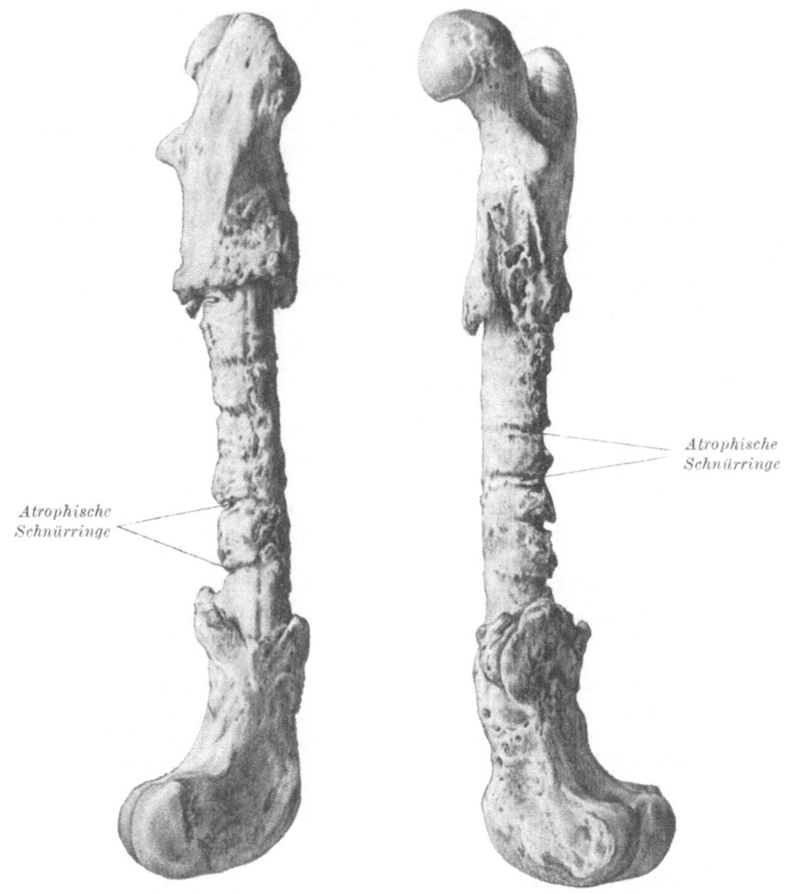

Abb. 16 (Vergr. $^2/_3$).

umwickelte Mitte scharf abgesetzt sind. Die Trochanteren (major und minor) und die Kondylen sind normal.

Röntgenbild: Der Knochen im ganzen ist stark an Kalksalzen verarmt. In den Metaphysen findet sich, entsprechend dem zurückgeschobenen Periost, unregelmäßige periostale Knochenneubildung. In diesen Bereichen ist die Corticalis trotz der Atrophie noch gut gezeichnet. In der Diaphyse ist die Corticalis verwaschen und entsprechend der Umwicklung in fünf Ringtouren eingekerbt. Die Corticalis fehlt an diesen Stellen häufig ganz. Dazwischen finden sich auf der Beugeseite Kämme von neugebildetem, unregelmäßig gezacktem Knochen. Die Struktur der Diaphyse ist erhalten, aber verwaschener als im übrigen Bereich. Man erkennt das Foramen

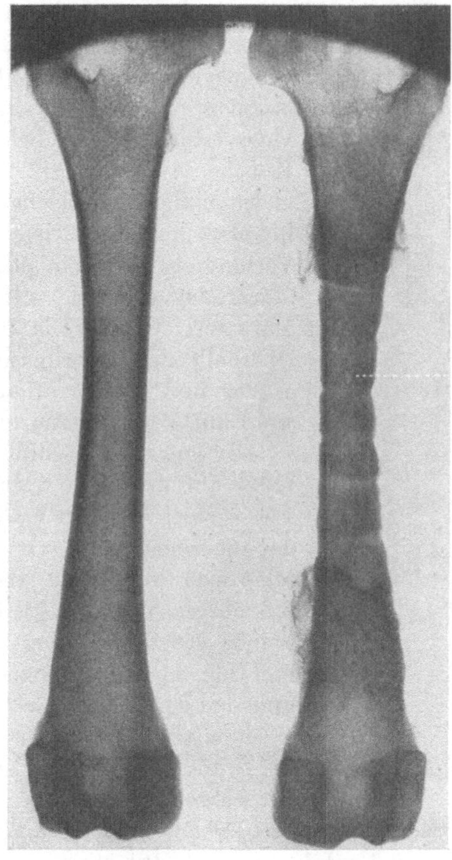

Abb. 17a (Vergr. ³/₅).   Abb. 17b (Vergr. ³/₅).

nutricium. (Zum Vergleiche ist das Röntgenbild der gesunden Seite beigegeben.)

Nr. 20 (Abb. 9d, 18 u. 19).

(Fehlt bei *Feigel;* Text nach Beschriftung des Präparates; Sa. 181).

Operation: Incision der rechten Femurdiaphyse eines dreijährigen Pudelhundes mit dem Osteotom. Periost zerstört und entfernt, Mark erhalten und geschont.

Erfolg: Nach 20 Tagen Bildung neuer kompakter Knochenmasse innerhalb der Markröhre, teilweise Ausfüllung der gesägten Längsincision mit neuer Knochenmasse vom Markraum aus.

Auf der Außenseite des rechten Femur sind in 3 mm Abstand ein 5,1 cm langer Längsschnitt und ein 5,3 cm langer doppelt breiter Sägeschnitt gemacht, die am proximalen Ende durch eine Querincision verbunden sind. Die nach vorn gelegene Längsspalte ist um eine Sägeblattbreite durch eine zweite Incision verbreitert worden, was an einer stehengebliebenen Knochenlamelle zu sehen ist. Die Ränder der Incisionen sind scharfkantig erhalten. Die durch die Querverbindung der beiden Längsschnitte freistehende Knochenbrücke zeigt ebenfalls glatte Ränder und gleichmäßige Oberfläche. Die Spalten sind sämtlich in ursprünglicher Tiefe erhalten, zeigen aber keine Verbindung mit dem Mark. An den Stellen, wo der Markraum eröffnet wurde, ist der Verschluß vom Mark aus erfolgt. Die Incisionen sind hier ausgefüllt. Oberhalb der Querincision befindet sich ein linsengroßer und ebenso erhabener Knochenvorsprung, der wohl auf Periostfetzen zurückzuführen ist.

Der längs aufgeschnittene Knochen zeigt den Markraum auf der nicht operierten Seite gut erhalten, auf der operierten Außenseite dagegen, in Ausdehnung der Incisionen völlig von Markkallus ausgefüllt. Dieses setzt sich durch die vordere doppelte Längsincision (im oberen Teil) als kleiner Wulst von gleicher Konsistenz wie die Füllung des Markraums hindurch fort und hat hier mit Sicherheit die eröffnete Markhöhle und den Spalt verschlossen.

Röntgenbild: Von Regeneration im Röntgenbild bei der Durchsicht nichts zu erkennen. Die Markhöhle ist ausgefüllt von unregelmäßig schwachen Schatten gebendem Gewebe, das nicht kalkhaltig sein kann, vielleicht aber osteoide Neubildung (Abb. 19).

Abb. 18 (Vergr. ³/₂).

Nr. 21.

(*Feigel* Abb. 34, 5; Text 500; Sa. 182).

Das rechte Schenkelbein von einem 2 jährigen Spitzhunde mit aufgeschraubter Leinwand und zurückgeschlagenem Periost.

Das Periost wurde der Länge nach eingeschnitten und 2''' seitlich vom Knochen abgeschabt, so daß eine Incision 1¹/₂'' lang gemacht werden konnte. Man sägte dieselbe bis in die Markhöhle und reizte das Markgewebe mit einem Malerpinsel, worauf das Tier auffallende Empfindlichkeit zeigte, indem es nach der jedesmaligen Berührung mit dem Schenkel zuckte und heftigen Schmerz äußerte. Mittels des Pinsels wurden einige Partikeln vom Marke entfernt, dann die Knochenwunde mit einem doppelten Leinwandstreifen bedeckt, dessen Lage man durch vier Schrauben sicherte, und die Wunde der Weichteile geheftet. Es trat bald Eiterung ein, und während diese in den weichen Teilen fortdauerte, erzeugte sich gleichzeitig auch neue Knochenmasse.

Sektion 27 Tage nach der Operation. Starke Eiterung, Osteomyelitis.

Die Mitte des Femurschaftes ist in einer Ausdehnung von 6 cm von einer Totenlade überzogen, die ein fast ebenso langes Fenster trägt. Man sieht zwei lange, anscheinend dünnwandige Sequester der Corticalis darin liegen, die durch Knochenwucherungen auch aus der Markhöhle festgehalten werden.

Röntgenbild: Osteomyelitischer Femurschaft, in seinem mittleren Drittel durch Arrosion fleckig aufgehellt und atrophiert und von periostalem Callus umgeben.

2. Exstirpationen.

Nr. 22.

(*Feigel* Abb. 29. 1; Text 451; Sa. 184).

Die innere Fläche des Periosts der Scapula von einem drei Jahre alten Spitzhunde.

Die Scapula wurde aus der rechten Seite des Tiers vollständig herausgenommen und dabei das Periost möglichst geschont und in Verbindung mit den Weichteilen zurückgelassen. Weichteilnaht. Nach 3 Tagen wurde die Sektion gemacht:

Anschwellung und Härte der Weichteile rings um die Wunde und größerer Säftezufluß als gewöhnlich. Nach vorsichtiger Isolierung des Periosts zeigte sich die erste Spur von neuem Knochenstoff in Gestalt von sehr feinen Fäden und Pünktchen von graulichweißer Farbe und verschiedener Konsistenz.

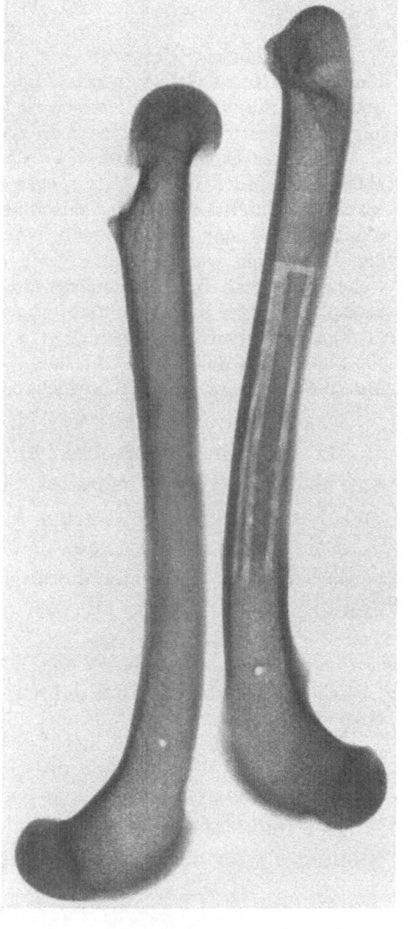

Abb. 19 (Vergr. $^3/_4$).

Das Präparat stellt einen ausgebreiteten, vielfach durchlöcherten Periostschlauch dar, der dem resezierten Humeruskopf zirkulär anhaftet. An zahlreichen Stellen stecken kleine Nadeln. Die von ihnen bezeichneten Punkte sind kein Knochen. Eine histologische Nachuntersuchung ist bei dem Präparat nicht mehr möglich. Es ist aber unwahrscheinlich, daß die Pünktchen neugebildete (höchstens stehengebliebene) Knochensubstanz darstellen. Auch röntgenologisch ist kein Knochen nachzuweisen.

Nr. 23.
(*Feigel* Abb. 29, 2; Text 451; Sa. 185).

Ein ähnliches Präparat wie voriges von vier Tagen. Einem einjährigen Hunde mittlerer Größe wurde die Scapula der rechten Seite exstirpiert, das geschonte Periost zurückgelassen und die Wunde durch Hefte vereinigt. Vier Tage nach der Exstirpation tötete man das Tier.

Sektion: Die Wundhöhle war teilweise mit einer sulzigen, bräunlichroten Masse ausgefüllt. In der Mitte gegen den Grund der Wunde fand sich eine Stelle, wo beide Wundflächen fester miteinander verwachsen waren und sich etwas zähe, bandartige Verlängerungen von einer Seite zur anderen erstreckten, zwischen denen sich ein weißlichgraues, mit rötlichen Streifen gemischtes Gewebe fand, welches die rote Injektionsmasse aufgenommen hatte, und viele Gefäße sichtbar waren. Mitunter bemerkte man ein etwas weicheres, übrigens doch zähes Gewebe, in dem man deutlich Knochenfäden wahrnahm. An dem getrockneten Präparat sieht man, wie die innere Oberfläche des Periosts (und auch teilweise die äußere) mit verschiedener Form Knochenstoff wie übersät ist.

Das Präparat besteht aus einem Humeruskopf, von dessen Kapselansatz sich eine mit zahlreichen injizierten Gefäßen versehene vielfach durchlöcherte Haut ausbreitet. Die darin enthaltenen helleren Punkte und Verdickungen sind sicher kein Knochen.

Röntgenbild: Es ist kein neuer Knochen gebildet oder alter zurückgeblieben. Der Periostschlauch ist von zahlreichen injizierten Gefäßen durchzogen.

Nr. 24.
(*Feigel* Abb. 29, 3; Text 452; Sa. 186).

Einem Hunde von drei Jahren wurde die Scapula der rechten Seite wie oben exstirpiert und nach fünf Tagen das Tier getötet.

Sektion: Es finden sich hier dieselben Resultate wie bei den vorigen Abbildungen, nur ist hier die Injektion der Gefäße weit schöner gelungen und die Menge des neu erzeugten Knochenstoffs ergiebiger.

Bei makroskopischer Betrachtung und im Röntgenbild kein neugebildeter oder zurückgebliebener Knochen.

Nr. 25.
(*Feigel* Abb. 29, 4; Text 452; Sa. 206).

Ein ähnliches Präparat von 23 Tagen. Es wurde einem Pinscher die Scapula der rechten Seite unter voriger Bedingung exstirpiert und derselbe nach 23 Tagen getötet.

Die Knochenkerne sind nicht so zahlreich wie in den vorhergehenden Versuchen, aber weit größer und gruppenweise gelagert. Fast alle haben dieselbe unebene Oberfläche, sind im Innern porös oder schwammig und von einer dünnen, halbdurchsichtigen Membran eingehüllt.

Die im Periost enthaltenen kleinen Verdickungen sind Kalksalzablagerungen, was durch das Röntgenbild bestätigt wird.

Nr. 26.
(*Feigel* Abb. 29, 7; Text 453; Sa. 210).

Exstirpation der Scapula der rechten Seite samt dem Periost.

Sektion nach 7 Monaten und 15 Tagen. Das obere Ende des Humerus steht, ringsum bedeckt von den Weichteilen, mehr oberflächlich unter der Haut und ist ungemein leicht beweglich, nach allen Richtungen hin ohne festen Stützpunkt. Die bei der Operation abgeschnittenen Muskeln sind mittelbar oder unmittelbar mit dem Narbengewebe verbunden; dieselben sind hart und verkürzt, liegen fester aufeinander, wie gewöhnlich z. B. die Pectorales. — Was die Regeneration des Knochens betrifft, so sind hier nur vier kleinere unförmliche und nicht im Zusammenhang stehende Knochenstückchen entstanden, und es zeigt sich an diesem Tiere wie nirgends besser, was die Anwesenheit des Periosts in der Bildung neuer Knochensubstanz vermag. Denn nicht nur die lange Zeit von der Operation bis zur Tötung, sondern auch die Jugend des Tieres, und daß nach der Exstirpation keine Störungen in der Freßlust und dem Befinden überhaupt eintraten, waren lauter bedingende Momente für die Entstehung neuer Knochenmasse.

Vier kleinste, nicht zusammenhängende Knochenkerne, die ihren Ursprung wohl zurückgelassenen Perioststücken verdanken. Auch im Röntgenbild keine Besonderheiten. Betrachten wir nun die linke Seite des Tiers (Nr. 27), so ist hier unter minder günstigen Umständen (z. B. für die kurze Dauer der Operation, und daß dieser jene der rechten Seite voranging) ein üppiger Bildungsprozeß vor sich gegangen, und sicher nur, weil das Periost zurückgelassen wurde.

Nr. 27 (Abb. 20 u. 21).

(*Feigel* Abb. 29, 5, 6; Text 452; Sa. 209).

Neugebildete Scapula der linken Seite von einem einjährigen Jagdhund. Es wurde, wie gewöhnlich, ein Längsschnitt im Verlaufe der Spina scapulae gemacht und sodann das Periost zu beiden Seiten losgeschabt. An manchen Stellen blieben indessen Stücke von demselben am Knochen hängen, besonders an der inneren, den Rippen zugekehrten Fläche, da geeilt werden mußte.

Sektion 3 Monate nach der Operation: Die Oberfläche der neu entstandenen Knochenmasse ist zwar uneben und noch nicht an allen Stellen völlig vereinigt, indem sich noch mehrere unregelmäßig geformte Lücken vorfinden — und das Ganze besteht eigentlich noch aus drei Stücken, die durch eine feste Membran untereinander verbunden sind; allein der *Bildungstypus der normalen Scapula* läßt sich doch schon darin erkennen. Auffallend ist besonders die Spina des Schulterblatts durch einen langen und stark vorspringenden Fortsatz repräsentiert.

Es ist eine Fossa infra- und supraspinata vorhanden, und das Akromion besteht als langer freier Fortsatz der Gräte. Am äußersten Ende desselben ist durch Bandmasse ein eigenes, länglich kolbenförmiges Knochenstück angehängt, welches der Sehne des Biceps als Insertionspunkt dient.

Der neugebildete Knochen hat etwa rhombische Form. Die Seiten parallel der neugebildeten Spina messen etwa 6,2 cm, die der Gelenkfläche entsprechende Seite, an der sich die neue Pfanne befindet, mißt etwa 4,2 cm. Die Basis scapulae ist ebenso groß. Der Knochen als Ganzes stellt eine dünne, vielfach durchbrochene Platte dar, die an einzelnen Stellen nicht knöchern, sondern durch Bänder verbunden ist. Die Entstehung aus verschiedenen Knochenkernen ist durch die unregelmäßige Form und Stärke und durch stellenweise Aussparungen deutlich festzustellen. Über dem Scapulablatt erhebt sich von der Basis scapulae entspringend ein 1,2 cm breiter, 3 mm dicker Span und führt über die ganze Länge des Regenerats hinweg in einem schwach nach außen konvexen Bogen bis über die neue Pfanne. Hier bildet er sich verbreiternd eine Art Akromion (Abb. 20 und 21). (Dieser Teil der Spina ist in der Sammlung z. T. verlorengegangen.) Gegen die neue Gelenkfläche hin nimmt der neue Knochen bedeutend an Dicke zu und bildet eine knöcherne, mit Bindegewebe ausgepolsterte Pfanne, die mit den Kapselresten ein ausgezeichnetes Bett für den Humeruskopf darstellt. Die Gelenkfläche des Humeruskopfes ist völlig glatt. Die „Spina" besteht durchgehend aus kompaktem Knochen.

Röntgenbild: Die Scapula ist mit Rücksicht auf die Erhaltung des Präparates nur teilweise auf die Röntgenplatte zu bringen, so daß der innere untere Winkel fehlt. Das neugebildete Stück besteht aus unregelmäßigen Spangen, strukturierten Knochens, die überall ein Netz von Spongiosa besitzen, und die reichlich verschieden große Lücken zwischen

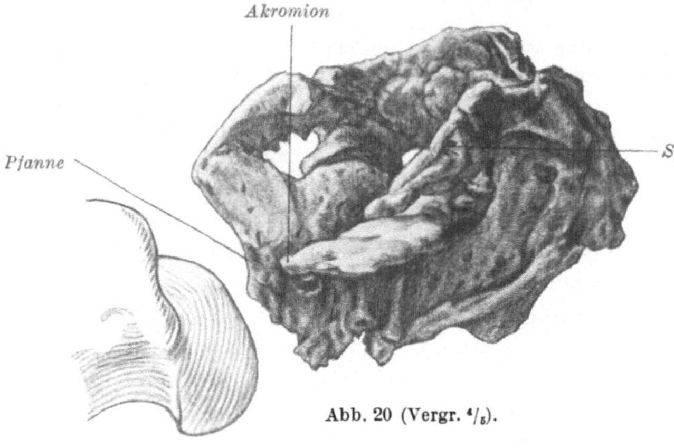

Abb. 20 (Vergr. ⁴/₅).

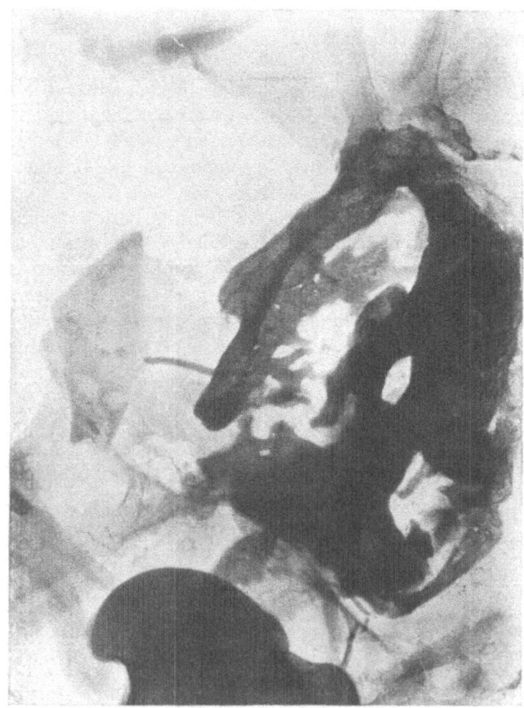

Abb. 21 (Vergr. ⁴/₅).

sich fassen. In ihrer Anordnung geben diese Knochenspangen aber das Bild einer Scapula: diese ist unförmig, kurz, besonders der gelenkwärts gelegene Teil breit. Eine glatte Gelenkoberfläche läßt sich im Röntgenbild nicht feststellen. Die Fossae supra- und infraspinatae sind ungefähr gleich groß. Letztere ist mehr von plattem Knochen, die erstere nur durch ein Gerüst von Knochenspangen gebildet.

Nr. 28 (Abb. 22 u. 23).

(*Feigel* Abb. 29, 9; Text 455; Sa. 207.)

Einem 3—4jährigen Spitzhunde wurde die Scapula der rechten Seite total, jedoch ohne Periost, herausgenommen und dafür ein entsprechend geformtes, doppelt zusammengenähtes Stück Leinwand in der Art in die Wundhöhle gelegt, daß die untere Fläche der Leinwand den Grund derselben fast in der ganzen Ausdehnung bedeckte; dabei kam die nachgeahmte Spina scapulae (ebenfalls aus doppelter Leinwand bestehend) zwischen den Musculus supra- und infraspinatus zu stehen, wie bei dem Schulterblatte auch. Damit die Lage für diese künstliche Scapula auch gesichert bleibe, wurden vor der Einführung 8 doppelte Zwirnsfäden an verschiedenen Stellen der Peripherie befestigt, die man dann durch die Muskeln und äußere Haut mittels Nadeln hindurchführte und auf Holzstäbchen festknüpfte. Nach diesem wurde die Wunde durch 5 blutige Hefte vereinigt.

Nach einigen Wochen hatten sich nach dem Laufe der Befestigungsfäden der künstlichen Scapula Fisteln gebildet, die vielen Eiter entleerten. — Nach 3 Monaten wurde die eingebrachte Leinwand wieder entfernt. Man entdeckte dabei keine neue Knochenbildung, obwohl in allen Richtungen harte Stellen zu fühlen waren. Nach der Entfernung des künstlichen Schulterblattes erfolgte auch in 3 Wochen der Heilungsprozeß der Wunde vollkommen, und der Hund fing an, das Glied zu gebrauchen. Weiter hinaus sprang er sehr rasch umher, und es blieb nur noch eine leichte Verkürzung der kranken Extremität bemerkbar.

Sektion nach 3 Jahren 2 Monaten und 26 Tagen. Die neue Knochenbildung zeigt sich in dem langen Zeitraume nur äußerst kümmerlich, und es ist keine Ähnlichkeit des exstirpierten Schulterblattes vorhanden. Es hat sich aber eine Pfanne zur Artikulation des Vorderfußknochens gebildet, und ein schnabelartiger Fortsatz ersetzt das Akromion, indem derselbe der Sehne des Biceps als Ansatzpunkt dient. Auch sind die übrigen bei der Operation vom Schulterblatt getrennten Muskeln mit dem neuen Knochen verbunden, aber alle, wegen Mangel des Raums, im engeren Zusammenhange, wie im normalen Zustande. — Zwischen der artikulierenden Fläche der neuen Pfanne und des Kopfes des Humerus liegt ein 1''' dicker Meniscus, der aus einem sehr festen und glatten Fasergewebe besteht. — Eine das normale Kapselband an Festigkeit übertreffende Membran umfaßt den Kopf des Humerus und der Pfanne. Die Bildung des Knochens im allgemeinen ist uneben, mit mehreren Fortsätzen und Höckern versehen und hat konische Form.

Es hat sich ein platter Knochen von etwa 2,5 · 3 cm Länge und Breite und 0,4 cm Dicke gebildet, der mit zahlreichen krallenförmigen Fortsätzen den Humeruskopf umfaßt. Die Ebene dieses platten Knochens entspricht der früheren Scapulaebene, der rauhe hochgradig veränderte Humeruskopf artikuliert mit einer ziemlich glatten, schalenförmigen, knöchernen, z. T. mit knorpelartigem Gewebe bedeckten Vertiefung, die eine ausgesprochene Pfanne darstellt. Die neugebildete Pfanne stellt eine flache, eiförmig ausgehöhlte Vertiefung dar, die etwa halb so groß ist wie die normale Pfanne. Sie artikuliert (durch einen Meniscus nach *Feigel*) mit dem deformierten Kopf des Humerus an seinem inneren Rand, der noch einigermaßen abgerundet ist. Die knöcherne Pfanne ist etwa normal groß, aber in keiner Weise einer normalen Pfanne formgleich. Sie ist etwa doppelt so groß wie der verknorpelte Pfannenanteil. Über der Pfanne erhebt sich eine bogenförmige, dünne Knochenspange, die als Fortsetzung einer senkrecht zur „Scapulaebene" sich erhebenden, mit verschiedenen Erhabenheiten versehenen „Spina" wohl als „Akromion" bezeichnet werden dürfte. Jedenfalls scheint sicher zu sein, daß diese eigentümlich langen umklammernden Knochenspangen Ansatzstellen der Muskeln entsprachen. Der von *Feigel* beschriebene Meniscus ist nicht mehr vorhanden.

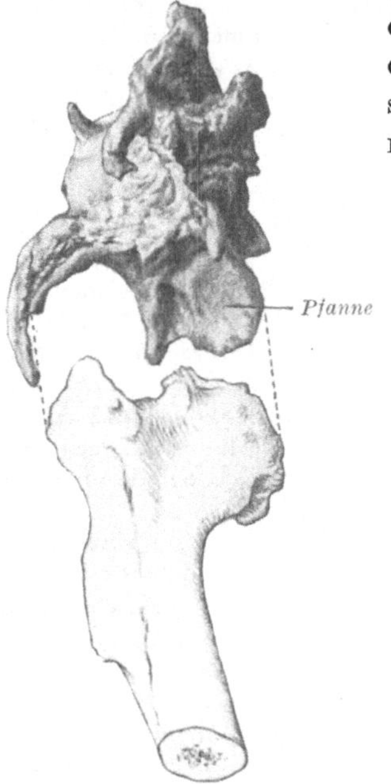

Abb. 22 (Vergr. ⁴/₅).

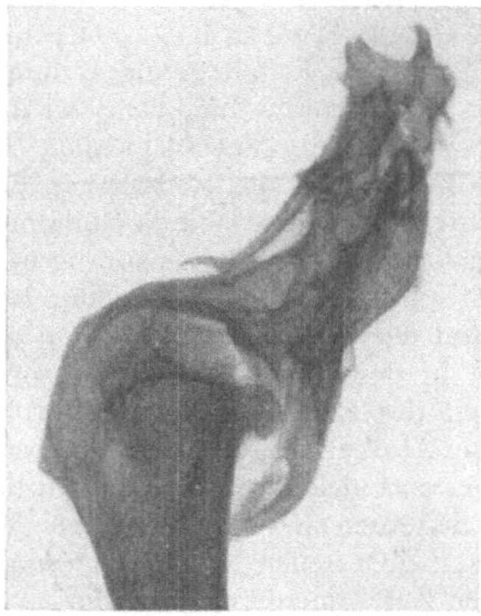

Abb. 23 (Vergr. ⁴/₅).

Röntgenbild: Die Form des Humerus weicht vom Normalen ab. An Stelle der kugelförmigen Haube des Caput findet sich eine in zwei plane Flächen geteilte Trochlea, so daß man besonders bei der Ansicht von vorne an die Form einer Tibia erinnert wird. Der Knochen zeigt glatte Kontur, eine scharf gezeichnete Corticalis und regelmäßig gebaute Spongiosa. Von arthritischen Veränderungen ist lediglich an einer Stelle eine kleine Zacke zu bemerken. Die „Scapula" ist auf dem Röntgenbild als solider Knochen entsprechend dem makroskopischen Aussehen zu erkennen. Die „Pfanne" ist in zwei Foveolae geteilt, die nach dem Röntgenbild glatte Oberflächen tragen und durch eine Erhebung voneinander getrennt sind.

Nr. 29a (Abb. 24 u. 25).

(*Feigel* Abb. 29, 8; Text 454; Sa. 198.)

Eine wiedererzeugte Scapula nach der Exstirpation des normalen Schulterblatts aus einem großen Hunde von 8 Monaten. Die Scapula wurde bei möglichster Schonung der Beinhaut total exstirpiert. 10 Monate nach dieser Operation, als sich längst ein neues Schulterblatt gebildet hatte und das Tier beim Herumlaufen das operierte Glied wieder vollkommen gebrauchen konnte, nahm man die Exstirpation des Radius und der Ulna vor; 14 Tage später folgte die Exstirpation aller Phalangen, sodann 40 Tage nach dieser die Herausnahme sämtlicher Knochen des Carpus und Metacarpus. Nun war nur noch der Oberarm von allen normalen Knochen in der Extremität vorhanden, und 50 Tage nach der letzten Operation wurde auch dieser entfernt. Der Humerus wurde darum solange geschont, um die Entwicklung der Gelenkfläche an der neuen Scapula nicht zu stören.

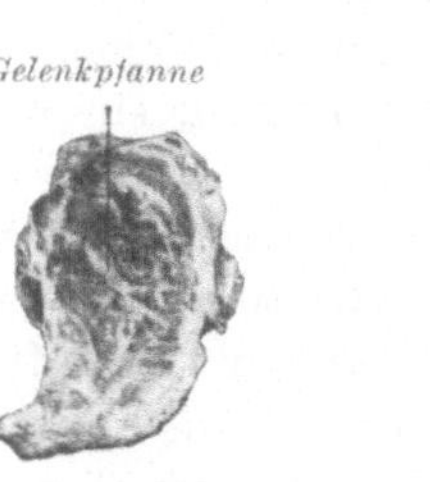

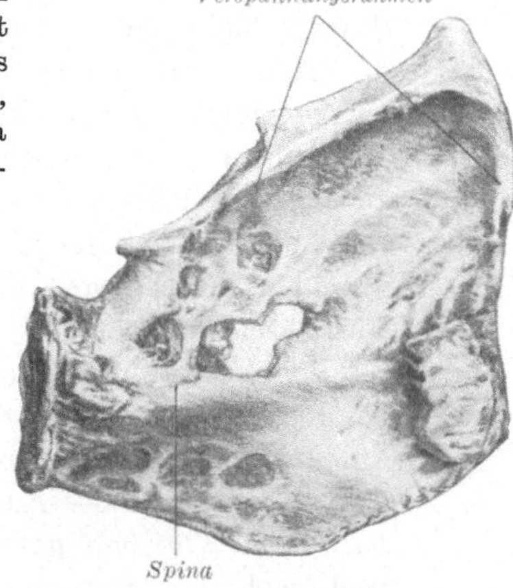

Abb. 24 (Vergr. $^3/_4$).

Tötung des Tieres 14 Monate nach der Exstirpation der Scapula. Es hat sich ein neues Schulterblatt gebildet, welches den Urtypus desselben nicht verkennen läßt. Auch haben sich die Muskeln wieder so inseriert, wie sie von der exstirpierten Scapula getrennt wurden. Die äußere Oberfläche des Knochens ist größtenteils glatt und besteht aus dichter, harter Rindensubstanz. Man machte längs der Mitte einen Einschnitt durch den Knochen und fand dessen inneres Gewebe zwischen der Corticalissubstanz spongiös. Der Kopf des Humerus artikulierte vollkommen mit der Gelenkfläche durch eine starke Kapselmembran, die

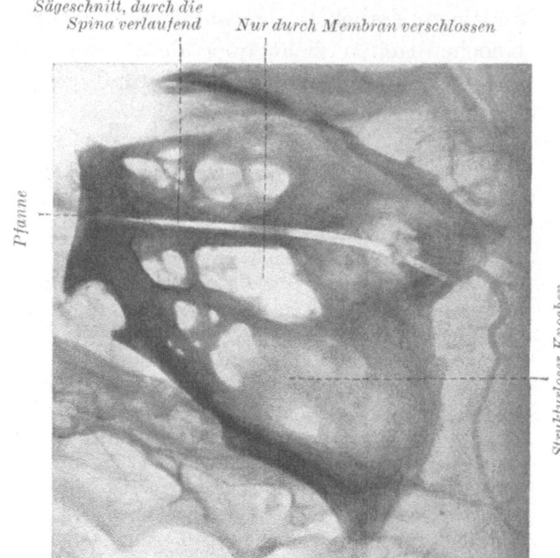

Abb. 25 (Vergr. $^4/_5$).

sich an dem abgerundeten Rande der neu gebildeten Gelenkfläche inserierte.

Die neue Scapula ist als ein nahezu formgleiches Regenerat anzusprechen. Die Basis scapulae ist 7,4 cm (6,1) lang, die Spina scapulae 6,9 cm (11). Die Durchmesser der Pfanne sind 3 : 1,8 cm (2,8 : 1,8).

Die Form der Scapula ist gedrungen, was in der Länge der Spina zum Ausdruck kommt: 6,9 : 11 cm. Ein Wulst, der von einer Verbreiterung der Basis scapulae, — einer „Basis spinae" — ausgeht, ist als eine Andeutung der Spina anzusprechen, die als sanfte Erhebung die gesamte Scapulafläche so durchzieht, daß die Fossa supraspinata ein Drittel, die Fossa infraspinata zwei Drittel der Gesamtfläche einnimmt. Die letztere zeigt einige kleinere Löcher, die membranös verschlossen waren. Im ganzen ist der Knochen eine einheitliche, dünne, nach der Pfanne zu sich verdickende, wenig gewölbte Platte. Besonders bei der Fossa infraspinata tritt der Verspannungsrahmen des Margo vertebralis und Margo axillaris gegen den dünneren, ein wenig gewölbten Boden der Fossa deutlich hervor.

Röntgenbild: Die Randzonen der Scapula sind von kräftigen Knochenbändern gebildet, die überall eine feinmaschige Balkenstruktur, am unteren Ast und besonders zur Gelenkfläche hin auch eine sichere Corticalis zeigen. — Auch der Pfannenteil der Scapula ist von strukturiertem Knochen gebildet. Dagegen liegen in den zentralen Teilen und nach dem unteren Schulterblattwinkel Flächen homogenen kalkhaltigen Gewebes. Die verschieden großen Aussparungen sind von kräftigen Trabekeln umrahmt, ein der Spina entsprechender breiter Knochenstreifen zieht quer durch das obere Drittel. Er entspringt breitbasig am medialen Rande und geht, sich verbreiternd, in den Pfannenteil über.

Nr. 29b.
(Feigel Abb. 51, 3; Text 467; Sa. 198.)

Neu erzeugte Knochenmasse nach Entfernung der Knochen der vorderen Extremität in verschiedenen Zeiträumen von einem 8 Monate alten großen Hunde.

Sektion 4 Monate nach der Exstirpation des Radius und der Ulna; 3 Monate und 17 Tage nach der der Phalangen; 2 Monate 7 Tage nach der des Carpus und Metacarpus und 18 Tage nach der des Humerus.

An der Stelle des exstirpierten Humerus hat sich in der kurzen Zeit von 18 Tagen ein unregelmäßiges 23‴ langes, in der Mitte 8‴ dickes Knochenstück erzeugt. Fast durchgehends zeigt diese Knochenmasse eine auffallend poröse Oberfläche und viele Gefäßlöcher, hier und da leicht gerötete Flecken, im ganzen ist aber der Knochen weiß. An dem mittels der Pinzette vom Knochen abgezogenen Periost blieb eine Menge Knochenstoff in Form von weißen, sehr porösen, zerstreut umherliegenden Stückchen und Fädchen hängen.

Zwei kleine nebeneinander liegende, an den neu erzeugten Humerus angrenzende Knochenstücke, jedes beiläufig 9‴ lang, erstrecken sich gegen den Vorderarm, die man für Rudimente des Radius und der Ulna nehmen kann. Dieselben sind in Struktur und Farbe nicht von den vorigen verschieden.

An der Stelle des Carpus, Metacarpus und der Phalangen wurden verschiedene kleinere und größere Knochenstücke reproduziert, welche durch ihre Form aber nicht an die ursprüngliche Bildung benannter Knochen erinnern.

Die etwa 6 cm langgestreckte im Humerusbett gelegene Neubildung besteht aus hartem, unebenem Knochen und ist im größten Teil seiner

Länge nur $^1/_2$ cm breit. Die Bildung ist durchaus unregelmäßig und aus unzähligen kleinsten Zentren entstanden, die bandartig zusammenhängen. Der Humerus ist erst nach Bildung der neuen Scapulapfanne exstirpiert worden (Abb. 24 u. 25).

Röntgenbild: Im Humerusbett liegt eine strukturlose, aus linsenbis erbsengroßen wahllos aneinandergereihten Inseln bestehende Masse. Nur in der einen Hälfte des Stückes eine zusammenhängende, aber ebenfalls strukturlose Knochenmasse.

Nr. 30 (Abb. 26).

(*Feigel* Abb. 31, 2; Text 465; Sa. 195.)

Ein Präparat aus einem achtjährigen Hunde nach totaler Exstirpation des Humerus.

Nachdem das Oberarmbein, bei Zurücklassung seiner Knochenhaut, 10 Min. lang exstirpiert war, wird es wieder in seine natürliche Lage gebracht und die Weichteile über demselben zusammengezogen und geheftet. Dieses geschah aus der Absicht, um durch die Berührung des jetzt als fremder Körper wirkenden Knochens die Wundflächen zu einer größeren entzündlichen Tätigkeit zu reizen und dadurch vermehrte Absonderung von Knochenstoff zu veranlassen. — Schon in den ersten 30 Stunden nach der Operation zeigte sich starke Geschwulst, große Empfindlichkeit, häufiges Stöhnen, Zuckungen in dem operierten Gliede usw. Um hier einen tödlichen Ausgang zu vermeiden, wurden die Hefte gelöst und der Knochen wieder herausgenommen, wobei sich eine starke Quantität rötliche, dünne Flüssigkeit entleerte. Die Wunde heilte nun in 15 Tagen.

Nach 28 Tagen wurden die Weichteile wieder getrennt und das bereits neu entstandene Knochenstück näher untersucht und aus demselben ein keilförmiges Stück mittels zweier konvergierend aufgesetzter Meißel ausgesprengt. Die Bruchflächen des Knochens bluteten an allen Stellen, am stärksten jedoch aus der Tiefe. Man bemerkte zwei verschieden gefärbte Knochenschichten, eine oberflächliche, weißliche und eine tiefere durchaus gerötete, beide von ziemlich gleicher Härte. Man machte den Versuch, die rote Farbe in der Tiefe des Knochens durch wiederholtes Auswaschen und Auspinseln zu entfernen, was jedoch nicht gelang. Das ausgesprengte Knochenstück zeigte nach längerer Auswässerung an den Bruchflächen noch eine leicht gerötete Färbung und hier und da sehr deutlich unterschiedene längliche Knochenfasern. An anderen Stellen war das Gefüge mehr zellig und zusammengedrängt, mitunter auch dichte Knochenmasse. — Am 6. Tage nach dieser Operation war die Knochenwunde mit frischer Granulation bedeckt, die man mit der Pinzette wegzureißen versuchte, um sich zu überzeugen, ob dieselbe von den äußeren weichen Teilen in die Wunde oder von der Knochenwunde selbst ausgehend hervorsproß. Man fand das letztere. — Am 10. Tage war die Wunde der Weichteile vernarbt, und nach Verlauf einiger Monate hatte der Oberarm bedeutende Festigkeit gewonnen. Daher bediente sich der Hund der Pfote auch schon wieder beim Abnagen der Knochen usw.

Sektion 11 Monate nach der Exstirpation des Humerus und 10 Monate 3 Tage nach der zweiten Operation. Es hat sich ein bedeutender Knochen wieder erzeugt, an dem sich mehrere Erhabenheiten und grätenförmige Fortsätze befinden, welche den Muskeln zur Anlage dienten. Das untere Ende teilt sich in einen inneren und äußeren Fortsatz, von welchen der erste für die Insertion der Beugemuskeln der Pforte und der letztere für deren Streckmuskeln bestimmt war. Das Periost wurde mit der Gelenkkapsel vom Knochen abgezogen, um die Gelenkverbindung mit dem Schulterblatt genau sehen zu können; diese war sehr fest, die Bewegungen aber etwas mehr beschränkt als im normalen Zustande. — Der senkrecht durchsägte Knochen zeigt in der Mitte die beginnende Markhöhle mit einem teils netzförmigen, teils zelligen Knochengewebe durchzogen. Dieselbe ist mit einer feinen, rötlichbraunen Membran ausgekleidet und enthält eine halbflüssige Masse, die als Mark angesehen werden kann.

Der neue Humerus (Abb. 26) ist um etwa die Hälfte seiner Länge verkürzt und mißt 9 cm. Er ist seitlich abgeplattet etwa 7 mm dick; der Schaft ist 2 cm breit. Er liegt mit seinem knotigen oberen Ende in der Scapulapfanne. Der der Gelenkfläche zugekehrte „Kopf" des Humerus besteht aus zahlreichen kranzförmig um eine Furche geordneten unregelmäßig gestalteten rauhen Höckern. Diese sind z. T. porös und tragen selbst wieder feinste und tiefere Gruben. Ein keilförmiges

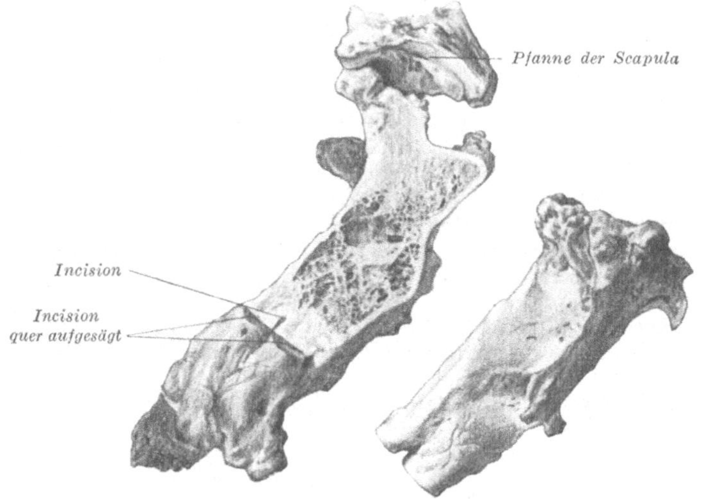

Abb. 26 (Vergr. ⁴/₅).

Knochenblatt verläuft von dem als Kopf dienenden oberen Ende des Humerus senkrecht aus der platten Seite des Schaftes emporwachsend bis in seine Mitte (Abb. 26). Im unteren Drittel des Knochens ist eine Einsenkung zu sehen, die von der keilförmigen Aussprengung herrührt, die *Feigel* beschreibt. Das distale Knochenende ist eine dreizackige Bildung mit zwei nach vorn und hinten und einem nach medial gerichteten Fortsatz.

Der aufgeschnittene Knochen ist in seinem oberen Teil kompakt. Der Schaft besitzt eine geräumige Markhöhle. An der Stelle der nachträglichen Incision kann man beobachten, wie der Markraum als Folge der Incision und der darauf erfolgenden Abdeckelung mit Corticalis in zwei durch Corticalis abgetrennte Räume abgeteilt wurde. Entsprechend der schlechten Formbildung des Humeruskopfes ist die Scapulapfanne deformiert. Sie ist abgeflacht, uneben geworden und verbreitert und zeigt am oberen äußeren Rande eine ausgenagte Stelle. Der Knorpel scheint geschwunden zu sein.

Nr. 31 (Abb. 27).

(Fehlt bei *Feigel*; Text nach Beschriftung des Präparates der Sammlung 203.)

Operation: Exstirpation des rechten Humerus. Periost geschont.

Erfolg: Nach 8 Monaten 15 Tagen Bildung neuer Knochenmasse, bei der das Humerusköpfchen nicht zu verkennen ist.

Die Folge der Operation war eine außerordentlich starke Verkürzung der Extremität. Das Ellenbogengelenk liegt etwa 6 cm von der Gelenkfläche der Scapula entfernt. Zwischen beiden ist ein Knochenstern entstanden, der nur aus sechs nach verschiedenen Richtungen ausstrahlenden Fortsätzen besteht. Diese sind jeder $^1/_2$ cm lang. An ihnen haben M. supraspinatus und M. infraspinatus, die Beuger und Strecker, ihre Insertion gefunden. Der stärkste der Fortsätze liegt wie ein kleines Pilzköpfchen in der Scapulapfanne. Die übrigen Fortsätze liegen alle weiter distal von der Scapulapfanne, so daß das Köpfchen zum Drehpunkt für den eigenartigen Knochen wurde und die Pfanne als Stütze für dieses Köpfchen gedient hat. Zwischen der Pfanne der Scapula und dem funktionell als Humeruskopf zu bezeichnenden Fortsatz liegt eine Membran zwischengelagert. Sie scheint bindegewebiger Natur zu sein. Genaueres ist nicht festzustellen. Eine Bewegung des Unterarms durch Übertragung dieser wie eine Drehscheibe wirkenden rotierbaren sternförmigen Knochenmasse nach außen, innen und oben ist auf Grund der Muskelinsertionen ausgiebig möglich gewesen. Für eine

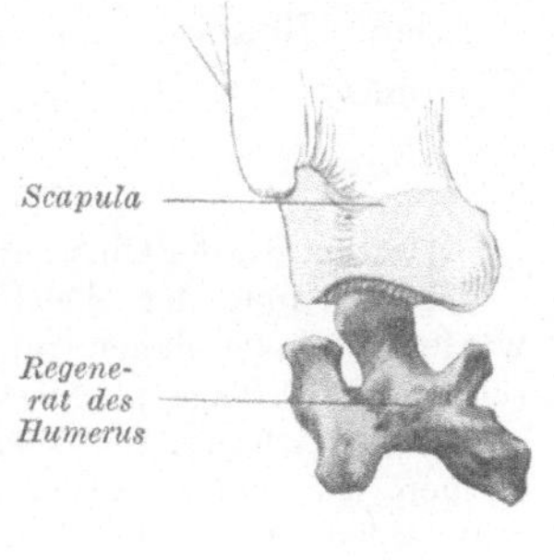

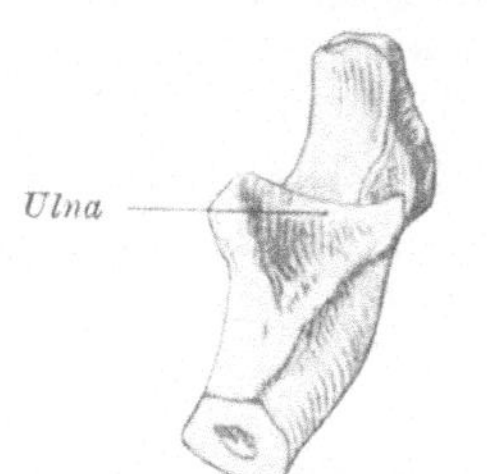

Abb. 27 (Vergr. $^4/_5$).

Stützfunktion war der Humerus sicherlich gänzlich bedeutungslos.

Röntgenbild: Im Röntgenbild steht der Pfanne der Scapula gegenüber ein mit einem Knochendeckel überzogener strukturierter Fortsatz, der mit einer unregelmäßigen, mehrzackigen Knochenmasse zusammenhängt. Er nimmt etwa die halbe Breite der Gelenkfläche der Scapulapfanne ein und ist durch einen deutlichen Gelenkspalt von ihr getrennt. Daneben findet sich ein zweiter viel kleinerer Fortsatz mit ebenfalls gelenkartig abgerundeter Oberfläche. Die Struktur dieser Teile ist gut erkennbar. Die übrigen Zacken sind z. T. weniger kalksalzhaltig.

Nr. 32.
(*Feigel* Abb. 31, 4; Text 468; Sa. 195.)

Das Präparat aus einem 8 Jahre alten Fleischerhunde nach der Exstirpation der Ulna mit gleichzeitiger Dekapitation des Radius.

Nachdem diesem Hunde 11 Monate zuvor der Humerus exstirpiert worden war, nahm man an derselben Extremität auch die Ulna heraus. Die Weichteile wurden vom Olecranon bis zum Proc. styloideus getrennt und dann das Periost zu beiden Seiten abpräpariert, wobei man auch die Membrana interossea schonte. Nun wurde die Sehne des Triceps abgeschnitten, und da zwischen dem Köpfchen des Radius und der Ulna eine knöcherne Verwachsung statthatte, auch dieses mit herausgenommen.

Untersuchung nach 30 Stunden: Die Wundflächen waren mit einer sulzigen Masse verklebt, und nachdem man diese entfernte, fanden sich viele hell und dunkel gerötete Flecken auf der Oberfläche der Wundhöhle. Das Periost ist dunkler und blutreicher geworden, und bei genauer Untersuchung sieht man die ersten Spuren von neuer Knochenbildung: es sind helle Körperchen von verschiedener Form vorhanden.

Das Ulnabett ist makroskopisch und röntgenologisch frei von Knochen.

Nr. 33.
(*Feigel* Abb. 31, 6; Text 470; Sa. 187.)

Das Periost der Ulna nach ihrer Exstirpation von einem großen Fleischerhunde.

Die Wunde der Weichteile wurde nach der Herausnahme der Ulna nicht wieder vereinigt, daher trat denn auch starke Eiterung ein und der Hund wurde schon am 10. Tage p. o. getötet.

Untersuchung: Die Oberfläche der Wundhöhle war mit einer weißlichen, eiterartigen, hier und da rötlichen Sulze bedeckt. Nach Entfernung dieser Masse sieht man einen großen Reichtum von neu entwickelten Gefäßen in der Beinhaut; ebenso auch schon abgelagerten Knochenstoff, der schon etwas größere Körperchen zeigt, wie in der Abb. 4 (siehe 32), wie sich aus dem Vergleiche beider ergibt.

Das Ulnabett ist verkürzt und enthält makroskopisch und röntgenologisch nichts von stehengebliebenem oder neugebildetem Knochen.

Nr. 34 (Abb. 28).
(*Feigel* Abb. 31, 5; Text 469; Ta. 188.)

Das Präparat von einem 4 Monate alten Fleischerhunde nach der Exstirpation der linken Ulna mit Erhaltung der Beinhaut.

Die durch die blutige Naht vereinigte Wunde heilte in wenigen Tagen. Am 7. Tage nach der Operation wurde das Tier von einem anderen Hunde am Halse heftig gebissen, infolgedessen es am 13. Tage starb.

Längs der inneren Fläche des Periosts, welche durch die vorausgegangene Operation zur Wundfläche geworden und jetzt durch eine Lymphschicht überdeckt war, findet man bereits eine beträchtliche Menge neu erzeugten Knochenstoffs, der sich nicht nur in dem Periost, sondern auch in den fibrösen, die Wunde zunächst umgebenden Muskelscheiden und der Aponeurose abgesetzt hat; ja, es hatte sich sogar die Bildung neuer Knochenmasse auf den Radius ausgedehnt, so daß man an den der Wunde zunächst gelegenen Teilen auf der Oberfläche eine sehr dünne Schicht erkennt. Die Farbe dieser einzelnen Knochenpartikeln ist gelblichweiß und die Struktur im Durchschnitt fein netzförmig. Im frischen Zustande waren dieselben beim Anschlagen mittels eines Metallstäbchens klanglos und beinahe biegsam wie Knorpel; auch konnte man ihre Oberfläche mit einer Messerspitze fast bis auf 1''' durchstechen. Hieraus ist ersichtlich, daß der bis zum 13. Tage neu erzeugte Knochenstoff sich zwar nicht im Zustande des Knorpels befand, aber doch auch noch nicht die hinreichende Menge phosphorsauren Kalks besaß, um die gehörige Härte zu besitzen. — Von jener Knochenbildung, die sich als dünne Schicht auf dem Radius abgelagert hatte, löste man einen Teil ab und fand nun, daß die äußere Oberfläche der Speiche sich hier nicht verändert habe, weswegen man denn auch nicht wohl annehmen kann, daß die Erzeugung vom alten Knochen ausgegangen sei, sondern von dessen Beinhaut, die durch die gesteigerte Vitalität ihrer Nachbarschaft in Mitleidenschaft gezogen wurde.

Bei dem 4 Monate alten Tier ist die Knochenneubildung innerhalb kurzer Zeit außerordentlich groß. Allerdings entbehrt sie der früheren Form, jedoch liegen die neugebildeten Knochenspangen schon langgestreckt im Periostschlauch der Ulna (Abb. 28). Sie verlaufen teils parallel, teils hintereinander als perlstabförmige Knochenleisten, die überall verstreut im gesamten Bett des exstirpierten Knochens eine rege Regeneration beweisen. Bei fast allen ist ersichtlich, daß sie auf dem teils zusammenhängenden, teils durch die Operation zerfetzten Periostmantel der Ulna gewachsen sind. Sie bestehen durchgehend aus kompaktem Knochen.

Röntgenbild: Das Ulnabett enthält nur Inseln diffus kalkhaltigen neuen Knochens, die nur wenig untereinander verbunden sind und besonders nach der Handwurzel hin in einzelnen längs geordneten Kernen auftreten. Nach dem Ellenbogengelenk zu ist die Entwicklung neuen Knochens reichlicher;

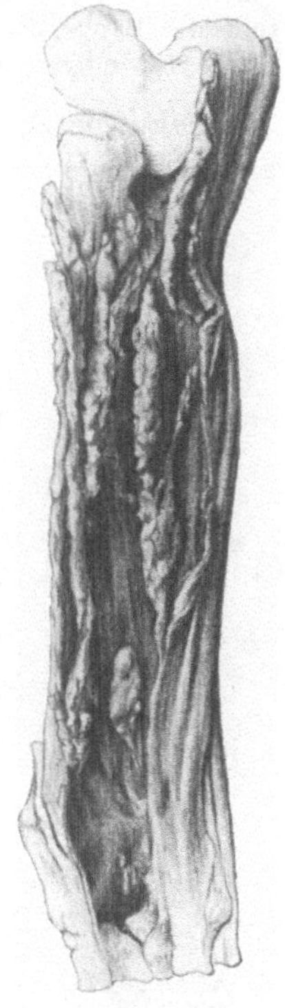

Abb. 28 (Vergr. ²/₃).

trotz der Überschneidung mit der Trochlea humeri ist hier ein dem Olecranon nach der Form durchaus vergleichbarer Knochen erkennbar.

Nr. 35 (Abb. 29).

(Feigel Abb. 31, 7; Text 470; Sa. 189).

Neuerzeugte Knochenmasse nach der Exstirpation des Femurs der linken Seite von einem ungewöhnlich großen und starken, 10 Jahre alten Metzgerhunde.

Das 8¹/₂'' lange Oberschenkelbein der linken Extremität wurde völlig exstirpiert durch einen Längsschnitt vom großen Trochanter bis zum Condylus externus am Kniegelenk. Das Periost suchte man, soweit es tunlich war, zu erhalten. Es waren nämlich an diesem Knochen früher schon Incisionen gemacht und daher teilweise Veränderungen in dem Knochen selbst und dem Periost veranlaßt worden, die eine vollkommene Trennung nicht zuließen und daher an einigen Stellen Stücke desselben mit dem Knochen herausgenommen werden mußten. Blutige Naht, die per primam reunionem heilte.

Anatomische Untersuchung 24 Tage nach der Operation. Der Oberschenkel ist um 2″ verkürzt, aber der Umfang ist derselbe wie an der rechten Seite. Das alte verdickte Periost wurde aufgeschnitten, und hier hatte sich ein größeres und viele kleinere Knochenstücke gebildet. Ersteres wurde losgelöst und herausgenommen. Dasselbe ist mehr platter Form, von höckeriger Außenfläche und scheint aus vielen kleineren Partikeln zusammengesetzt. Es ist dasselbe größtenteils der Länge nach durchsägt, und das Innere erscheint als kompakte, harte Masse von elfenbeinartigem Aussehen.

In kurzer Zeit hat sich eine außerordentlich große, korallenstockartige unregelmäßige Knochenmasse gebildet. Sie ist mehr flach als dick. Ihre durchschnittliche Breite beträgt 2 cm, die mittlere Dicke etwa 1 cm und die Länge der gesamten zusammenhängenden Knochenmasse 10,4 cm. Der Knochen scheint aus zahlreichen durch bindegewebige Hüllen verbundenen Knochenkernen zusammengesetzt. Die Oberfläche besitzt an einzelnen Stellen durch zahlreiche feinste dicht nebeneinander gelagerte stichartige Vertiefungen eine schwammartige Zeichnung (Abb. 29, links). Der aufgeschnittene Knochen (Abb. 29, rechts) zeigt kompakte elfenbeinartige Beschaffenheit. Er ist jedoch an einzelnen Stellen spongiös gebaut.

Röntgenbild: Der makroskopisch ziemlich kompakt aussehende Knochen zerfällt bei der Durchleuchtung in eine große Zahl von einzelnen Knochenkernen, die willkürlich aneinandergelagert sind und keine Gesetzmäßigkeit in der Struktur erkennen lassen. Nur ein etwa 5 cm langes Stück ist durchgehend kalkhaltiger Knochen, aber auch von unregelmäßiger Gestalt, mit Zacken und Vorsprüngen versehen ohne Struktur. Die kleinen beigegebenen Stückchen sind größtenteils neugebildete homogene Knochenstückchen. Zwei davon, ein kirschgroßes und ein erbsengroßes, zeigen Spongiosastruktur und werden deshalb als liegengebliebene alte Knochenteile aufgefaßt.

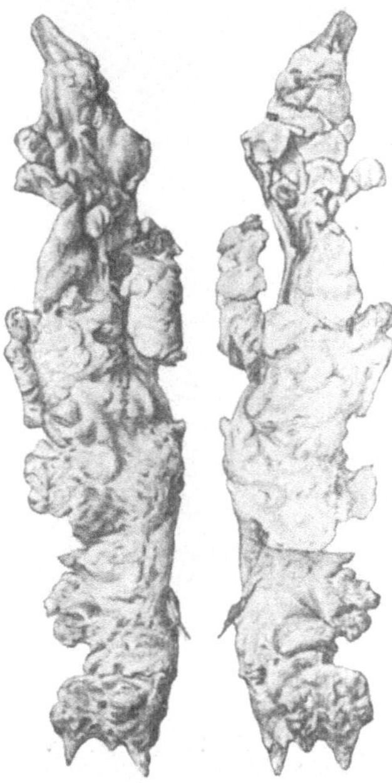

Abb. 29 (Vergr. ⁴/₅).

Nr. 36 a (Abb. 30).

(*Feigel* Abb. 31, 8; Text 471; Sa. 190.)

Ein Präparat aus einem 1 Jahr alten Metzgerhunde nach der Exstirpation des Schenkelbeines.

Bei der Operation wurde das Periost möglichst geschont und in Verbindung mit den benachbarten Weichteilen zurückgelassen. Mit dem Schenkelbeine wurden auch noch die beiden Sesambeinchen entfernt, damit auch keine Spur von einem

Knochen zurückbliebe und vermuten lasse, derselbe habe an einer etwaigen neuen
Knochenbildung Anteil genommen. Beim Abschaben des Periosts zeigte sich bedeutender Gefäßreichtum, denn vom Mittelstück des Femur quoll das Blut aus
unzähligen kleinen Löchern wie durch ein Sieb. Die nach der Operation mittels
blutiger Naht vereinigte Wunde heilte in 6 Tagen.

Am 9. Tage fühlte man schon deutlich einen länglichen harten Körper, und
es wurde nun die Exstirpation der Tibia und Fibula gemacht (36b).

Sektion 38 Tage nach der Exstirpation des Oberschenkelbeines. Wie die
Muskeln, so hatten sich auch Gefäße und Nerven verkürzt. Auffallend ist es,
daß die Art. cruralis keine schlangenförmigen Krümmungen macht, wie das sonst
bei Verkürzungen zu geschehen pflegt, sondern beinahe gerade wie im normalen
Zustand verläuft. Auch ist ihr Volumen nicht verkleinert. — Die verschiedenen
Bewegungen des Gliedes im Hüft-, Knie- und Fußgelenk lassen sich beliebig
machen; doch kann dasselbe nur we-
nig verlängert werden, was andeutet,
daß die Weichteile durch Verwachsung
und Zusammenhang miteinander und
an den bereits neu erzeugten Knochen
schon ziemlich feste Punkte besitzen. —
Der neuerzeugte Knochen findet sich,
vom Periost umgeben, in der Mitte
der Weichteile im Oberschenkel. Die
äußere Oberfläche des Knochens ist
konvex und zeigt, besonders am unteren Ende, mehrere Fortsätze, an
welche sich Muskeln und Gelenkbänder festgesetzt hatten. Das Mittelstück zeigt noch mehrere nicht zu-
sammengeschmolzene Knochenkerne,
deren Zwischenräume durch eine halb
durchsichtige Membran ausgefüllt sind.
Das Knochenstück wurde größtenteils der Länge nach durchschnitten, und das innere Gewebe bietet eine dichte, feine

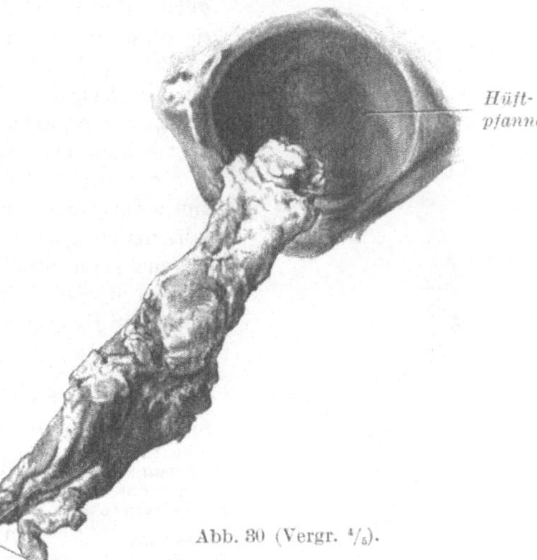

Abb. 30 (Vergr. ⁴/₅).

Struktur von weißer Farbe und mitunter hellrötlichen Flecken. Das Periost ist
von der äußeren Fläche des Knochens abgelöst und zurückgeschlagen, zeigt einen
ziemlich bedeutenden Gefäßreichtum und einzelne Knochenkerne.

Das exstirpierte Femur hatte eine Länge von 20,5 cm. Der nach
38 Tagen neugebildete Knochen zeigt die unregelmäßige Gestalt eines
nach außen konkaven platten unscheinbaren Knochens, der am distalen
Ende zwei gegabelte Fortsätze gebildet hat. Diese stehen rechtwinklig zu
dem platten Schaft der Neubildung. Das Mittelstück ist kein einheitlich
durchgehender Knochen. Seine einzelnen Knochenkerne sind membranös
untereinander zu dem platten Schaft verbunden. Es ist fraglich, ob
der kräftigere proximale Teil der Neubildung in der Pfanne gestützt
wurde. Er liegt am Präparat etwa 2 cm von der Pfanne entfernt. Die
Abb. 36a gibt durch die Darstellung der normalen Pfanne ein anschau-
liches Bild der Größenverhältnisse. Der neugebildete Knochen mißt
7,5 cm. Die Lage der Muskeln, die nach *Feigel* an den Fortsätzen

angesetzt haben, ist am Präparat nicht mehr mit Sicherheit zu bestimmen, da durch die nachfolgende Exstirpation von Tibia und Fibula die gesamte Extremität zusammengeschrumpft ist.

Nr. 36 b (Abb. 31 u. 32).

(*Feigel* Abb. 31, 8; Text 489; Sa. 190.)

Das Präparat aus einem großen einjährigen Metzgerhunde nach vorhergegangener Exstirpation der beiden Unterschenkelknochen.

Nachdem man an dieser Extremität früher schon das Oberschenkelbein exstirpiert hatte, nahm man am 10. Tage die Exstirpation der Unterschenkelknochen vor, wobei ebenfalls die Beinhaut möglichst geschont und mit den Weichteilen in Verbindung blieb. Die getrennten Weichteile wurden durch Hefte vereinigt, allein da diese der Hund in der ersten Nacht noch wieder losriß, so klafften die Wundflächen bedeutend, und es trat Eiterung ein, die zwischen dem 3. und 8. Tage sehr profus war. Am 12. Tage vernarbte indessen die Wunde doch, und es ließ sich schon jetzt neu erzeugte Knochenmasse fühlen.

Sektion 38 Tage nach der 1. und 28 nach der 2. Operation: Im Unterschenkel finden sich zwei neue Knochen, von denen der größere die Stelle der Tibia einnimmt und aus mehreren Stücken zusammengesetzt ist. Jene Bildung, welche die Fibula vorstellt, ist weit kleiner, aber auch aus mehreren Körperchen vereinigt.

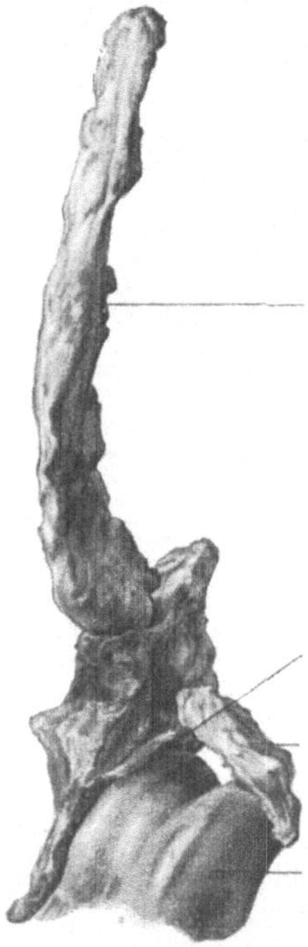

Auf der Innenseite des Fußes hat sich der Tibia entsprechend ein aus mehreren bandartig verbundenen Knochenkernen zusammengesetzter Knochenstiel gebildet. Sein oberer Teil ist etwa 1 cm breit, $^1/_2$ cm stark, 6,2 cm lang. Er ist mit Unebenheiten und Vorsprüngen versehen, aber im ganzen platt. Der auf der Talusrolle aufliegende untere Knochenkern ist 2,6 cm lang und steht mit dem oberen Teil nicht in knöcherner Verbindung. Er ist von einer bindegewebigen Hülle umzogen, die gemeinsam mit dem Knochen, den sie überzieht, eine spiegelnde, stark gehöhlte Gelenkfläche bildet, die sich in ihrer Form dem inneren Rand der Talusrolle völlig anpaßt. Der gesamte Knochen lag von der Muskulatur gewissermaßen geschient im unteren Teil des alten Tibiabettes. Das Regenerat der Fibula ist spärlich. Vom Bindegewebe eingehüllt liegt oberhalb des äußeren Talusrandes ein kleiner Knochenkern, der keine besondere Anpassung an die Form der Talusrolle erkennen läßt.

Abb. 31 (Vergr. $^1/_1$).

Abb. 32 (Vergr. $^1/_1$).

Nr. 37 (Abb. 33, 34 u. 35).

(*Feigel* Abb. 31, 9; Text 473; Sa. 194.)

Das Präparat aus einem 3 Monate alten Fleischerhunde nach der Exstirpation des Femur der rechten Seite.

Das Schenkelbein wurde im Hüft- und Kniegelenk exartikuliert und dann herausgenommen, wobei man das Periost schonte und zurückließ. Die Wunde vernarbte in 6 Tagen. Den 10. Tag fühlte man einen dicken, länglichen, die Stelle des früheren Femur einnehmenden Knochen. Um sich von der Beschaffenheit dieses Knochens und dessen Zusammenhang mit den zunächstgelegenen Teilen usw. zu überzeugen, wurde eine neue Operation vorgenommen, nämlich Ausschneidung eines Stückes in der Kontinuität des neuerzeugten Schenkelbeins am 19. Tage nach der ersten Exstirpation, worauf Heilung der Knochenwunde mit Wiederersatz des Substanzverlustes erfolgte. Die Operation selbst wurde folgendermaßen verrichtet: neben der entstandenen Hautnarbe wurde ein Längsschnitt bis auf den neuen Knochen gemacht, und das verdickte, mit dem Knochen innig verwachsene Periost zu beiden Seiten einen halben Zoll abgelöst, wobei viele Gefäße (die von der inneren Fläche des Periosts in die Knochensubstanz drangen) abgerissen wurden, wodurch eine stärkere Blutung entstand als bei der Trennung der Beinhaut vom ursprünglichen Knochen. Hierauf wurde aus der kompakten Substanz des Knochens ein längliches 3‴ breites und ebenso dickes Stück reseziert (Abb. 33 a). Der Knochen zeigte schon eine Härte, die kein Messer durchdringen ließ. Die Verwundung desselben gab anfangs viel Blut und die Schnittfläche war von roter Farbe. Auf derselben entwickelte sich bald nach der Operation eine frische Granulation, und nach 21 Tagen tötete man das Tier.

Sektion 40 Tage nach der ersten Operation: Die Verkürzung des operierten Gliedes beträgt kaum $1^1/_2''$. Die Bewegungen, die mit demselben in Hüft- und Kniegelenk gemacht werden können, stehen den normalen wenig nach; doch ist zu bemerken, daß bei starkem Aufwärtsdrücken des Oberschenkels gegen das Becken oder umgekehrt beim Herabziehen eine kleine Verkürzung oder in der anderen Richtung eine Verlängerung des Gliedes entsteht, woraus sich ergibt, daß noch kein hinreichend fester Stützpunkt an dem Becken besteht. Die Arterien und Nerven sind im Verhältnis mit dem Schenkel verkürzt. Die Muskeln, welche bei der Operation von dem großen Trochanter gelöst wurden, inserieren sich wieder an dem dem Trochanter major entsprechenden Fortsatz des neugebildeten Schenkelknochens. Das Periost, welches den neuen Knochen innig umgab, wurde durch einen Längsschnitt getrennt und abgelöst. Auch hierbei (wie bei vielen anderen Versuchen) zeigte sich eine Menge häutiger Verlängerungen von Periost in kleine Öffnungen des Knochens eindringen. Ob dieses offene Kanäle sind, konnte nicht mit Gewißheit ermittelt werden. Bei der Abtrennung der Beinhaut und der mit derselben zusammenhängenden sehnigen Ausbreitungen der Muskeln vom oberen Ende des Knochens fand sich die Gelenkpfanne von der alten, etwas verdickten Gelenkkapsel bedeckt, die eine Scheidewand zwischen der Pfanne und dem oberen Ende des neuen Knochens bildet. Die Pfanne selbst ist mit einem feinen, sehr weichen, schlüpfrigen und einige Linien dehnbaren Zellgewebe ausgefüllt, das mit der die Pfanne überziehenden Synovialmembran und der Gelenkkapsel innig verwachsen ist. Der neue Knochen ist an der äußeren Fläche glatt, an der inneren etwas uneben und rauh, der Linea aspera entsprechend. An dem oberen Ende befindet sich ein dem großen Trochanter auffallend ähnlicher Fortsatz, und neben diesem an seiner Basis ist ein zweiter Fortsatz, der die Stelle des Gelenkkopfs vertritt. Derselbe ist stellenweise mit einer Art Faserknorpel überzogen, durch welches er an der (oben angegebenen) Scheidewand der Pfanne befestigt ist und daselbst artikuliert. Das untere Knochenende besitzt zwei seitliche Fortsätze, zwischen denen

7*

sich eine Ausschweifung für die Anlage der Kniescheibe findet. Die zunächst gelegenen, bei der Operation abgeschnittenen Bänder des Kniegelenks sind mit dem neuen Knochen wieder fest verwachsen. Übrigens ist bei derselben Verbindung der Knochen im Kniegelenk dennoch hinreichende Beweglichkeit gestattet. Außerdem enthält die Knochenhaut noch mehrere Knochenkerne. Das neue Schenkelbein wurde senkrecht durchschnitten, wobei es etwas dünne, rötliche Flüssigkeit

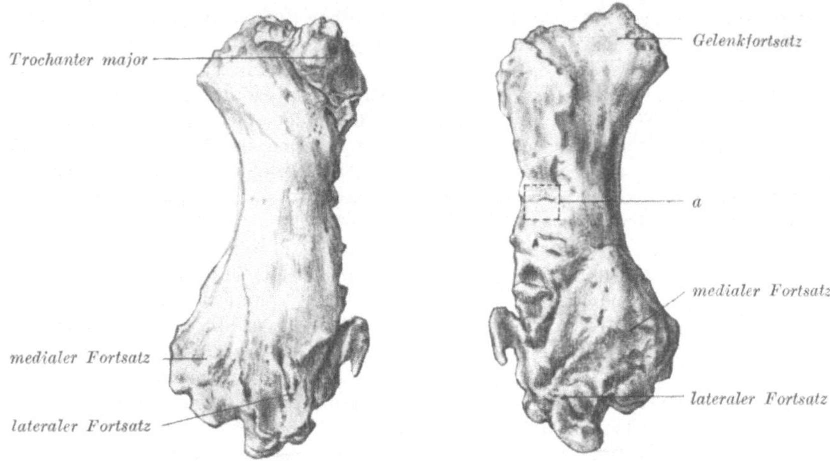

Abb. 33 (Vergr. $^4/_5$).

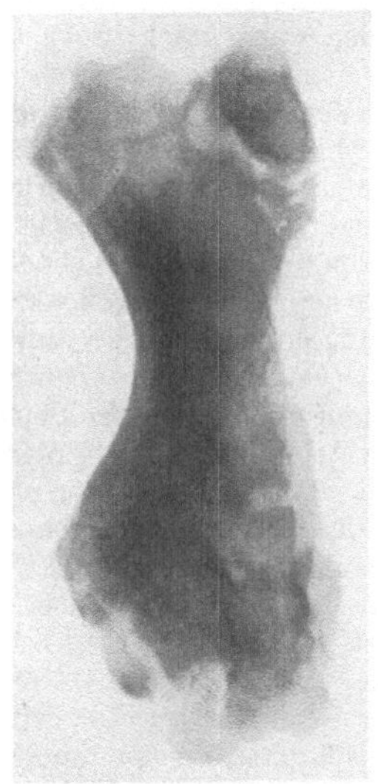

Abb. 34 (Vergr. $^9/_{10}$).

zeigte. Auf der glatten Schnittfläche sieht man eine Menge feiner, rötlicher Punkte, Linien und Streifchen, mitunter auch dunkle gerötete Flecken, namentlich im Mittelstück des Knochens. Dann sieht man auch noch an einigen Stellen viele kleine Gefäße von der äußeren Oberfläche des Knochens eindringen, die ihre Richtung gegen den Mittelpunkt nehmen. Man unterscheidet ferner eine kompakte, feine und harte und eine spongiöse Knochensubstanz. Im Mittelstück des Knochens sehen wir einen kleinen leeren Raum, der als Anfang der Entwicklung einer Markhöhle anzunehmen ist.

In bezug auf das am 19. Tage resezierte Knochenstück ist zu bemerken, daß sich solches gänzlich wieder ersetzt hat und an der betreffenden Stelle nur noch eine unmerkliche Vertiefung zurückgeblieben ist (Abb. 33 a).

Der neugebildete Knochen ist 6,8 cm lang, und der größte Durchmesser seines Schaftes beträgt 1,7 cm. Die Maße des nicht operierten Femur der linken Seite sind 13,8 cm Länge; 1,3 cm Schaftdurchmesser. Das Regenerat zeigt eine glatte laterale Außenfläche und eine uneben höckerige Innenfläche. Die beiden Fortsätze des oberen Endes, von denen der eine als Trochanter major, der andere als Gelenkfortsatz gedient hat, sind durch eine auf der Rückseite stark ausgeprägte Vertiefung voneinander getrennt, die mit Recht als Fossa trochanterica anzusprechen ist. Das fehlende Collum femoris ist wohl durch die bogenförmige Ausbiegung des Schaftes kompensiert worden. Der als Gelenkfortsatz funktionierende Höcker hat eine rechteckige rauhe

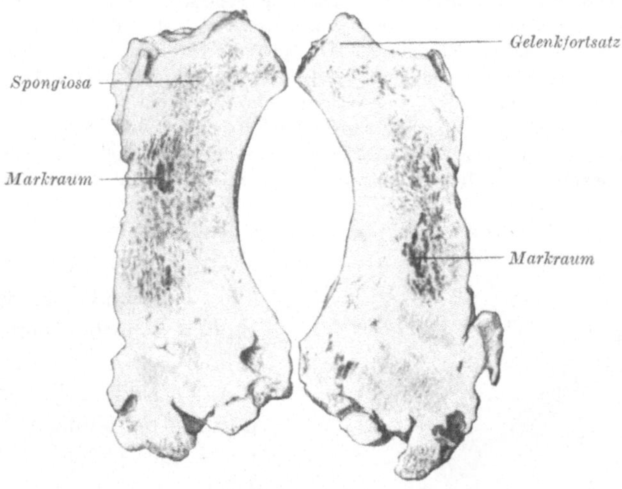

Abb. 35 (Vergr. $^9/_{10}$).

Stützfläche. Der Trochanter major ist dem der normalen Seite recht ähnlich und von gleicher Größe. Der den Kondylen entsprechende distale Teil des neuen Knochens ist uneben und gewulstet und stark abgeflacht. Die von *Feigel* unterschiedenen Fortsätze sind wenig ausgeprägt und heben sich nur durch eine kleine Furche von der Gesamtmasse ab.

Der Querschnitt zeigt eine glatte, elfenbeinern harte Schnittfläche mit kleinem Markraum. Der sonst massive Knochen zeigt nur im Gelenkfortsatz spärliche Spongiosastruktur.

Röntgenbild: Der kurze, gedrungene Röhrenknochen ist in der Mitte seines Schaftes ziemlich regelmäßig gebaut, glattrandig, strukturiert, aber ohne größeren Markraum und deutlich abgesetzte Corticalis. Das proximale und distale Ende besteht aus unregelmäßigen Knochenfortsätzen ohne besondere Struktur.

Nr. 38 (Abb. 36).
(*Feigel* Abb. 33, 2; Text 485; Sa. 192).

Das Produkt einer neuen Knochenmasse von einem 1 Jahr alten Spitzhunde nach der Exstirpation des rechten Schenkelbeins.

Nachdem 15 Tage vorher eine Incision in das Schenkelbein gemacht worden war, wurde dasselbe total exstirpiert, wobei aber das Periost geschont wurde und zurückblieb. 4 Monate nachher wurde der Hund getötet.

Sektion: Es hat sich ein neuer Knochen gebildet, der nicht nur innig mit dem Periost zusammenhing, sondern auch mit der Pfanne des Hüftknochens und der Tibia artikulierte. Hieraus geht hervor, daß sich der Oberschenkel bedeutend verkürzt haben muß, da der neugebildete Knochen noch nicht die halbe Länge des Normalmaßes erreicht hat. Das obere Ende bildet zwei Fortsätze, von welchen der eine in der Pfanne, der andere aber an der äußeren Fläche des absteigenden Sitzbeinastes und die zwischen beiden Fortsätzen befindliche Ausschweifung an der entsprechenden Stelle des Pfannenrandes sich stützte und dadurch das Abweichen des Schenkelbeins im Hüftgelenk verhinderten, dessen Bewegung durch sehr feste Bänder gesichert war. Das untere Ende hat einen knorpelartigen Überzug, der mit einem Teil der Grundfläche der Tibia, nämlich an der äußeren Seite, artikulierte. Der Knochen wurde der Länge nach durchsägt, und die Schnittflächen zeigen ein abgegrenztes, inneres spongiöses und ein äußeres kompaktes Knochengewebe, so daß sich hier das Streben der Natur, einen Röhrenknochen mit einer Markhöhle zu bilden, nicht verkennen läßt.

Das neue Femur ist etwa 3 cm lang und besteht aus einer runden Knochenspange (Durchmesser etwa 0,5 cm), die am distalen Ende kolbig verdickt ist und mit der Tibia in Verbindung tritt. Die größte Dicke beträgt 1,1 cm am distalen Ende. Gelenkflächen haben sich hier nicht gebildet. Im oberen Teil ist der Knochen platt und gegabelt. Der längere zylindrische Fortsatz ist etwa 1 cm lang und sehr dünn. Er liegt in einem Lager, das aus Resten der alten Kapsel besteht, die im

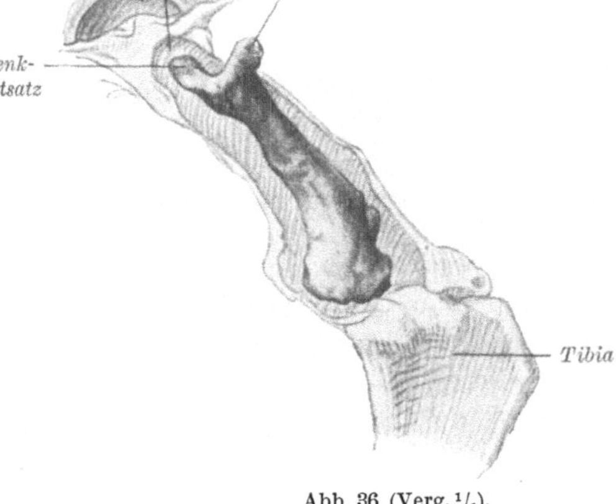

Abb. 36 (Verg. ¹/₁).

unteren Teil der alten Hüftpfanne festhaftet. Der Knochen ist durchgehend weiß und hart; eine stecknadelkopfgroße Stelle in der Mitte des aufgesägten Femurschaftes besitzt einen spongiösen Kern.

Röntgenbild: Das neugebildete Knochenstück ist durchgehend strukturiert.

Nr. 39 (Abb. 37).

(*Feigel* Abb. 33, 3; Text 486; Sa. 146.)

Ein neu erzeugtes Knochenprodukt statt des exstirpierten Schenkelbeins im Zusammenhange mit den Muskeln von dem eben erwähnten Hunde.

Der Oberschenkelknochen wurde teilweise entblößt und dann eine Incision in denselben gemacht und nach Monatsfrist völlig exstirpiert. Schon in der nächsten Woche hatte sich neue Knochenmasse erzeugt, so daß das Tier beim Umherlaufen das operierte Glied gebrauchte.

Sektion 11 Monate nach der Exstirpation. Sämtliche Muskeln zeigen sich etwas verkürzt, und zwar in dem Grade, in welchem der neue Knochen der Länge des exstirpierten noch nachsteht. Das Periost wurde zu beiden Seiten von dem Knochen abgetrennt, und man konnte nun sehen, daß es dem normalen schon wieder ziemlich gleichkommt, doch ist es noch etwas gefäßreicher und zeigt an der inneren Fläche ungemein viele weißliche Pünktchen, als wenn Staub eingestreut wäre, welche für Knochenstoff anzuerkennen sind. Zu bemerken ist auch, daß sich zwischen dem Periost und dem neugebildeten Knochen einige Haare von dem Hunde vorfanden, die man, ohne die Knochensubstanz selbst anzugreifen, nicht wegschaben konnte, was Beweis gibt, daß hier eine innige Verwachsung stattgehabt hat. Dergleichen Haare fanden sich sogar unter der äußeren Oberfläche des Knochens und sind nur während der Operation in die Wunde gekommen, wodurch sie denn auch zu keiner Täuschung Veranlassung geben können, als seien sie neu erzeugte Produkte. — Der neue Knochen ist mit mehreren Fortsätzen versehen, von welchen der eine dem großen Trochanter, der andere dem kleinen und ein dritter dem Gelenkkopf entspricht. Ein förmlicher Gelenkkopf hat sich freilich bis jetzt noch nicht entwickelt, allein der vorhandene Fortsatz sichert die Anlage und Befestigung des Knochens an der Pfanne in der Art, daß im Leben selbst die stärksten Bewegungen ausgeführt werden konnten. Das Mittelstück des Knochens ist etwas von vorne nach hinten gebogen und zeigt eine glatte konvexe Oberfläche. Die hintere Seite ist rauher und dient den Adductoren zur Insertion. Das untere Knochenende ist dick und breit und bedeckt mit seiner ausgeschweiften Gelenkfläche die entsprechende der Tibia ganz und gar. An der vorderen Seite befindet sich eine kleine Ausschweifung zur Anlage der Kniescheibe. An beiden Seiten sind Hervorragungen, die an die Kondylen der natürlichen Bildung erinnern. Eine sackförmige Kapsel umgab das untere Ende, wodurch die Membran des Kniegelenks hergestellt war. An der Gelenkfläche inserieren sich sogar die bei der Operation ganz dicht vom Femur abgeschnittenen Bänder, wie z. B. die Lig. cruciata, so daß das ursprüngliche Gelenk möglichst wieder ersetzt erscheint. Um den inneren Zustand des Knochens kennenzulernen, trennte man denselben senkrecht. Es findet sich hier ein ausgezeichnet schönes zelliges Knochengewebe und eine kompakte Rindensubstanz. Die Zellen sind durchgängig mit Membranen, mit Injektionsmasse gefüllten Gefäßen und mit Knochenmark versehen.

Das exstirpierte Femur hat eine Länge von 12,6 cm. Der neu erzeugte 8 cm lange Knochen ist nach hinten und innen schwach ausgebogen. Die Konkavität zeigt nach vorn und halb nach außen. Der Knochen ist in der Krümmungsebene abgeplattet und bis zu 2 cm breit und 1 cm dick, so daß das Regenerat das Bild eines plattgedrückten Röhrenknochens darbietet. Der Schaft des Knochens ist glatt und nur mit mäßigen Unebenheiten bedeckt. Der proximale Teil zeigt

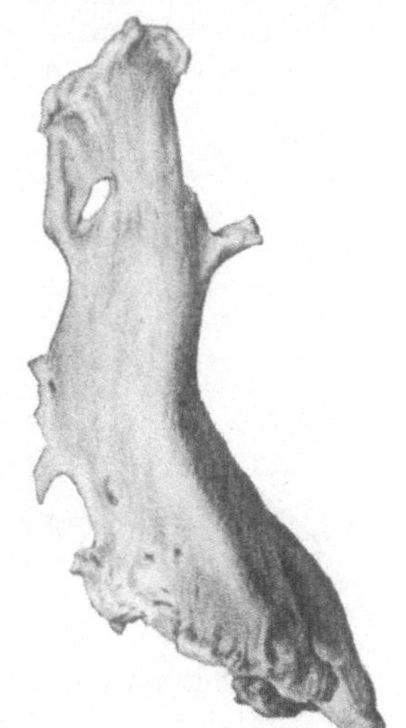

Abb. 37 (Vergr. ³/₄).

3 Fortsätze, deren Lage und Beziehung zur Gelenkpfanne am Präparat nicht mehr erkannt werden kann. Sie werden von *Feigel* als Trochanter major und minor und als Gelenkfortsatz angesprochen und tragen nach den noch ersichtlichen Muskelansätzen funktionell diesen Namen mit

Recht. Am distalen Ende findet sich entsprechend dem Condylus medialis ein spangenartiger Fortsatz, der mit der Tibia gelenkartig verbunden war und seine Spangenform der hier gelegenen Patella verdankt, die in die Aussparung genau hineinpaßt. Die Gelenkfläche der Tibia hat eine starke Umformung durch die anders geformten regenerierten Kondylen erfahren. Die von *Feigel* beschriebenen Band- und Kapselreste und der Periostschlauch des Schaftes sind deutlich zu erkennen. Die Gelenkfläche des Regenerats gegen die Tibia ist unregelmäßig rauh und entsprechend den beiden Fortsätzen zweigeteilt.

Der aufgeschnittene Knochen zeigt überall wohlausgebildete dünne Corticalis, Spongiosa und einen kleinen Markraum. Die Fortsätze sind kompakter Knochen.

Nr. 40 (Abb. 38).

(Feigel Abb. 33, 4; Text 487; Sa. 197.)

Neu entstandener Knochen nach der Exstirpation des linken Schenkels von einem 11 Monate alten Hunde mittlerer Größe. Nach Verlauf von 11 Wochen der an der rechten Seite gemachten Exstirpation des Schenkelbeins wurde an dem der linken Seite eine Incision gemacht und 8 Tage darauf es ebenfalls exstirpiert. Bei dieser Operation blieben an der Stelle der Incision einzelne Stücke des Periosts mit dem Knochen in Verbindung und wurden mit herausgenommen. Die Wunde der Weichteile heilte fast in ihrer ganzen Ausdehnung durch die erste Vereinigung, so daß sie am 6. Tage völlig vernarbt war. Der Gang war (anfangs) langsam und beschwerlich, besserte sich aber, bis das Tier schließlich wieder ziemlich gut umherlaufen konnte.

Sektion 8 Monate nach der erwähnten Operation. Das Periost zeigte sich noch in unförmlichem, verdicktem Zustande. Der neu erzeugte Knochen ist sowohl der Form als der inneren Struktur nach weniger ausgebildet wie der der entgegengesetzten Seite und besteht aus mehreren noch nicht überall miteinander verschmolzenen Knochenstücken. Am oberen Ende befinden sich knöcherne Erhabenheiten zur Befestigung der Muskeln und Bänder, die zunächst an der Pfanne liegen, mit welcher das obere abgerundete Ende artikulierte und mit der äußeren Fläche der Gelenkkapsel verwachsen war. Das untere, breitere und dickere Knochenende artikulierte mit der Gelenkfläche der Tibia, an welcher es durch die früher abgeschnittenen Bänder befestigt ist. Der voneinandergesägte Knochen zeigt im Inneren stellenweise ein größere und kleinere Zellen und Knochenfäden bildendes Gewebe, dann an anderen Stellen eine dichter zusammengedrängte spongiöse Substanz.

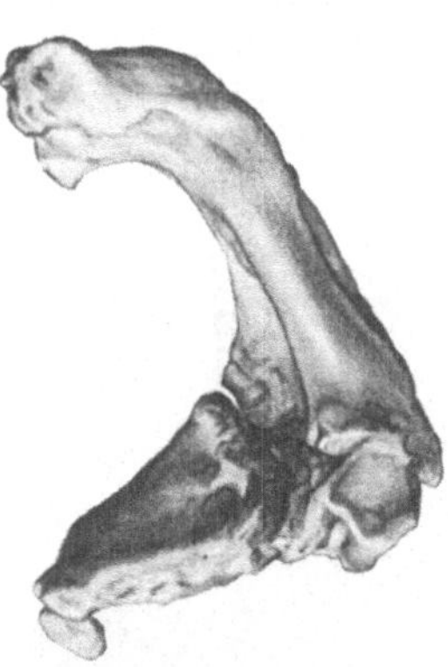

Abb. 38 (Vergr. ⁴/₅).

Der neugebildete Knochen ist ein halbkreisgebogenes Gebilde, dessen Konkavität nach vorn und außen weist. Der Durchmesser des Halbkreises beträgt 6 cm, die größte Dicke des schmalen Knochens 1,5 cm. Das Regenerat besteht, soweit sich das feststellen läßt, aus mehreren kleinen Knochenstückchen, die bandartig miteinander und mit der Tibia verbunden sind. Der distale Teil hat zwei kleinere, wenig ausgeprägte Fortsätze. Der Schaft besitzt, wie der aufgeschnittene Knochen zeigt, einen kleinen Markraum, wohlausgebildete Spongiosa und eine außerordentlich dicke Corticalis. Die proximalen und distalen Abschnitte des Regenerats und seine Fortsätze bestehen nur aus kompakter Substanz.

Röntgenbild: Hier ist der neue Oberschenkel ebenfalls kurz und plump, in seiner Mitte nach hinten eingeknickt (entsprechend dem Zuge des Quadriceps). Er hat eine kräftigere Corticalis und überall ein gut erkennbares spongiöses Mark. Im übrigen verhält er sich wie das unter Nr. 39 beschriebene Femur der anderen Seite.

Nr. 41.
(Fehlt bei *Feigel*; Beschriftung des Präparates der Sa. 199.)

Operation: Totalexstirpation des rechten Femur samt dem Periost.

Erfolg: Nach 18 Tagen neuerzeugte Knochenkerne von der Größe einiger Millimeter.

Makroskopisch und röntgenologisch ist kein Knochen nachzuweisen.

Nr. 42.
(Fehlt bei *Feigel*; Beschriftung des Präparates der Sa. 202.)

Operation: Totalexstirpation des linken Femur samt dem Periost.

Erfolg: Nach Monaten auffallend geringe Quantität neuer Knochenmasse in Form von ungleichen, voneinander getrennten Stückchen. *Heine* schreibt: *Beim Vergleich dieses Erfolges mit dem am Unterschenkel der rechten Seite desselben Tieres (Nr. 32) fällt der wichtige Anteil, den das Periost an diesem Prozeß nimmt, ganz besonders auf.*

Das Femurbett zeigt eine vielartig gestaltete dünne kleine Knochenplatte mit Aussparungen und Vorsprüngen, die etwa 2—3 cm groß sind.

Röntgenbild: Unter dem Geflecht injizierter Gefäße finden sich einzelne Bröckel (wohl stehengebliebenen) Knochens.

Nr. 43.
(Fehlt bei *Feigel*; Text nach Beschriftung des Präparates der Sa. 200.)

Operation: Totalexstirpation des linken Femur samt dem Periost.

Erfolg: Nach 24 Tagen neuerzeugter Knochenkern von der Größe eines Stecknadelkopfes.

Das frühere Femurbett ist völlig frei von makroskopisch und röntgenologisch nachweisbarem Knochen.

Nr. 44 (Abb. 39a, b u. 40).
(*Feigel* Abb. 33, 8; Text 492; Sa. 194.)

Das Präparat aus einem 8 Jahre alten Metzgerhunde nach der Exstirpation der Tibia mit Erhaltung ihrer Beinhaut.

Der Knochen war fast $7^{1}/_{2}''$ lang und 13 Tage vor seiner Exstirpation durch eine Incision in der kompakten Masse verwundet. Die Fibula blieb bei der Operation möglichst unberührt in ihrer Lage zurück. Die Wunde, durch die blutige Naht vereinigt, heilte nur in der mittleren Hälfte per primam reunionem, am oberen und unteren Wundwinkel trat Eiterung ein, bis am 15. Tage die völlige Vernarbung erfolgt war.

Sektion 9 Monate nach der Exstirpation der Tibia. Durch die Wirkung der Muskeln zeigt sich die Fibula etwas gekrümmt und infolgedessen die Extremität etwas verkürzt. Es hat sich eine neue Tibia erzeugt, deren oberes Ende viel breiter, aber weniger dick ist als die normale. Es sind daselbst mehrere Fortsätze vorhanden, die den früher abgeschnittenen Muskeln und Bändern zum Ansatz dienten.

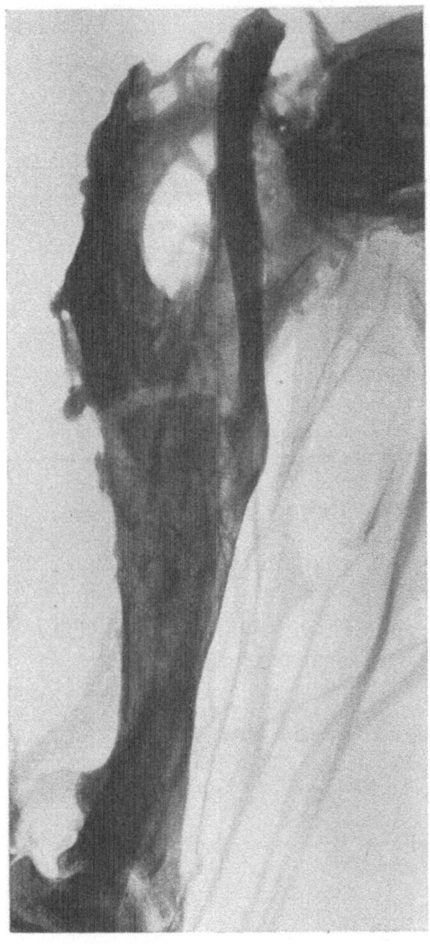

Abb. 39 a (Vergr. ²/₃).

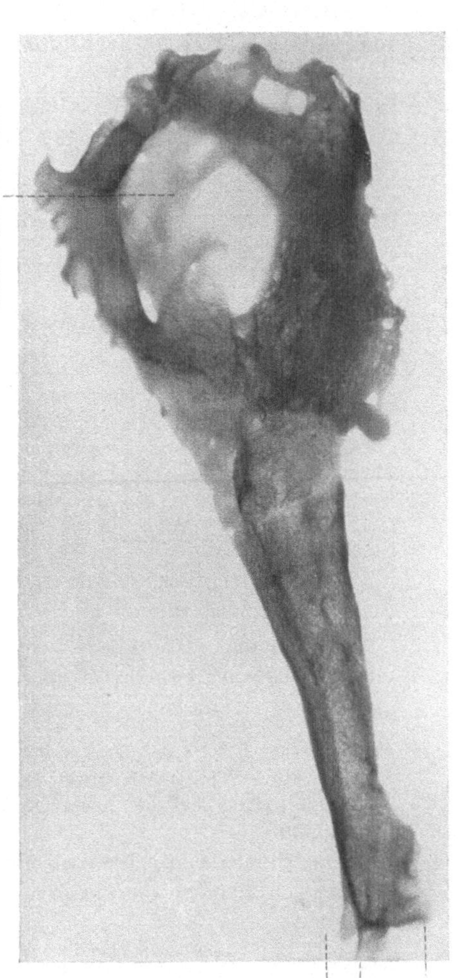

Abb. 39 b (Vergr. ³/₄).

Auch hat sich das Ligamentum patellae mit dem neuen Knochen verbunden. In der unteren Hälfte bildet die Tibia fast eine dreieckige Gestalt und schließt mit einem etwas verstärkten Gelenkfortsatz, der genau auf die knorpelige Gelenkfläche des Sprungbeins paßt: die Verbindung des Knochens nach oben mit dem Kniegelenk und nach unten mit dem Fußgelenk zeigen große Festigkeit und dabei doch hinreichende Beweglichkeit in den Gelenken selbst. Am vollkommensten entwickelt sich offenbar die neue Tibia in der unteren Hälfte und namentlich, soweit dies die Gelenkfortsätze und ihre Verbindung mit dem Sprungbein betrifft. Dieses beurkundet sich nicht nur in der Form, sondern es ist auch die Gelenkfläche mit einer Art von glattem Knorpel von weißer Farbe überzogen, der durch die Gelenkfeuchtigkeit schlüpfrig erhalten wurde. Es dringen von außen in den Knochen Gefäße; übrigens ist seine Substanz sehr dicht, hart und von weißer Farbe. Die an der äußeren Seite der Tibia liegende, in der Mitte gekrümmte Fibula ist am Mittelstücke in der Länge von 1″ 8‴ durch Knochenmasse fest mit der Tibia verwachsen, die übrige Verbindung an der oberen und unteren Hälfte war durch dichten Zellstoff hergestellt.

Die normale Tibia ist 19,8 cm, das Regenerat 16 cm lang. Der distale Teil des neuen Knochens kommt der ursprünglichen Form der Tibia am nächsten. Er stellt einen etwas verdickten Dreikant mit nach vorn gerichteter Kante dar. Es hat sich ein formähnlicher Malleolus medialis gebildet, der mit der Talusrolle artikuliert. Die Gelenkflächen des Regenerats sind den Flächen des Talus weitgehend angepaßt und glatt (Abb. 40). Es ist möglich, daß hier ein Faserknorpelüberzug vorhanden war. Der Malleolus lateralis ist von dem mit der Tibia innig verschmolzenen distalen Fibulaende nicht zu trennen. Im ganzen umfaßt der neue Knochen den Talus gabelförmig. Im oberen Teil verjüngt sich der dreikantige Knochen und wird etwa von der Mitte ab, wo die Fibula von der Tibia sich deutlich absetzt, eine große, mit vielfachen größeren und kleineren Öffnungen versehene Knochenschale. Diese ist bis zu 6 cm breit, nach innen konvex und sehr dünn (Abb. 39 u. 40). Sie liegt an der Innenseite der Extremität wie eine breite Schiene und biegt, der Tibiakante entsprechend, in ihrem obersten Teil rechtwinklig um, wodurch sie den deformierten Fibulakopf umgreift und ihm als Stützpunkt dient. Der Fibulakopf ist uneben und

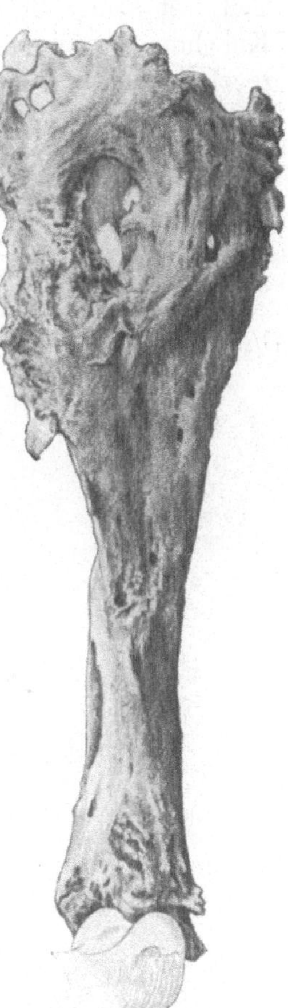

Abb. 40 (Vergr. ²/₃).

höckrig geworden. Der obere Teil des Fibulaschaftes ist nach innen konvex eingebogen. Die Verbindung mit dem Femur geschieht nicht durch eine besondere Gelenkfläche. Nach *Feigel* haben sich die Oberschenkelmuskeln mit der breiten Tibiaschale verbunden, und die den Kondylen zu gerichtete konkave Fläche und die Zacken des proximalen Randes der neuen Knochenschale haben eine Anlehnung der Kondylen des Femur sicher ermöglicht. Der aufgesägte Knochen ist in seinem unteren Teil spongiös mit einer nur dünnen Compacta versehen; im Schalenteil verschiebt sich das Verhältnis zugunsten der Compacta.

Röntgenbild: Die untere Hälfte des Regenerats (Abb. 39 a, b) gleicht einem Röhrenknochen mit unregelmäßiger äußerer Corticalis und einer von weitmaschiger Spongiosa durchzogenen Markhöhle. Die Gelenkfläche ist von zwei griffelförmigen Fortsätzen eingefaßt. Der obere, breitschalige Teil, ist seiner Struktur nach ein platter, unregelmäßig begrenzter Knochen, der einen größeren ovalen Defekt und mehrere kleinere unregelmäßige Lücken umschließt. Ein breiter strukturloser Callusstreifen unterbricht die größere Hälfte des ovalen Defektes. Auch die exostosenartigen Fortsätze sind teilweise strukturiertes Knochengewebe. (Abb. 39 a = regenerierte Tibia in situ; Abb. 39 b = Regenerat herausgenommen).

Nr. 45 (Abb. 41).
(Feigel Abb. 48, 6; Text 490; Sa. 201.)

Der Unterschenkel einer Katze nach der Exstirpation der Fibula. Einer $^1/_4$jährigen Katze wurde die Fibula in Verbindung mit der Beinhaut exstirpiert,

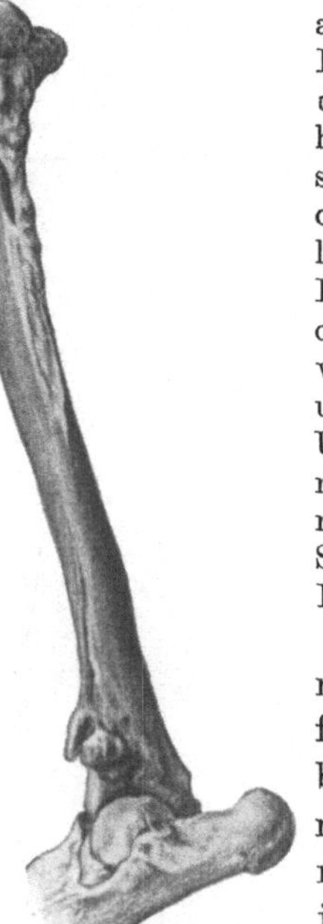

es riß jedoch, da man die Bänder nicht überall genau abgeschnitten hatte, ein 2—3‴ langes Stück des oberen Endes des Knochens ab und blieb in Verbindung mit der Tibia zurück. Es trat Eiterung ein, und die Wunde heilte erst in 24 Tagen. Zwei Monate nach der Exstirpation, als das Tier getötet wurde, fand sich in der oberen Hälfte des Unterschenkels ein längliches, schmales und dünnes Knochenstück wieder erzeugt. Das obere Ende hängt mit dem erwähnten abgebrochenen Knochenstück zusammen und der übrige Teil steigt, sich verdünnend, abwärts, von einem membranösen Gewebe umgeben, das gleichsam die Stelle der Beinhaut vertritt. Unten liegt noch in demselben ein Knochenkern, der mit dem längeren in keiner Verbindung steht. Die zunächst gelegenen Muskeln inserieren sich an beiden Seitenflächen des Knochenstücks an dessen innerer Kante.

Die Fibula ist in ihrem oberen Teil der normalen Fibula einigermaßen ähnlich. Das keulenförmige, gegen die Norm verdickte Köpfchen ist bandartig mit der Tibia verbunden. Die Berührungsfläche mit der Tibia ist uneben und nicht deutlich zu erkennen. Der Knochen verjüngt sich nach seinem distalen Ende zu und verliert sich etwa in der Hälfte der Tibia in dem von *Feigel* als „membranöses Gewebe"

Abb. 41 (Vergr. $^2/_3$).

bezeichneten, im Präparat als eingetrockneter Strang erkennbaren Gewebe (im Röntgenbild ist hier Kalksalzablagerung festzustellen). Dieses ist im oberen Teil zwischen Tibia und Fibula ausgespannt und hier gleichbedeutend mit dem Ligamentum interosseum. Der Tibia aufsitzend, anscheinend innig mit ihr verschmolzen, befindet sich dem distalen Ende der exstirpierten Fibula entsprechend ein etwa erbsengroßer und nach dorsal kugliger, nach vorn kantiger Knochenkern, der fest mit den Resten des Lig. interosseum, das als Rest an der Tibia erhalten ist, verwachsen scheint.

Es ist schwierig zu entscheiden, ob das Fibulaköpfchen, d. h. der obere Teil, als Regenerat bezeichnet werden darf, da das Protokoll von einem 6 mm langen Stück des oberen Endes des Knochens berichtet, das stehengeblieben sein soll. Die Abbildung von *Feigel* bezeichnet als neuerzeugt eine Stelle unterhalb des Köpfchens. Die Regeneration ist also doch nur auf einen spärlichen, unebenen Knochenspan beschränkt, der allerdings völlige Kontinuität mit dem stehengebliebenen Köpfchen, das eine völlige Umbildung erfahren hat, erlangt hat (Abb. 41). Jedenfalls ist aber Periost zurückgeblieben und für die Bildung verantwortlich zu machen.

Röntgenbild: Von der exstirpierten Fibula ist sicher das oberste Köpfchen stehengeblieben, und zwar reicht das erhaltene mit Bälkchenzeichnung versehene Stück bis unterhalb des Epiphysenspaltes. Auch dem distalen Ende der Tibia liegt ein frakturierter Knochentrümmer an, der aber keine Beziehung zu dem Regenerat hat. Zwischen beiden stehengebliebenen Resten findet sich dicht an der Tibia eine feine langgestreckte strukturlose Knochenleiste, die im unteren Drittel der Tibia anliegt. Sie ist von Weichteilen umkleidet und makroskopisch nicht als Knochen erkennbar.

Nr. 46 (Abb. 42, 43, 44 u. 45).

(*Feigel* Abb. 34, 8; Text 502; Sa. 208.)

Die Fußwurzelknochen von einem Jagdhunde nach der Exstirpation des Fersenbeines.

Nachdem man das Periost von dem Knochen mit möglichster Schonung gelöst und von den anderen ihn fixierenden Teilen ebenfalls getrennt hatte, wurde derselbe total entfernt und die Weichteile zusammengenäht, die auch bald wieder heilten. Es zeigte sich das untere Ende der Achillessehne, deren Scheide mit den umgebenden Teilen tunlichst im Zusammenhang gehalten wurde, längere Zeit angeschwollen und war dermaßen hart anzufühlen, als gehe von dieser aus die Knochenbildung vonstatten.

Sektion nach 9 Monaten. Es hat sich ein neues Fersenbein gebildet, das zwar nicht vollkommen den *Urtypus erreicht hat*, aber im Leben seiner Bestimmung in der Art vorstand, daß man den normalen Knochen beim Gebrauche des Gliedes durchaus nicht vermißte. Das neue Gebilde wurde durchbrochen und sein Gefüge zeigte sich spongiös, wie bei dem normalen Fersenbein.

Wie die Abb. 42 zeigt, die den Knochen von medial und oben darstellt, ist der neugebildete Calcaneus ein schalenförmiger, 1—1,3 cm starker Knochen, dessen plantare Fläche stark höckerig ist, der aber mit den sie überziehenden Sehnen eine einigermaßen plane Fläche darstellt. Er besteht aus einzelnen bandartig verbundenen Knochenstücken, die dem Druck des Talus und die dem Zug der Achillessehne folgend, bogenförmig angeordnet sind (Abb. 43). Die dorsale Fläche ist ebenfalls uneben und von zahlreichen Vertiefungen bedeckt. Es lassen sich die für den Talus als Stützpunkt dienenden Flächen (Abb. 44 a, b), die durch einen

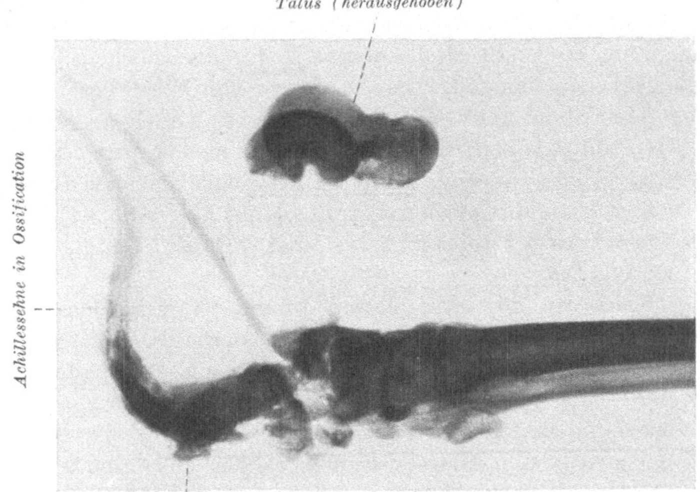

Abb. 42 (Vergr. ³/₄).

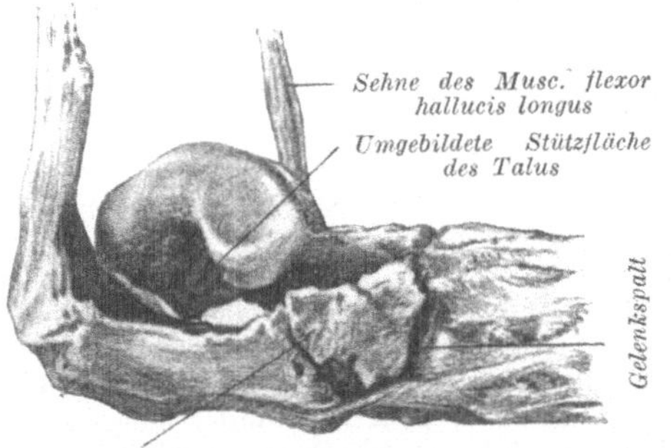

Abb. 43 (Vergr. ¹/₁).

stärkeren Höcker getrennt sind, den für den Talus bestimmten Gelenkflächen des Calcaneus funktionell gleichstellen. Im distalen Teil entspricht die Breite und Dicke des neuen Knochens einigermaßen dem Normalen (Abb. 45). An der Berührungsstelle des Regenerates und des Cuboids hat sich im Regenerat eine die laterale Kante des Cuboideum und die frühere plane Gelenkfläche umgreifende glatte Gelenkpfanne gebildet. Die laterale Kante des Cuboids ist abgerundet. Im medialen Teil dieser Pfanne liegt noch ein kleiner Knochenvorsprung, der flach auf der ebenen Gelenkfläche des Cuboid ruht. Dieser beschriebene „Gelenkfortsatz" des Regenerates steht nicht in unmittelbarem Zusammenhang mit dem proximalen schalenförmigen, gegen die normale Form stark verbreiterten Teil, jedoch passen die einander zugekehrten glatten Flächen wie Gelenkflächen völlig aufeinander. Es ist nicht mehr zu entscheiden, ob dies die Stücke sind, die nach *Feigel* durch das Durchbrechen des neugebildeten Knochens entstanden sind. Von der beschriebenen Spongiosa ist nichts zu sehen.

Der proximale Teil des Calcaneus ist sehr dünn und stark verbreitert (5 mm Dicke, 2,6 cm Breite). Er zieht mit der Achillessehne nach oben sich verjüngend bogenförmig empor. Drückt der Talus auf die beiden Gelenkflächen *a* und *b*, so liegt der laterale und plantare Rand des Talus in der Aussparung *c*, die nur membranös verschlossen ist. Unter der plantaren Fläche des Talus, dessen Gelenkflächen rauh und z. T. umgebildet sind (Abb. 42), befinden sich noch zwei kleinere, mit dem übrigen Regenerat nicht in Zusammenhang stehende Knochenstückchen.

Röntgenbild: Der neugebildete Calcaneus zerfällt im wesentlichen in

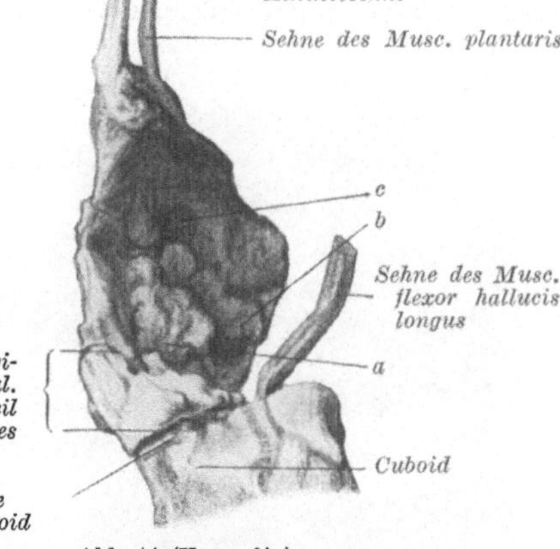

Abb. 44 (Vergr. $^9/_{10}$).

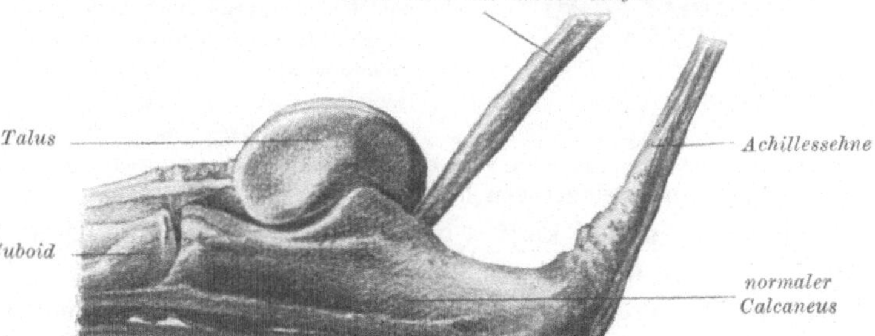

Abb. 45 (Vergr. $^9/_{10}$).

zwei Teile, den Körper und einen dem Cuboid hintergelagerten isolierten unregelmäßigen Knochenkern (Abb. 42 u. 43). Der Körper selbst ist wesentlich kürzer, als der Norm entspricht. Er trägt zwei breite Exostosen an der Unterseite und einen spitzen nach vorn gerichteten Sporn. Das dem Tuber calcan. entsprechende Stück ist dem Zuge der Achillessehne folgend in $^1/_4$ Kreis nach oben umgebogen und verjüngt sich, bis es sich zuletzt in drei kleinere Knocheninseln, die der Achillessehne eingelagert sind, auflöst (Abb. 42). Im ganzen ist der Knochen fertig gebildet und mit Struktur versehen, aber dünner und schwächer als auf der gesunden Seite. Die einzelnen Fortsätze dürften deutlich den Insertionsstellen entsprechen.

3. Resektionen.

Nr. 47 (Abb. 46, Röntgenbild).

(Feigel Abb. 26, 4; Text 414; Sa. 211.)

Der Schädel eines Jagdhundes von 9 Jahren. Das Os parietale der rechten Seite wurde in einem Dreieck eingeschnitten, und zwar so, daß dessen Hypothenuse an der Sutura coronaria nicht in der ganzen Knochendicke durchgedrungen war. Man führte einen Elevator in die Schnittbahn und hob die Spitze des Dreiecks so weit empor, daß man die Dura mater mit dem Finger berühren konnte, wobei die geschonte Glastafel an vorbenannter Stelle nicht zerbrach, aber das Knochenstück konnte auch nicht ganz wieder in seine frühere Lage zurückgebracht werden, und da man keine Gewalt anwenden wollte, so blieb die Spitze des Knochenstücks etwas über dem Niveau der Schädelfläche liegen.

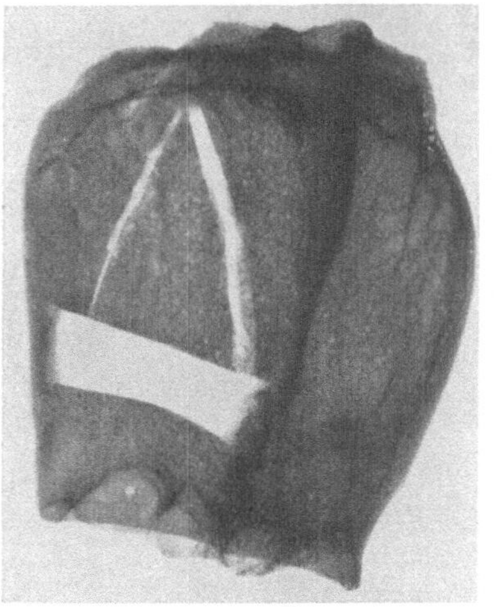

Sektion am 10. Tage nach der Operation. Die Dura mater, an den Incisionsstellen adhärierend, ist daselbst mit einer Zellstoffschicht innig verbunden, wodurch die Knochenspalten von hier aus verschlossen werden. Die Spitze des Dreiecks hat sich ihrer früheren Lage mehr genähert, so daß sie nur noch eine $1/2$ Linie erhabener liegt. In den Knochenspalten bemerkt man schon hier und da abgesetzten Knochenstoff, und ein rötliches weiches, mitunter körniges Gewebe, welches teils aus den Zellen der Diplöe hervorgewachsen ist, teils aus frischen Granulationen besteht, die sich von den äußeren Bedeckungen des Schädels in die Knochenwunde hineingezogen haben.

Abb. 46 (Vergr. $^4/_5$).

Die Knochenspalten klaffen noch weit, die Spitze des Dreiecks ragt einige Millimeter über die Schädeloberfläche empor. Neuer Knochen hat sich nicht gebildet. Auch im Röntgenbild keine Andeutung von Knochenneubildung. (Die viereckige Resektion ist von *Heine* bei der Untersuchung vorgenommen worden.)

Nr. 48 (Abb. 47).

(Feigel Abb. 26, 5; Text 144; Sa. 212.)

Der größere Teil eines Schädels von einem zwei jährigen Hunde von der äußeren Fläche.

Resektion eines dreieckigen Knochenstücks auf der linksseitigen Schädelhälfte.

An der Stelle, wo die Sutura sagittalis sich mit der Eoronaria kreuzt, zum Teil aus dem linken Seitenwandbeine und zum Teil aus dem Stirnbeine wurde ein spitzwinkliges Dreieck ausgeschnitten. Nachdem man sich überzeugt hatte, daß die Dura mater durch das Osteotom nirgends verletzt worden war, schnitt man das Stirnbein in dem vordersten Winkel der Knochenlücke noch 3′′′ weiter ein, doch so, daß die Spitze des Osteotoms nicht die ganze Knochendicke, sondern nur die äußere Tafel und Diploe bis Glastafel durchdrang; um hier nebst der Art und Weise, wie die Knochenlücke sich wieder verschließen werde, gleichzeitig auch die Vernarbung der kleinen Knochenfurche zu sehen, wobei die Dura mater, da sie an dieser Seite nicht bloßgelegt wurde, nur wenig Anteil nehmen konnte. Der Sinus longitudinalis wurde absichtlich mittels einer feinen Bistourispritze höchst unbedeutend verletzt, und dennoch drang das Blut mit solcher Heftigkeit hervor, daß man Verblutung befürchten mußte; deswegen wurden mehrere Stückchen Leinwand auf die verletzte Stelle gelegt und die Knochenlücke ganz ausgefüllt. Dann hörte die Blutung auf, und nach $^1/_2$ Stunde wurde über dem eingelegten Schwamm die Hautwunde zum Teil vereinigt. Am 2. Tage starke Anschwellung der allgemeinen Kopfbedeckungen, die sich bis zur Nasenspitze erstreckte; aus dem offen erhaltenen Teil der Wunde entleerte sich dünnes, rötlichbraunes Sekret; der Appetit blieb sofort ziemlich gut. Am 6. Tage wurden auch die Stückchen Schwamm herausgezogen. Gegen den 19. Tag war die Anschwellung ganz verschwunden und die Vernarbung der Wunde erfolgt.

Ein Monat nach der Resektion Tötung und Untersuchung: Die Dura mater ließ sich überall mit einer Pinzette von der Knochenwand losziehen, bis in die Nähe der früheren Ränder der dreieckigen Knochenlücke, wo sie ringsum fester angeheftet war und nur mit Mühe gelöst werden konnte; sie ist hier leicht gerötet. Da wo der Längenblutleiter bei der Operation geöffnet worden war, ist die Dura mater einige Linien in der Länge und Breite mit einem dichten und festen membranartigen Zellstoff bedeckt, mit dem die Stichränder und die äußere Oberfläche innig verwachsen sind. Man zog mit der Pinzette die Dura mater von diesem Zellstoff vorsichtig und mit Mühe ab und bemerkte, daß dessen äußere, der Knochenlücke zugekehrte Fläche innig mit der die Knochenlücke verschließenden Membran zusammenhing. Diese Membran ist dünn, aber stark, halbdurchsichtig und zeigt hier und da rötliche Flecken und ist mit den Rändern des Knochens innig verwachsen. An der äußeren Fläche dieser, den Fontanellen der Neugeborenen ähnlichen Membran haftete ein von der äußeren Haut kommendes dichtes, festes und dunkelrötliches Zellgewebe.

Man entfernte die äußeren Kopfbedeckungen größtenteils bis auf das Periost; letzteres wurde sorgfältig von dem Knochen und der die Knochenlücke verschließenden Membran getrennt; dabei zeigte sich, daß dasselbe mit der letzteren zusammenhängt und eigentlich deren obere Lamelle bildet. Besonders bemerkenswert ist, daß die Schnittränder und ein Teil der äußeren Knochentafel von dem Periost eigentlich nur überzogen waren, ohne innig mit dem Knochen verwachsen zu sein; an diesen Stellen fand Resorption der Knochensubstanz statt, wie auch an den bereits verschwundenen Schnitträndern. Die Knochenlücke ist durch Bildung neuer Knochenmasse kleiner geworden. Der Rand ist dünner geworden, und es ragen gleichnamige Fortsätze in die Lücke hervor. Man könnte fast glauben, daß diese dadurch entstanden, daß sich die Knochensubstanz an den durch die Resektion entstandenen Schnittflächen und deren Rändern selbsttätig verdünnt und verlängert habe und der Substanzverlust auf diese Weise zum Teil schon wieder ersetzt worden sei; allein da es nicht anzunehmen ist, daß, wie manche Schriftsteller angeben, die Trepanationsöffnung durch die gegenseitige Annäherung der inneren und äußeren Knochentafel sich verkleinern könne, ebenso ist auch nicht wohl einzusehen, daß hier die Knochensubstanz sich ausgedehnt und verlängert habe, dazu müßte man jedenfalls erst eine Erweichung und Auflockerung voraussetzen: es ist vielmehr anzunehmen, daß Wiedererzeugung neuer Knochenmasse stattgefunden habe, während die Wegsaugung der Schnittränder fast gleichzeitig erfolgte, wodurch allerdings, aber auf ganz andere Weise, wie manche angenommen haben, eine Verdünnung und Annäherung beider Knochentafeln und manchmal Schließung der Schädelöffnung erfolgte. Die innere Knochentafel weicht von der vieler anderer Präparate darin ab, daß dieselbe in der Nähe der Knochenlücke nicht mit einer der Konvexität der Dura mater völlig entsprechenden Konkavität verläuft, sondern eine schiefe Abdachung gegen die Knochenlücke zu bildet, wie man sie sonst gewöhnlich nur an der äußeren Knochentafel sieht. Die Oberfläche des schräg abfallenden Teils, den ich nicht als eine Verlängerung der Glastafel, sondern für neuerzeugte Knochenmasse ansehe, gleicht in Glätte, Härte und Farbe ganz der ursprünglichen inneren Knochentafel, mit der sie ein Kontinuum bildet. Man bemerkt sogar, daß sich die Gefäßfurchen von der einen in die andere fortsetzen.

Heine hat auf dem rechten Os parietale bis ins Stirnbein hineinreichend ein Dreieck von den Maßen 1,8 : 1,9 : 1,8 cm herausgeschnitten. Die verbliebene Lücke ist viel kleiner: 1,1 : 1,2 : 1,1 cm. Die Ränder sind nach innen abfallend außerordentlich rauh und stark zerklüftet, und die wohl im Abbau und Umbau begriffenen Randpartien überschreiten bedeutend die Ausmaße des herausgeschnittenen Stücks, was durch die Breite des Osteotoms erklärt werden kann. In der Membran sind einzelne kleine neugebildete Knocheninselchen zu erkennen, ebenso sind den im Abbau begriffenen Rändern einige Knocheninseln vorgelagert, die auch neugebildet sind. Die Innenfläche des dreieckigen Defektes zeigt wallartige Ränder, was bei den übrigen Schädelinnenflächen nach Incisionen nicht der Fall war.

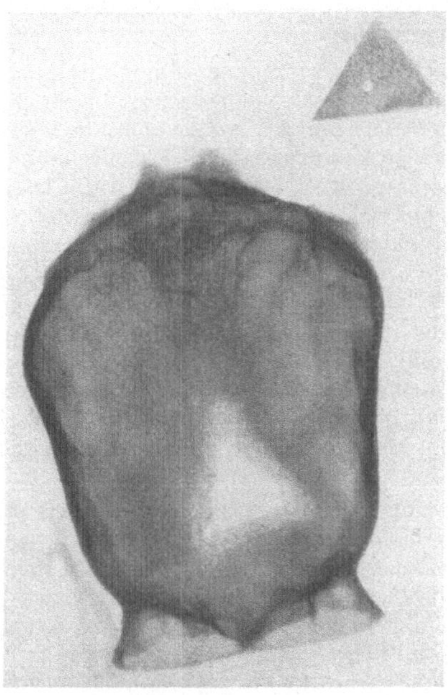

Abb. 47 (Vergr. ³/₄).

Die Incisionen im vorderen Teil des Schädels, bei denen die lamina interna erhalten blieb und der Einfluß der Dura bei der Neubildung ausgeschaltet werden sollte, sind völlig verschlossen und nur z. T. noch durch eine bogenförmige Einsenkung erkennbar.

Röntgenbild: Dreieckiger Defekt zum größten Teil rechts der Mittellinie, nur mit der vorderen Spitze links der Mittellinie im vorderen Teil des Schädels. Die Lücke ist von allen Seiten ziemlich gleichmäßig durch neugebildeten Knochen verkleinert. Der breite Saum des Regenerates ist gegen die alte ursprüngliche Defektgrenze besonders im vorderen Teil scharf abgesetzt. Im hinteren Teil geht er allmählich aus der stehengebliebenen Spongiosa hervor und zeigt dieselbe Struktur. An der medialen Kante liegt eine Gruppe von fünf kleinen Knochenkernen, die nicht miteinander verschmolzen sind.

Nr. 49 (Abb. 48 u. 49).
(*Feigel* Abb. 26, 6; Text 417; Sa. 213.)

Der Schädel eines großen noch nicht völlig ausgewachsenen Hundes.

In das linke Seitenwandbein wurden zwei in der Mitte sich rechtwinklig durchkreuzende, 15′′′ lange Schnitte durch die ganze Knochendicke gemacht, von
welchen der eine mit seinem oberen Endpunkte an den Sinus longitudinalis und
mit dem unteren gegen das Schläfenbein reicht. Der zweite Schnitt läuft, beiläufig
9′′′ entfernt, parallel mit dem Längenblutleiter. Der zu durchschneidende Knochen
ist ungewöhnlich dick, daher die innere Knochentafel 2—3′′′ weniger eingesägt
wurde als die äußere. Die Blutung aus der Diploe war auffallend stärker als bei
manchen anderen Operationen am Schädel. Wenn man die Endpunkte der gekreuzten Incision durch eine imaginäre Linie verbindet, so entstehen vier Dreiecke,
und von diesen wurde das obere hintere durch einen segmentarischen Zirkelschnitt
vom Schädel getrennt und herausgenommen; dann reinigte man die Wunde und
legte einen weichen, mit Öl getränkten Schwamm zwischen deren Ränder. Die
Wunde eiterte vom 3. bis zum 15. Tage, und am 20. war die Vernarbung durchgängig erfolgt.

Sektion 3 Monate nach der Resektion. Die Dura mater hing fester an der
operierten Stelle und an der verschließenden Membran als an den übrigen Schädelteilen. Am inneren Rande der Knochenlücke liegen auf der äußeren Oberfläche
der Dura mater zwei plattgedrückte und harte Knochenkerne, und ein dritter hat
sich 7′′′ von diesen entfernt gegen das Schläfen- und Hinterhauptsbein hin auf derselben Membran abgelagert, ohne daß diese Stelle mit der Knochenlücke korrespondiert. Sämtliche Knochenkerne liegen nicht frei auf der Oberfläche der harten
Hirnhaut, sondern sind von einer dünnen Membran eingehüllt. Die Knochenlücke ist an der inneren Tafel durch Absetzung neuer Knochenmasse beiläufig
um die Hälfte verkleinert und ihre frühere Gestalt nicht mehr zu erkennen. Die
äußere Knochentafel ist gegen die Lücke gewissermaßen eingeschmolzen und die
Ränder sind zugerundet, was einer resorbierenden Tätigkeit zugeschrieben werden
muß. Die neue Knochenmasse ist mit der alten so innig verschmolzen, daß man
die Grenze beider nicht mehr unterscheiden kann. Die noch übriggebliebene
Schädelöffnung ist mit einer Membran, wie gewöhnlich, verschlossen, an deren
innerer Fläche sich ein linsengroßer, mit der übrigen neu entstandenen Knochenmasse noch nicht verbundener Kern findet, der leicht durchschimmernd zu sehen
ist. Die beiden von der früheren Knochenlücke sich weiter in den Schädel erstreckenden Knochenspalten sind durch neue Knochenmasse wieder gänzlich verschlossen. An der inneren Fläche der verschließenden Membran verlaufen Zweige
der Art. meningea.

Die beiden kreuzförmig sich schneidenden Incisionen sind etwa
3 cm lang gewesen. Der innere hintere Quadrant ist durch einen bogenförmigen Schnitt ohne das Periost herausgenommen worden. Die nach
dem Os frontale zu verlaufende Incision ist völlig mit neuem Knochen
ausgefüllt und nur durch eine kleine Vertiefung und durch dunklere
Farbe des Knochens zu erkennen. Die abgerundeten Ränder des resezierten Quadranten fallen muldenförmig nach innen ab und lassen eine
etwa kreuzförmig geformte, durch eine Membran verschlossene Lücke
zurück. Der ursprünglich bogenförmige, medial gelegene Ausschnitt des

8*

Quadranten ist durch eine dreieckig vorspringende Knocheninsel und durch einen stecknadelkopfgroßen isoliert liegenden Knochenkern unterbrochen. Die Maße des aus der tabula interna herausgeschnittenen Quadranten waren etwa 1,3 : 1,3; die verbliebenen entsprechenden Maße der Lücke in der tabula interna sind 1,3 : 0,9. Die Verkleinerung der Lücke ist also nur gering.

Das Os parietale der operierten Seite ist gegen den Knochen der gesunden Seite um 1¹/₂ mm verdickt.

Die Innenfläche des Schädels zeigt Spuren der kreuzförmigen Incision nur noch deutlich in dem resezierten Quadranten. Hier verläuft dem

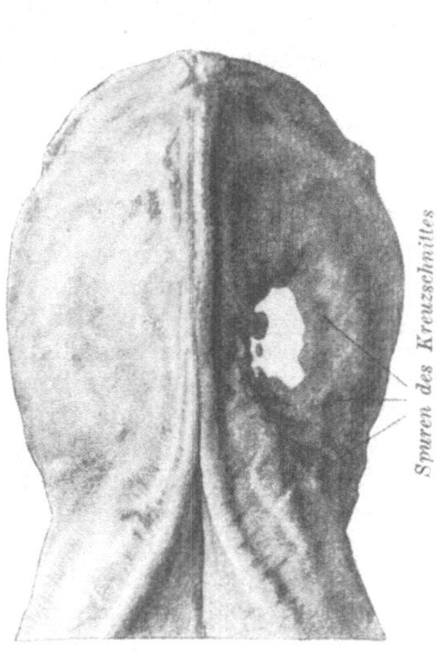

Abb. 48 (Vergr. ³/₄).

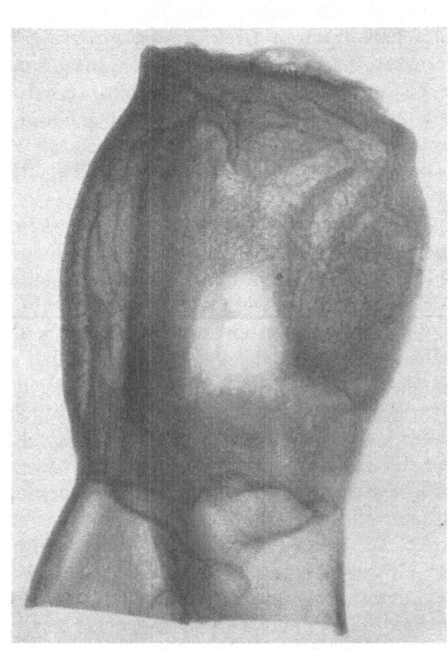

Abb. 19 (Vergr. ⁴/₅).

Sinus parallel eine schwach eingegrabene schmale geriffelte Linie. Sie liegt 0,4 cm vom lateralen Rand der Lücke und würde den ausgefüllten Teil des Defektes nach außen begrenzen. Dies stimmt mit den oben angegebenen Maßen: es ist also eine Fläche 0,4 · 1,3 cm ausgefüllt, die unter Umbildung der Ränder als Neubildung anzusprechen ist.

Röntgenbild: Die kreuzförmige Incision ist noch deutlich feststellbar, wenn auch überall mit strukturiertem Knochen ausgefüllt. Der Knochendefekt im oberen und hinteren Quadranten zeigt an den rechtwinklig aufeinanderstoßenden Rändern einen schmalen homogenen Saum von osteoidem Knochen. Der bogenförmige innere Rand zeigt nichts von osteoider Ablagerung, er ist vielmehr im Abbau begriffen. Die dreieckig vorspringende Knocheninsel (Abb. 49 zeigt ebenfalls deutlich Spongiosa-struktur) ist kalksalzarm und steht mit ihrer Basis breit mit dem angrenzenden Knochen in Verbindung. Nach frontalwärts liegt eine isolierte, etwa stecknadelkopfgroße Insel. Sie zeigt noch Spuren von Struktur. Im übrigen ist auch dieser Rand von einem ganz schmalen Saum homogenen Knochengewebes umrandet. Eine strichförmige, dem Rand ungefähr parallel laufende Linie ist durch die Summation oder Strahlen zu erklären, die von der im Strahlenverlauf befindlichen Bindegewebslamelle herrührt (Abb. 49).

Nr. 50 (Abb. 50).

(*Feigel* Abb. 26, 7; Text 418; Sa. 214.

Der Schädel eines einjährigen Hundes, an welchem zwei Operationen gemacht wurden.

Ein dreieckiges Knochenstück wurde zum Teil aus dem rechten Seitenwand- und zum Teil aus dem Stirnbein mit dem Osteotom ausgeschnitten. Nach Herausnahme des Knochenstücks war die Schädelöffnung an der längsten, gegen das Schläfenbein gelegenen Seite 11'''; die gegenüberstehende Seite über 9''', und die Basis des Dreiecks 6''' lang. Die Wunde wurde durch blutige Naht vereinigt, und die Vernarbung erfolgte gegen den 16. Tag.

2 Monate und 8 Tage nach der Resektion machte man auf der entgegengesetzten Seite des Schädels die Trepanation mittels einer Krone von $7^1/_2'''$ Durchmesser. Vermöge der Konvexität des Schädels war es nicht möglich, die Operation mit der Trephine vollständig zu beendigen, daher wurden die nicht durchschnittenen Stellen mit dem Osteotom getrennt und das Knochenstück herausgenommen. Die Wunde wurde in der Mitte durch ein blutiges Heft vereinigt; die Eiterung trat am 2. Tage ein und am 15. war die Vernarbung erfolgt.

$3^1/_4$ Monate nach der ersten und 44 Tage nach der zweiten Operation wurde das Tier getötet und untersucht. Die rechte Hirnhälfte war leicht zu entfernen an der linken Seite aber war die Dura mater mit dem Gehirn fest an der runden Knochenlücke verwachsen. Das Gehirn zerriß bei dessen Herausnahme und eine Portion blieb mit der Arachnoidea, Pia mater und Dura mater nebst vielen mit roter Injektionsmasse gefüllten Gefäßbündeln an der inneren Fläche der verschließenden Membran festhängen und konnte nicht wie von der Membran an der entgegengesetzten Seite der dreieckigen Knochenlücke abgezogen werden. Die beiden Knochenlücken zeigten sich an der äußeren Seite des Schädels von den allgemeinen Bedeckungen innig überzogen. Nach Entfernung derselben ergab sich, daß sich das Periost ringsum vom Knochen auf die verschließende Membran fortsetzte, was man besonders gut an der dreieckigen Öffnung sieht, wo dieselbe lospräpariert und unverletzt zurückgeschlagen ist. Dieses war an der trepanierten Öffnung nicht tunlich, man konnte nicht unterscheiden, wie weit dieselbe sich über diese erstreckte.

Während die dreieckige Knochenlücke viel kleiner geworden ist, hat sich die runde Knochenlücke nur wenig verkleinert.

Auf dem rechten Os parietale nach vorn bis ins Os frontale hineinreichend ist ein etwa rechtwinkliges Dreieck herausgeschnitten worden, dessen rechter Winkel etwa 2 cm vom Sinus longitudinalis entfernt liegt. Das Dreieck hatte etwa die Ausmaße 2,7 : 1,6 : 1,8 cm. Der frühere Umfang des Dreiecks ist am Knochen noch durch die nach innen abgerundeten aufgewölbten Ränder zu erkennen. Der Defekt ist etwa zur Hälfte knöchern verschlossen. Der neugebildete Knochen ist dünner, etwas durchscheinend und nicht ohne feinste Unebenheiten. Die Ränder springen mit abgerundeten kleinen Knochenzungen in die verschließende Membran vor. Über dem gesamten Operationsfeld hat ein einheitlicher Periostlappen gelegen, der am Präparat nach oben geklappt erhalten ist. Das verbliebene Dreieck hat die Ausmaße 1,7 : 0,8 : 1,4 (2,7 : 1,6 : 1,8 cm, Maße des exstirpierten Stückes).

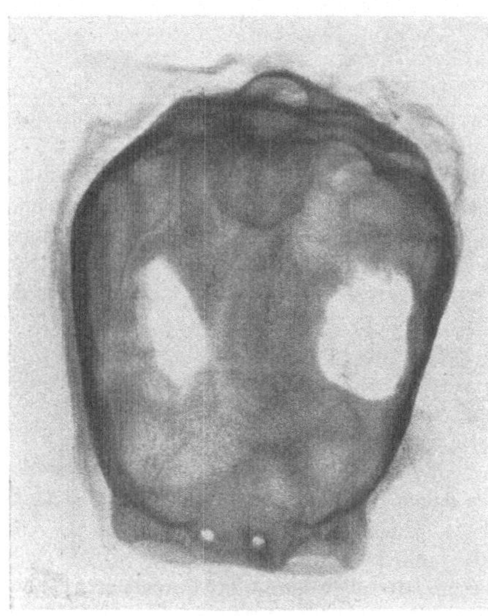

Abb. 50 (Vergr. ⁴/₅).

Die Innenfläche des Schädels zeigt deutlich am frontalen neugebildeten Teil Eindrücke der Gehirnfurchen, die spiegelbildlich denen der anderen nicht operierten Seite gleichkommen. Das Periost ist über dem Defekt und ebenso die Dura geschont worden.

Am gleichen Schädel ist auf dem rechten Os parietale eine runde Öffnung vorhanden, die mit einer Membran verschlossen ist. Die Ränder sind abgerundet und fallen nach innen zu ab. Die Öffnung ist in ihrer ursprünglichen Größe (1,5 cm Durchmesser) erhalten. Nur geringe wenig ins Lumen vorspringende Knocheninseln sind als neugebildet aufzufassen. Am Präparat hängen außen Reste der Kopfhaut und im Innern die Dura in einem umschriebenen ovalen Bezirk der die Lücke verschließenden Membran fest an. Das Periost wurde bei diesem Versuch geschont.

Röntgenbild: Der runde Defekt auf dem linken Schläfenbein ist an seinen Randecken ganz glatt und eingeebnet, nur eine stecknadelkopfgroße Knocheninsel liegt der hinteren Begrenzung vor. Der *rechte* dreieckige Defekt ist in den Ecken abgerundet. Die Randzone beider Defekte läßt eine Schichtung der Spongiosa erkennen, die sich in parallelen Streifen ganz dem Rande des Defektes angepaßt hat, und zwar ist dieser Umbau der Diploe rechts besser als links zu erkennen.

Nr. 51 (Abb. 51 u. 52).

(*Feigel* Abb. 26, 8; Text 420; Sa. 215.)

Der Schädel von einem 2 Jahre alten Hunde, aus welchem das Knochenstück (Abb. 52) mittelst des Osteotoms entfernt wurde.

Durch zwei im stumpfen Winkel zusammentreffende, 1¹/₂″ lange Schnitte wurden die Weichteile getrennt und nun das mit *a* bezeichnete Knochenstück samt dem Periost herausgesetzt. Nach dessen Herausnahme sah man die Dura mater in einer ziemlich großen Strecke bloß liegen, und man konnte den Finger in den oberen Teil der linken Stirnhöhle, deren Knochenwand hier mit weggenommen war, einführen. *Die Knochenwandung ist nicht in allen Teilen gleich dick, so auch die Diploë nicht, was von Einfluß auf die Wiedererzeugung der neuen Knochenbildung zu sein scheint.*

Die Hautwunde wurde in der Mitte nur durch ein blutiges Heft vereinigt. Nach ³/₄ Monaten wurde der Hund getötet.

Untersuchung: Die unveränderte Dura mater war an der Stelle der neuen Knochenbildung etwas fester verwachsen, wie an den anderen Schädelteilen, ließ sich aber mittels der Pinzette trennen. Die jetzige Schädelöffnung ist von der gemachten sehr verschieden: die vordere Hälfte ist fast ganz verschlossen, und nur an beiden Endpunkten findet sich eine kleine Lücke, die mit der verschließenden Membran ausgefüllt ist. Die obere weggenommene Stirnhöhlenwand hat sich soweit wieder ersetzt, daß man nur noch mit dem Öhre einer kleinen Kopfsonde eindringen kann. Die hintere Hälfte ist mit einer Membran verschlossen und mit weit weniger neuer Knochenmasse ausgefüllt, als die vordere. Experimentator glaubt *die Ursache dieser geringeren Reproduktionskraft darin suchen zu müssen, daß hier die Diploe der Schädelwandung nicht so vorherrschend war,* wie am vorderen Teile.

Das aus dem linken Os parietale resezierte Stück besteht aus zwei im stumpfen Winkel aneinanderstoßenden Knochenstreifen, deren einer bis in die Stirnhöhle hineinreicht. Vorderer und hinterer Teil des herausge-

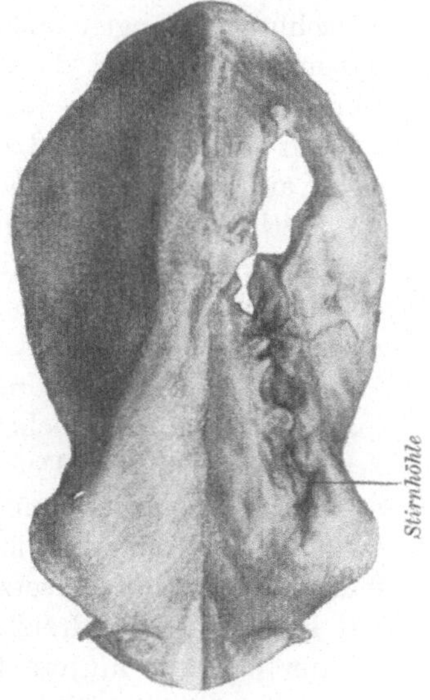

Abb. 51 (Vergr. ⁴/₅).

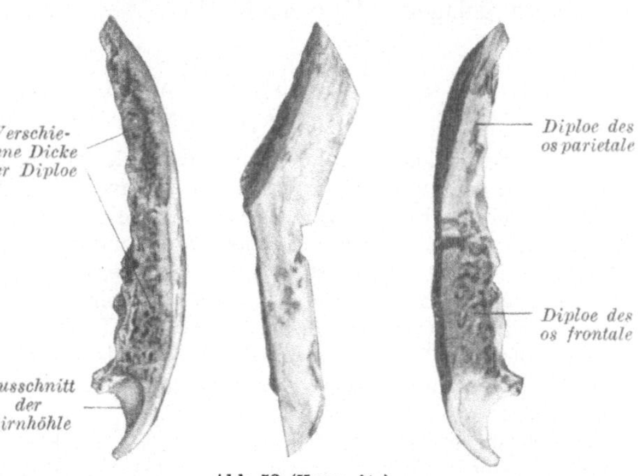

Abb. 52 (Vergr. ⁹/₁₀).

schnittenen Stückes sind getrennt zu besprechen. Der vordere Teil schneidet ein 3,7 cm langes und 0,7 cm breites Stück aus der Tabula externa. Dieses Stück verjüngt sich nach innen so, daß die Breite des aus der Tabula interna geschnittenen Stückes 0,4 cm beträgt. Beim hinteren Stück, das 2,7 cm lang ist, beträgt diese

Differenz des Ausschnitts zwischen Tabula externa und interna nur 0,1 cm.

Die Regeneration ist im vorderen Teil sehr augenfällig. Bis auf eine schmale Rinne in der Lamina interna und eine dreieckige kleine Öffnung in der Stirnhöhle ist der Defekt mit neuem Knochen verschlossen. Dieser Verschluß ist ungleichmäßig stark und läßt durch vorspringende erhabene Zacken und dazwischen eingestreute Vertiefungen das Operationsgebiet als starke unebene Furche hervortreten. Die bei der Resektion mit entfernte Linea semicircularis ist durch einen besonders stark aufgeworfenen Rand des frontalen Defektes ersetzt und geht in ununterbrochener Linie in den Proc. zygomaticus über.

Im hinteren Teil ist die Regeneration spärlich und wohl nur auf die Einebnung der abgerundeten Ränder beschränkt. Der Defekt ist durch eine gefäßreiche Membran verschlossen.

Röntgenbild: Die vordere Hälfte des Defektes ist auch röntgenologisch fast völlig knöchern geschlossen. Nur ein ganz schmaler Spalt zeigt den Verlauf des Defektes. Die Ränder sind glatt und in einer ganz schmalen Zone noch homogen, im übrigen aber schon wieder strukturiert, so daß von der ursprünglichen Breite des Defektes nichts mehr erkennbar ist. In die Stirnhöhle setzt sich der Spalt noch ein Stück weit fort und hat hier eine etwa dreizipflige Form, ist also weniger gut regeneriert.

Der über die hintere Hälfte des Parietale sich erstreckende Defekt zeigt das übliche Bild: abgerundete Ränder mit homogenem Saum, ohne vorgelagerte Knocheninseln.

Nr. 52 (Abb. 53 u. 54).

(*Feigel* Abb. 26, 9; Text 421; Sa. 216.)

Der Schädel eines Hundes von 1 Jahr mit der Resektion eines Knochenstückes von 13‴ Länge und $1^{1}/_{4}$‴ Breite aus dem rechten Seitenwandbein.

Zu diesem Ende wurde der Schädel 14‴ lang und 4‴ breit bloßgelegt und mit dem Osteotom ganz nahe am Sinus longitudinalis zwei dicht nebeneinander laufende Schnitte durch die äußere Knochenwandung bis auf die Glastafel gemacht. Nachdem die Schnittfurchen vereinigt worden waren, wurde auch die innere Knochentafel in gleicher Länge und Breite durchschnitten und die Dura mater bloßgelegt. Die Wunde der Weichteile wurde durch Anlegung eines blutigen Heftes in der Mitte der Schädelöffnung vereinigt, die am 10. Tage vernarbt war.

Sektion 4 Monate und 6 Tage nach der Resektion. Das Gehirn ist durchaus normal, ebenso die Dura mater, die wie bei den schon abgehandelten Resektionen an der, der früheren Knochenlücke entsprechenden Stelle fester angeheftet war, als an den übrigen Teilen. Die ehemalige Lücke ist mit Knochenmasse ausgefüllt und zeigte nur noch eine mit einer Fissur versehene längliche Grube, die aber nur an einigen Stellen nicht völlig verschlossen erscheint.

Aus dem rechten Os parietale und Os frontale wurde ein Stück von der Länge von 2,8 cm und der doppelten Osteotombreite (etwa

0,3 cm) herausgeschnitten. Nach 4 Monaten 25 Tagen scheint der Defekt bis auf einen feinen Spalt völlig verschlossen. Das Regenerat hat das ursprüngliche Niveau des Schädeldaches und die frühere Dicke nicht ganz erreicht. In der Nähe der verbliebenen Fissur wird die neue Knochenlamelle papierdünn und durchsichtig. Wie gewöhnlich sind die Schnittränder nach innen abfallend gerundet und lassen die Operationsstelle als langgestreckte Einsenkung deutlich erkennen.

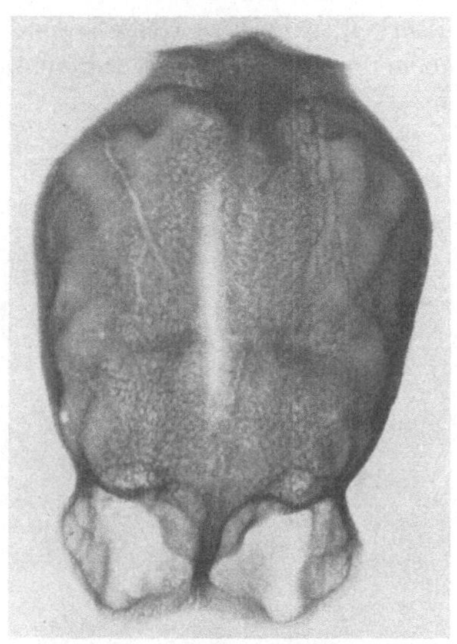

Abb. 53.

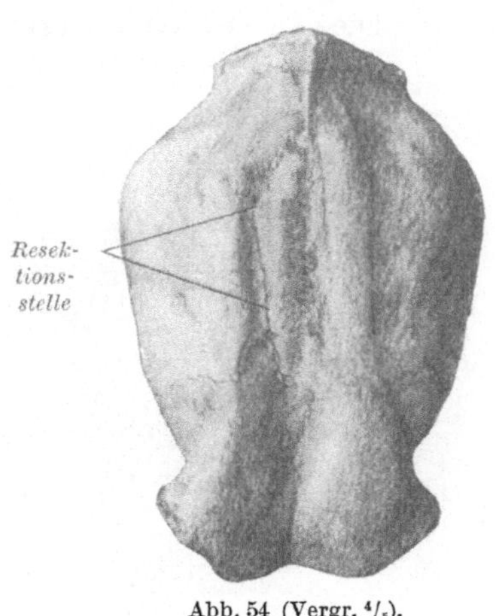

Abb. 54 (Vergr. $^4/_5$).

Röntgenbild: Die lange, schmale, hart neben dem Sinus longitudinalis verlaufende Resektionsstelle ist durch neugebildeten strukturlosen Knochen bis auf einen ganz geringen Spalt verschlossen.

Nr. 53.
(Feigel Abb. 26, 10; Text 422; Sa. 217.)

Der Schädel von einem großen 12 Jahre alten Spitzhunde.

Auf der Mitte des Schädels wurde eine ovale Incision gemacht bis auf die Glastafel, und dann die äußere Knochentafel mit der Diplöe in dem begrenzten Raume durch dicht nebeneinander verlaufende parallele Sägeschnitte weggenommen. Nachdem dieses geschehen und die Glastafel nur noch allein übrig geblieben war, nahm man auch von dieser die hintere Hälfte hinweg und öffnete dadurch den Schädel auf 5‴ in der Länge und 3$^1/_2$‴ in der größten Breite. Die Wunde der Weichteile wurde nicht vereinigt, und dennoch erfolgte die Heilung derselben schon am 12. Tage. Der Hund zeigte fortwährend ein gutes Befinden.

Sektion 5 Monate nach der Resektion. Die gemachte Schädelöffnung ist durch neue Knochenablagerung kleiner geworden, und der Rest von ihr mit der fontanellenähnlichen Haut verschlossen. Die nicht entfernte Portion der Tabula vitrea der ovalen Umschreibung wurde nicht krankhaft, sondern es setzte sich auf der äußeren Fläche neue Knochensubstanz ab, die aber noch nicht das Niveau der unverletzten Schädelwölbung erreicht hat.

Die Größe des unter Erhaltung des Periostes herausgeschnittenen 3 cm langen spitzwinkligen Ovals ist aus einem geringen Niveauunterschied im frontalen Teil, wo die Lamina externa und Diploë entfernt wurden und im hinteren Teil durch einen langsamen Abfall der abgeflachten Ränder bis zu der diesen Abschnitt verschließenden Membran zu ersehen. Die stehengebliebene Lamina interna des frontalen Teils ist erhalten geblieben und nicht abgestorben, worauf es *Heine* besonders ankam. Die hier neu aufgelagerte Knochenmasse, die nach vorn langsam

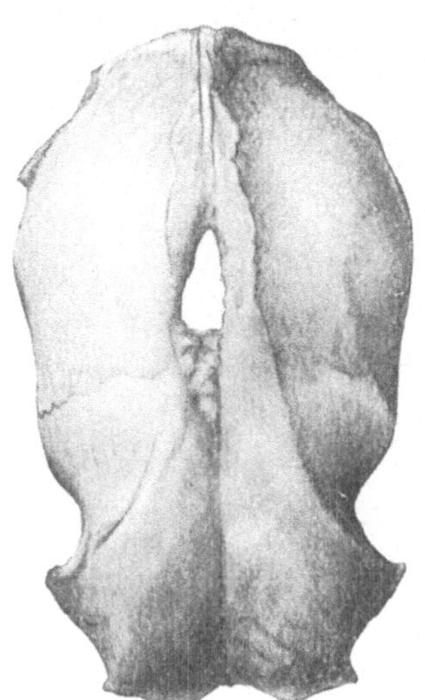

Abb. 55 (Vergr. ⁴/₅).

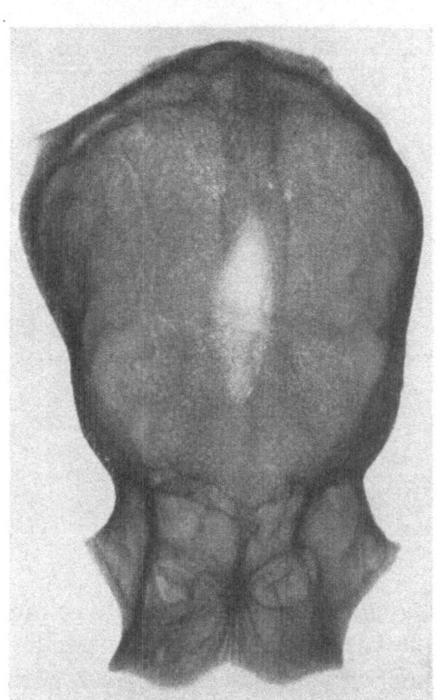

Abb. 56 (Vergr. ³/₄).

in das Niveau des unberührten Stirnbeinteils übergeht, ist von höckriger Beschaffenheit. Der hintere Teil ist membranös verschlossen. Nur der hintere Winkel ist durch die hier zusammenstoßenden dünnen neugebildeten Randzonen ausgiebiger verschlossen.

Röntgenbild: Über dem Sinus longitudinalis verläuft ein spindeliger Defekt des Knochens; in seiner vorderen Hälfte finden sich übereinander teils strukturierter stehengebliebener Knochen (l. interna), teils homogene Inseln (Ersatz über der l. interna). In der hinteren Hälfte geht vom Rande Knochenneubildung aus. In Form eines homogenen dichten Gewebes ohne Spongiosastruktur liegt der neue Knochen dem stehengebliebenen vorderen Teil am breitesten an und umsäumt den übrigen Defekt mit einer schmalen (1 mm) strukturlosen Zone.

Nr. 54 (Abb. 57, 58, 59. 102 u. 103).

(Feigel Abb. 26, 11; Text 422; Sa. 218.)

Der Schädel eines großen und kräftigen Metzgerhundes von 10 Jahren.

Nach Trennung der Weichteile durch einen Kreuzschnitt machte man eine ovale Incision auf der Mitte des Schädels von dem Umfange, wie in der Abb. 58 angegeben ist, die aber nur bis zu der Diploe hineindrang. Nun wurde die äußere Schädeltafel des ganzen ovalen Raumes durch dicht nebeneinander verlaufende Sägeschnitte abgetragen, so daß die Diploe entblößt war. Dann wurde auch diese in der Form eines verschobenen

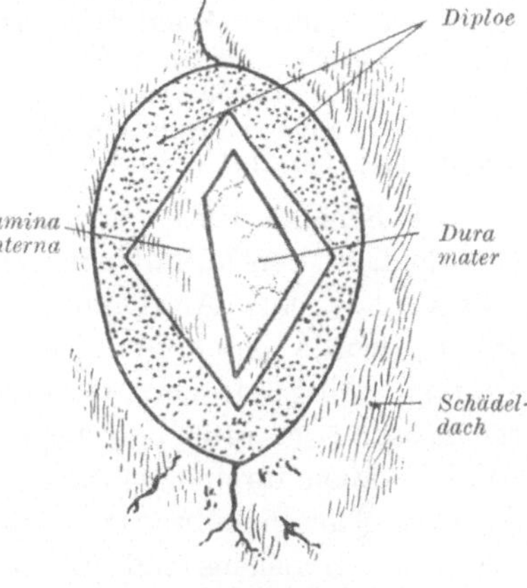

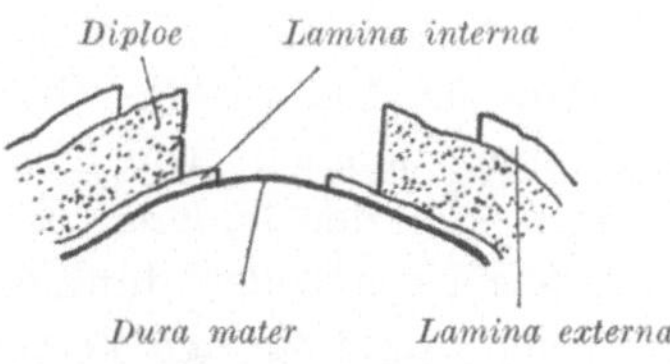

Abb. 57 (Vergr. ³/₄).

Abb. 58 (Vergr. ³/₄).

Viereckes abgetragen, und endlich selbst auch die Glastafel so weit entfernt, als die Grenze in Abb. 58 angegeben ist. Die Dura mater ist dadurch auf eine ziemlich große Strecke bloßgelegt, und man sieht kleine Arterienzweige von der Meningea auf ihr. Am 20. Tage erfolgte die Vernarbung der Wunde in den Weichteilen, und 21 Monate nach der Operation wurde der Hund getötet.

Untersuchung: Blätterig faserige Beschaffenheit, Verdickung und Rigidität der Dura mater beinahe in ihrer ganzen Ausdehnung, wie solche an alten Hunden häufig vorkommt, und als Folge des stattgehabten Verknöcherungsprozesses anzusehen ist, obschon sie sich wesentlich von der eigentlichen Knochensubstanz unterscheidet. Die Abtrennung von der inneren Schädelfläche war sehr schwierig. Ferner zeigt sich hier die Knochenproduktion sehr reichlich, und die gemachte Wunde ist gänzlich wieder ausgefüllt. Um die innere Bildung der neuen Masse beurteilen zu können, wurde der Schädel an einer Stelle quer durchschnitten.

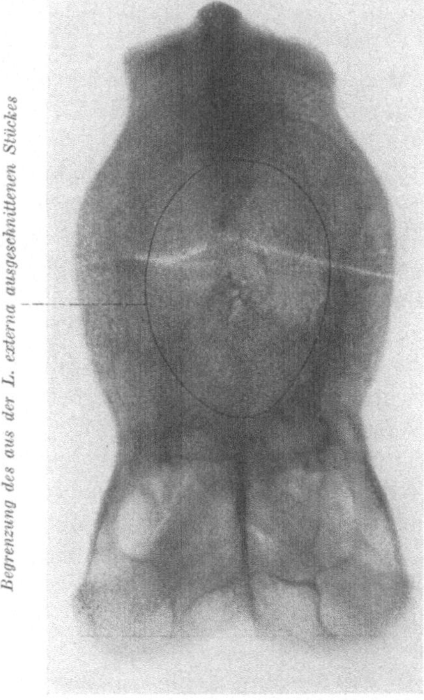

Abb. 59 (Vergr. ²/₃).

Es wäre von besonderem Werte, genau bestimmen zu können, *welche Momente zusammentreffen müssen, um gleichen Knochenersatz zu erzielen, wie hier geschehen ist.* Die verschiedenen Schriftsteller sagen, daß sich die Trepanöffnungen nur höchst selten durch neue Knochenmasse schließen und nur bei jugendlichen Individuen. Dieser Behauptung widerspricht aber vorliegender Fall durchaus, indem ein 12jähriger Hund das jugendliche Alter längst überschritten hat. Sollte nicht die zwischen beiden Tafeln befindliche, *auffallend dicke spongiöse Knochensubstanz mit ihren häutigen Gebilden, Gefäßen usw.* hier als die Hauptquelle angesehen werden müssen, die den Knochenstoff geliefert hat? Vergleiche Abschnitt III, Seite 191 u. f.

Der Schädel dieses Hundes ist außerordentlich schwer und das Schädeldach von auffallender Dicke. Die Staffelung des gesetzten Defektes und seine Ausdehnung ist in Abb. 57 u. 58 zu sehen. Das Periost wurde geschont. Die gesetzte Öffnung ist in ihrem ganzen Umfang völlig knöchern verschlossen Abb. 59, 102 u. 103. Die Innenfläche ist etwas rauh und zeigt einige feine, ziemlich tiefe Löcher, die wohl Gefäßen ihren Ursprung verdanken. An der äußeren Fläche ist die ovale Umschneidung der Lamina externa durch den dunkleren Ton des neuen Knochens und an einigen Stellen durch geringe Vertiefungen noch sichtbar. Im ganzen aber erhebt sich über dem Defekt eine neugebildete Crista sagittalis, so daß die normale Wölbung des Schädeldaches fast typisch wiederhergestellt ist.

Der aufgesägte Knochen zeigt im Querschnitt eine deutliche Lamina externa und interna und eine fein gezeichnete Spongiosa (Abb. 103, S. 190). Bis auf die etwas schwächere Lamina externa gegenüber den unberührten seitlichen Partien des parietale zeigt das vollwertige Regenerat keine Verschiedenheiten vom normalen Knochen.

Röntgenbild: Durch den ganzen Schädel hindurch erscheint die Diploe außerordentlich dicht in ein feinmaschiges Netz von Bälkchen eingeteilt (Abb. 59). Die Crista sagittalis ist etwa 3 cm vom Hinterhaupt nach vorn stumpf abgesetzt und geht unmerklich in die Umgebung über. In ihrer Verlängerung finden sich drei nahe beieinanderliegende runde Knochenlücken (Emissarien). Entsprechend dem Defekt im knöchernen Schädel findet sich ein schmetterlingsförmiger, über beide Parietalia verteilter, aufgehellter Bezirk. Er ist besonders seitlich und vorn von einem etwas dichteren Wall begrenzt. Der frontal von den als Emissarien bezeichneten Knochenlücken gelegene Bezirk ist kalksalzärmer als das übrige Regenerat. Auch im Bereich der Stirnhöhle ist das Regenerat sehr dick, die feinmaschige Struktur der Diploe ist gut zu erkennen.

Nr. 55.

(*Feigel* Abb. 26, 12; Text 424; Sa. 219.)

Aus der Mitte des linken Seitenwandbeines eines 11jährigen Hundes wurde ein dreieckiges Stück samt dem Periost reseziert, und nach diesem wurde auch ein der Knochenlücke entsprechendes Stück aus der Dura mater entfernt, welches die an alten Hunden gewöhnlich vorkommende Verknöcherung zeigte. — Die stark eiternde Wunde vernarbte erst in der 5. Woche.

Sektion 31 Tage nach der Operation: Die ausgeschnittene Dura mater hatte sich nicht ersetzt, die Knochenlücke ist aber, wie bei allen vorhergehenden Versuchen, mit einer Membran verschlossen, nur ist die Anheftung derselben hier nicht so nahe an der inneren Knochentafel wie dort, sie entspringt vielmehr vom Rande der äußeren Schichte, wodurch an der inneren Fläche mehr Raum für das Gehirn entsteht, welches sich auch in die Lücke der Dura mater und zum Teile auch noch in die Knochenlücke hineindrängt. Die gemachte Öffnung ist durch neue Knochenablagerung nicht kleiner geworden, nur sind die Ränder der äußeren Tafel etwas zugerundet; doch bemerkt man an der Basis des Dreiecks ganz am Rande der äußeren Knochentafel eine neu erzeugte, warzenförmige, knöcherne Erhabenheit. Die Ränder der inneren Tafel sind noch unverändert, aber überall sieht man die Schnittflächen von feinem Zellstoff überzogen.

Das aus dem linken Os parietale herausgeschnittene Stück hat die Form eines rechtwinkligen Dreiecks, dessen Hypothenuse 2,4 cm, und dessen Katheten 1,7 und 1,5 cm lang sind. Die größere Kathete verläuft in etwa 1,5 cm Abstand von der Crista sagittalis dem Sinus longitudinalis parallel. Die Ränder des membranös verschlossenen Defektes, der in seinen Ecken abgerundet ist, sind rauh und nach innen nicht scharfkantig abfallend, wie es den scharfen Kanten des exstirpierten Stückes entsprechen müßte, und mit einigen kleineren Unebenheiten bedeckt. Die verschließende Membran hat etwa die Dicke der Dura und ist von außen und von innen, den Boden einer dreieckigen Vertiefung bildend, zwischen den Kanten der Tabula externa ausgespannt. Die Membran selbst enthält keine knöchernen Bestandteile.

Röntgenbild: An den Schnittpunkten der drei im Röntgenbild nicht ganz scharfkantigen Linien findet sich homogener Knochen, der die Winkel des Dreiecks abrundet, am reichlichsten in der hinteren Ecke. Außerdem befindet sich entlang der vorderen Hälfte der Hypothenuse des Dreiecks ein schmaler osteoider Saum. Durch die Knochenlücke zieht ein durch die Injektion kenntliches Gefäß.

Nr. 56 (Abb. 60 u. 61).
(*Feigel* Abb. 26, 13; Text 425; Sa. 220.)

Ein kleiner Hund von 2 Monaten.

Am linken Seitenwandbeine wurde ein dreieckiges Stück herausgesägt und das Periost noch einige Linien weiter zurückpräpariert. Alsdann wurde ein Stück (von der Größe der Knochenlücke) aus der Hirnhaut mit dem Skalpell vorsichtig ausgeschnitten und bis zur eintretenden Eiterung kalte Umschläge gemacht. Am 5. Tage zeigte sich rings an der Knochenöffnung üppige Granulation; an einigen Punkten der Knochenlücke granulierten die Fleischwärzchen nach innen, an anderen von innen nach außen über die Schnittränder weg. Ein dünnes Knochenblättchen der entblößten äußeren Knochentafel nekrosierte an einer Stelle des Dreiecks, worauf die Wunde am 9. Tage nach der Operation vernarbte.

Sektion am 44. Tage: Die Arachnoidea ist durch Zellgewebe fest an die Schnittränder der Dura mater und an die verschließende Membran angeheftet, deren untere Lamelle sie bildet. Dieselbe wurde mit einer feinen Pinzette eine kleine

Strecke von ihrer Verbindung abgezogen, um deutlich das Verhältnis aller Teile sehen zu können. Die Membrana vasculosa konnte von der Arachnoidea nicht getrennt werden. Die Schnittränder der Knochenlücke sind fast unmerklich zugerundet, und die Membran adhäriert an der äußeren Tafel des Schädels. Ein neugebildetes, mit vielen kleinen Gefäßen versehenes Periost überzieht den Knochen und als obere Lamelle die verschließende Membran (von der es getrennt und zurückgeschlagen wurde). An der inneren Fläche der letzteren sind viele kleine Knochenkerne abgelagert, die wie eingesprengter Staub aussehen, und die injizierten Gefäße, die man auf derselben in der Zeichnung bemerkt, schimmern nur durch und sind Eigentum der Pia mater.

Auf dem linken Os parietale ist ein stumpfwinkliges Dreieck von den Ausmaßen 1,6 : 1,2 : 0,8 cm

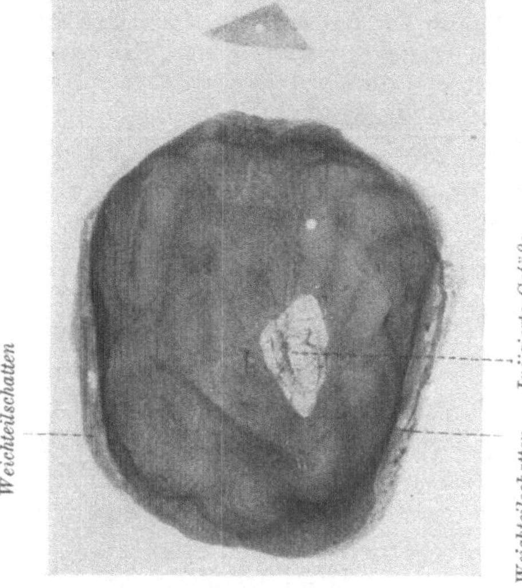

Abb. 60 (Vergr. ⁴/₅).

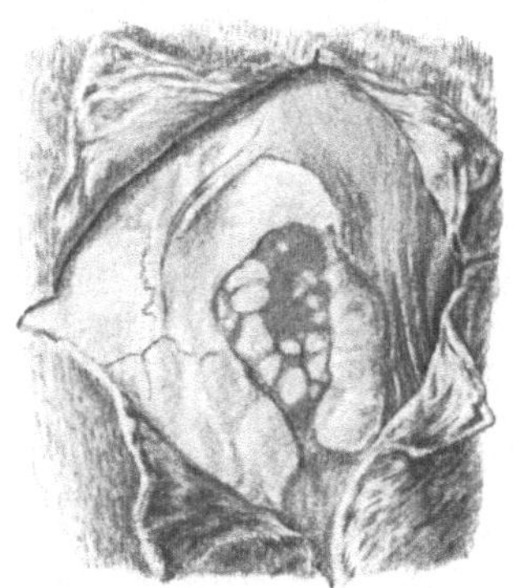

Abb. 61 (Vergr. ¹/₁).

ausgeschnitten. Das Periost wurde in etwa 0,5 cm Abstand um den gesetzten Defekt entfernt. Der Defekt ist membranös verschlossen, und die Dura hängt innig mit dieser Membran zusammen. Die um die Resektionsstelle liegende Zone, die etwa dem abgeschabten und nach *Feigel* neugebildeten Periost entspricht, ist glatt bis auf wenige Unebenheiten und deutlich gegen die dicke Galea abzugrenzen. Die verschließende Membran zeigt einzelne hellere Punkte, die der Konsistenz und Farbe nach als Knochen anzusprechen sind (s. Röntgenbild).

Röntgenbild: Im Röntgenbild sind die makroskopisch als Knochen anzusprechenden Plättchen in der verschließenden Membran als kaum merkbare schwache Verschattung aufzufinden. Den Defekt durchziehen zahlreiche injizierte Gefäße.

Nr. 57 (Abb. 62).
(*Feigel* Abb. 26, 14; Text 426; Sa. 221.)

Der Schädel eines jungen Hundes.

Dr. *Hodes* machte unter vielen anderen Operationen mit dem Osteotom im September 1831 in meiner Gegenwart die Resektion am Schädel eines jungen

Hundes, indem er aus dem linken Scheitelbeine ein kleines Dreieck sägte und erweiterte diese Öffnung dann durch Wegnahme eines zweiten Stückes. Da das Tier räudig war, Erbrechen und Durchfälle hatte, hin und her taumelte, so vermutete man Wasser zwischen den Gehirnhäuten. Deshalb wurde die Dura mater einige Linien nahe an dem Rande der gemachten Öffnung, der zunächst gegen die Schläfe liegt, abgeschnitten, und es lief sogleich eine ziemliche Quantität seröser Flüssigkeit heraus.

2 Monate und 22 Tage später wurden demselben Hunde zwei Lendenwirbel reseziert, wo ebenfalls bedeutend viel Flüssigkeit unter der Dura meninx entdeckt wurde.

Sektion 3 Monate nach der Operation am Schädel. Es fand sich leichte Verwachsung der Arachnoidea und Pia mater untereinander, und ringsum an der Stelle, wo früher die Dura mater eingeschnitten worden war, auch mit der verschließenden Membran. Neue Knochenmasse hat sich wenig gebildet, und die Öffnung ist fast noch ebenso groß wie sie anfangs war. In der Membran liegen mehrere Knochenkerne ohne Verbindung mit dem Schädel.

Die Ursache dieser geringen Knochenproduktion kann teils dem kränklichen Zustande des Tieres und teils dem Umstande zugeschrieben werden, *daß dieser Schädel äußerst wenig Diploe besitzt, daher die häutigen mehr gefäßreichen, die Knochenreproduktion begünstigenden Elemente fehlen.*

Aus dem linken Os parietale eines Schädels, dem die Diploe völlig fehlt, ist ein Dreieck von den Ausmaßen 1,1 : 1,5 : 1,8 cm samt dem Periost herausgenommen worden. Die Lücke ist durch eine Membran verschlossen, an der die Dura fest anhaftet. Die aufgeworfenen Kanten des Dreiecks haben ihre ursprüngliche Schärfe verloren und fallen mit

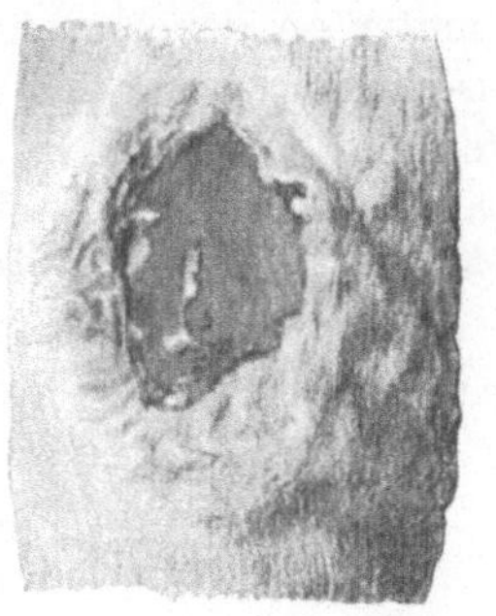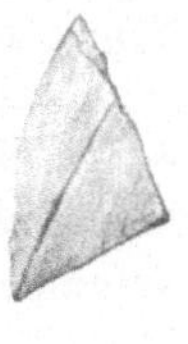

Abb. 62 (Vergr. ¹/₁).

einzelnen dünnen zungenförmigen Knocheninseln, in die Membran vorspringend, nach dem Defekt zu langsam ab. In der verschließenden Membran sind einzelne kleine weiße Stellen zu erkennen, die als neugebildete Knochenkerne anzusprechen sind. Der Defekt hat sich an den Rändern etwa um die Schnittbreite des Osteotoms knöchern verschlossen.

Röntgenbild: Der Defekt hat abgerundete Ecken und abgeflachte Ränder und ist am Rand kalksalzarm, homogen. Im Defekt selbst findet sich nichts von Knochenregeneration.

<h2 style="text-align:center">Nr. 58.</h2>

(Feigel Abb. 26. 15; Text 427: Sa. 222).

Von einem 5 Jahre alten Spitzhunde.

Fast mitten auf dem Schädel wurde ein unregelmäßiges viereckiges Knochenstück herausgesägt und dann links neben dem Sinus longitudinalis ein Stück aus der Dura mater geschnitten und die Wunde der Weichteile durch die blutige Naht vereinigt. Die Vernarbung erfolgte am 14. Tage.

Sektion 7 Monate nach der Resektion: Wie bei den Versuchen, wo ein Stück der Dura mater ausgeschnitten worden war, zeigt sich auch hier die entsprechende Portion des Gehirns innig mit der verschließenden Membran verwachsen. Keine Ersetzung der Dura mater. An mehreren Stellen längs dem inneren Rande der Schädelöffnung zeigt sich etwas *neu angesetzte Knochenmasse,* und *da am meisten, wo die Diploe vorwaltend ist,* dagegen *wenig oder gar keine, wo der Schädel fast nur aus kompakter Substanz* besteht.

Die verbliebene Lücke ist ein unregelmäßiges Viereck von den Ausmaßen 1,9 : 1,8 : 2,4 : 0,5 cm, das aus dem linken Os parietale über dem Sinus longitudinalis herausgeschnitten ist. Die Lücke entspricht genau dem samt Periost resezierten Knochenstück und ist membranös verschlossen. Die laterale abgerundete Ecke ist keine Neubildung, sondern, wie das beiliegende resezierte Stück zeigt, ein Rest der stehengebliebenen Tabula interna. Alle Ränder sind etwas abgerundet und mit vereinzelten kleinen Erhabenheiten bedeckt. Die Innenfläche zeigt die Dura mater an der Verschlußmembran in einem Oval angeheftet, dessen Ausdehnung wohl dem nach *Feigel* aus der Dura excidierten Stück entspricht.

Röntgenbild: Im Schädeldach ist ein glattrandiger Defekt mit mehreren Unregelmäßigkeiten in den Winkeln sichtbar, die von der Säge herrühren. Es ist kein Knochen neugebildet worden. Es fällt auf, daß symmetrisch von vorn nach hinten durch den Knochen beiderseits der Mittellinie eine Zone weitmaschigen Knochengewebes zieht, die in der entsprechenden Form und Ausdehnung röntgenologisch nachweisbar ist. Von Umbau auch in den Randzonen nichts zu sehen.

Nr. 59.

(*Feigel* Abb. 26, 16; Text 427; Sa. 223.)

Ein Teil des Schädels von einer Katze.

Auf der linken Seite des Schädels wurde ein Dreieck ausgesägt und das Periost ringsum noch einige Linien weiter vom Rande der Knochenlücke zurück weggenommen. Die Hälfte des ausgeschnittenen Knochenstücks wurde durch zwei Ligaturfäden wieder eingefügt und die Wunde nicht vereinigt.

Untersuchung 18 Tage nach der Operation.

Eine dünne Membran verschließt die Knochenlücke und läßt sich einige Linien weit an der Glastafel verfolgen; auch sieht man Verlängerungen derselben an mehreren Stellen bis in die Diploe eindringen. Die Dura mater war an der unteren Fläche angeheftet, ließ sich aber ganz rein davon ablösen. Das wieder eingefügte Knochenstück lag ganz frei auf der Membran, ohne Spur irgendeiner Vereinigung mit den Rändern der Knochenlücke. Die Glastafel ist an mehreren Stellen bis zur Diploe angefressen und rauh, dagegen ist die äußere Knochentafel noch unverändert.

Das wieder eingefügte Stück liegt, ohne Verbindung mit den noch scharfen Kanten des Defektes gefunden zu haben, im frontalen Winkel des Dreiecks. Auch im Röntgenbild kein Befund.

Nr. 60 (Abb. 63 u. 64).

(Feigel Abb. 26, 17; Text 428; Sa. 224.)

Der Schädel von einem fünfjährigen Hunde.

An der linken Seite des Schädels neben dem Scheitel wurde ein dreieckiges Knochenstück herausgeschnitten und nach 6 Min. durch zwei Ligaturen, nachdem für diese die nötigen Löcher durchbohrt waren, wieder in die Öffnung befestigt. Die Weichteile vereinigte man mittelst dreier Hefte. — Am 8. Tage wurde der angelegte Verband abgenommen, und man fand nun die Wunde, soweit sie geheftet worden war, vereinigt, das wieder eingefügte Knochenstück aber unverändert, was durch die Sonde ermittelt werden konnte. Dasselbe veränderte sich auch während 2 Monaten durchaus nicht. An den Schnitträndern des Schädels setzte sich indessen neue Knochenmasse an, wodurch *das eingefügte Stück* nach 2 Monaten auf einer Seite in die Höhe gehoben und im Laufe einiger Wochen aus der noch vorhandenen Öffnung in den äußeren Bedeckungen, in zwei Stücke getrennt, ausgestoßen wurde.

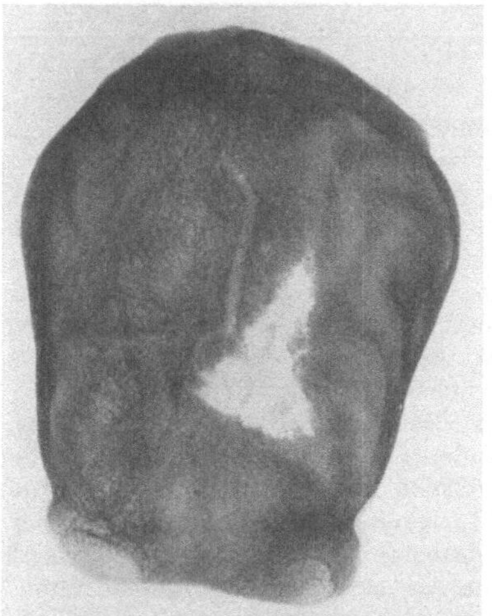

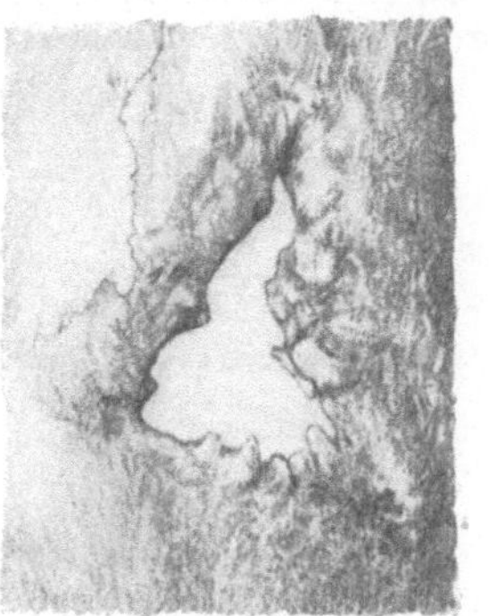

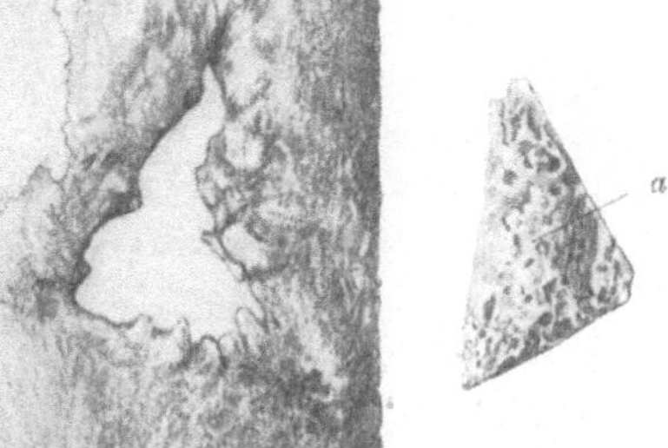

Abb. 63 (Vergr. ⁴/₅).   Abb. 64 (Vergr. ¹/₁).

Sektion 82 Tage nach der Operation: Die Knochenlücke ist durch eine starke faserknorpelige Membran verschlossen, in der sich einige Knochenkerne befinden. Ein dichtes festes Zellgewebe setzte sich von der äußeren Haut auf die verschließende Membran fort, und nach dessen Wegnahme zeigt sich, daß das Periost ebenfalls sich mit derselben verbindet und eigentlich ihre äußere Lamelle bildet. Die Knochenlücke selbst ist durch Ansatz neuer Masse kleiner geworden, und daher sind die Schnittränder unregelmäßig.

Der Defekt auf dem linken Os parietale und Os frontale ist ein spitzwinkliges gleichschenkliges Dreieck geblieben, dessen Spitze nach kranial und etwas nach außen gerichtet ist, und dessen Basis der Stirn nicht völlig parallel verläuft. Die Maße des Ausschnittes betrugen etwa 1,7 : 2,7 : 2,7 cm. Die Ränder des Defektes sind außerordentlich stark zerklüftet, und die Form der ursprünglich dreieckigen Öffnung ist durch mannigfach vorspringende Knocheninseln verändert. Der linke vordere Winkel des Dreiecks scheint besonders gut verschlossen.

Die von *Feigel* erwähnte Verschlußmembran hängt z. T. dem Knochen an der Schädelbasis noch an. Die Abb. 64a zeigt die poröse Auflockerung des ausgestoßenen und abgestorbenen Reimplantats, bei dem die Lamina vitrea schon verloren gegangen ist.

Röntgenbild: Der Defekt zeigt überall am Rand verstreut Zacken, von Knocheninseln herrührend, die mit der Basis breit verwachsen sind. Nur zwei größere im parietalen Teil gelegene Inseln sind allseits umgrenzt. Im Defekt selbst liegen allerdings nur angedeutet drei Herdchen, die wohl als kalkhaltiges Gewebe aufgefaßt werden müssen. Das wieder ausgestoßene Stück ist nach dem Röntgenbild kalksalzarm in Lacunen angenagt, aber deutlich strukturiert.

Nr. 61 (Abb. 65).
(*Feigel* Abb. 26, 18; Text 429; Sa. 225.)

Aus dem Scheitelbein der rechten Seite eines siebenjährigen Hundes wurde ein Dreieck gesetzt, ohne vorher die Knochenhaut abzuschaben, und durch drei Ligaturen wieder eingefügt. Gegen den 44. Tag stieß die Natur das Knochenstück wieder aus, und nach 5 Monaten nahm man die Untersuchung vor, die folgendes ergab:

Die Schädelöffnung hat sich um vieles verkleinert und ist mit einer ziemlich dicken Membran verschlossen. Die neu gebildete Knochenmasse ist hart und fast ebenso dick als das ausgeschnittene Stück. An den Rändern, wo der neue Knochen in die verschließende Membran übergeht und die größte Tätigkeit in Wiedererzeugung neuer Knochensubstanz stattgefunden hat, zeigt sich eine Art von dunkelgerötetem Saum, wahrscheinlich die Vorbereitung des weiteren Verknöcherungsprozesses.

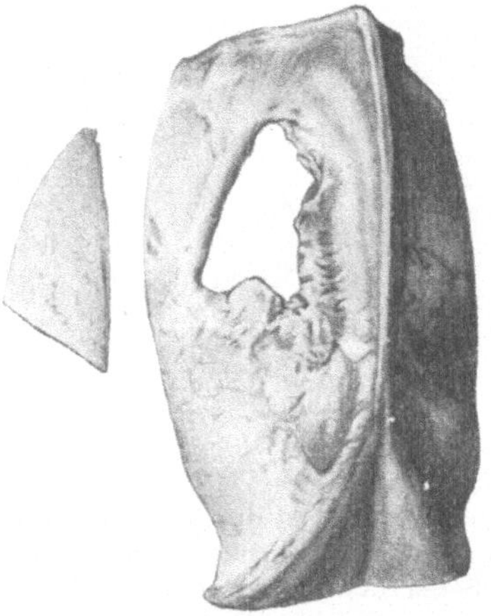

In der Mitte des rechten Os parietale ist ein stumpfwinkliges Dreieck reseziert, dessen stumpfer Winkel nach außen, und dessen größte Seite nach innen der Crista sagittalis parallel verlief (3 : 2,8 : 1,5 cm).

Abb. 65 (Vergr. ⁴/₅).

Die membranös verschlossene, ebenfalls dreieckige verbliebene Lücke, deren ursprünglich stumpfer, nach außen gelegener Winkel durch Verschluß des frontalen Teils des Defektes zu einem rechten geworden ist, besitzt durchaus unregelmäßige, zungenförmig ins Lumen vor- und zurückspringende Ränder. Der frontal gelegene regenerierte Teil der Schädeldecke ist narbenartig uneben und höckrig und durch Vertiefungen, die den Kanten des ausgeschnittenen Dreiecks entsprechen, vom übrigen Schädeldach abgegrenzt. Es ist schätzungsweise ¹/₃ des Defektes durch Knochen ersetzt.

Röntgenbild: Der dreieckige Defekt, mit der größten Seite nach dem Parietale, dem rechten Winkel nach der Stirnseite zu, zeigt auf dem Röntgenbild schläfenwärts eine ganz glatte Umrandung, nach der Stirn und nach der Sagittalnaht zu eine unregelmäßig gezackte Wand. Der stumpfwinklige Defekt ist durch Regeneration in einen ungefähr rechtwinkligen ausgeglichen worden, was auch im Röntgenbild durch homogene noch strukturlose Massen erkennbar ist, während der übrige Knochen reichlich kalkhaltig ist. Die Ecken des Defektes sind abgerundet. Hier finden sich auch wieder konzentrisch geschichtete Knochenumlagerungen. Die neugebildeten Knochenmassen zerfallen in einzelne sich eng berührende Knocheninseln und sind unter sich durch längsverlaufende Knochenleistchen verbunden.

Nr. 62 (Abb. 66).

(*Feigel* Abb. 26, 19; Text 429; Sa. 225.)

Aus dem rechten Seitenwandbeine eines fünfjährigen Hundes wurde ein trapezförmiges Knochenstück gesägt und dann durch drei Ligaturen in die Schädelöffnung wieder eingefügt. Im Verlaufe eines Monats stieß die Naturhilfe dasselbe wieder aus.

Sektion $7^3/_4$ Monate nach der Operation: Die Knochenlücke ist mit einer Membran verschlossen, die jener im vorigen Präparate ganz gleichkommt und zur Hälfte mit der Dura mater fest verwachsen ist. Einige starke Gefäßzweige gehen von dieser in erstere über. Die Lücke ist durch Bildung neuer Knochensubstanz kleiner geworden.

Das dem Präparat beiliegende Knochenstück demonstriert eine trapezförmige Knochenresektion aus dem rechten Os parietale.

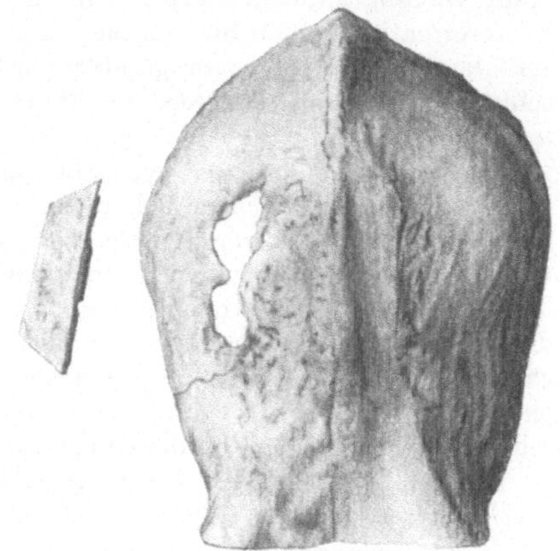

Abb. 66 (Vergr. $^4/_5$).

Die parallelen Seiten 2,5 und 1,8 cm, die beiden anderen Seiten 0,7 und 1,2 cm.

Auf dem rechten Os parietale des diploearmen Schädels sind noch zwei kleinbohnengroße membranös verschlossene Knochendefekte vorhanden, die durch eine vorspringende Knochenzunge gegeneinander abgegrenzt werden. Die dem Sinus longitudinalis parallel verlaufende längste Seite des verbliebenen Defektes beträgt 2,2 cm. Die Verkürzung des Defektes ist also nur gering. Der im Verhältnis zur exstirpierten Fläche neugebildete Knochen ist deswegen, wie schon bei zahlreichen Präparaten, besonders groß, weil ein langes schmales Stück exstirpiert wurde.

9*

Der neugebildete Knochen ist uneben und fällt mit flachen Rändern nach innen ab. Die verschließende Membran ist z. T. mit der Dura mater verbunden und von zahlreichen starken Gefäßen durchzogen.

Röntgenbild: Der Defekt wird durch eine neugebildete Knochenzunge in zwei Teile geteilt. Der größere vordere Abschnitt zeigt drei zungenförmige, nach dem Lumen hin abgerundete, strukturlose, knöcherne Fortsätze und einen isolierten vorgelagerten Kern. Der nach dem Schädel zu gelegene Rand ist überall durch kleine Knochenneubildungen unregelmäßig gezackt, der nach dem Parietale zu gelegene Rand dagegen glatt. Er zeigt nichts von Knochenneubildung. Die injizierten Gefäße sind im ganzen Schädel zu erkennen. Ein stärkerer Ast durchzieht die hintere Lücke.

Nr. 63 (Abb. 67).
(*Feigel* Abb. 26, 20; Text 430; Sa. 227.)

Das Präparat von einem 2 Monate alten Hunde. Es wurden an dem Schädel zwei Operationen gemacht: zuerst schnitt man aus der linken Hälfte des Schädels ein Dreieck und setzte es nachher wieder in seine frühere Verbindung auf die mehrfach angeführte Weise. Die Wunde der Weichteile wurde durch die blutige Naht vereinigt, die in kurzer Zeit bis auf eine kleine Öffnung vernarbte. Aus letzterer entleerte sich bis zum 38. Tage Eiter, zu welcher Zeit das Knochenstück mit der Sonde nicht mehr gefühlt werden konnte. Die zurückgebliebene Fistel schloß sich, *ohne daß das* erwähnte, *viel größere Knochenstück ausgestoßen worden wäre.*

Nach 11 Monaten der vorbenannten Operation sägte Dr. *Hodes* aus Zürich ein rechteckiges Knochenstück dicht am Hinterhauptshöcker aus dem Schädel. Die Heilung der äußeren Wunde erfolgte in 14 Tagen, und das Tier zeigte keine bemerkenswerten Störungen in irgendeiner Funktion.

Sektion 21 Monate nach der ersten und 10 nach der zweiten Operation. Die dreieckige Knochenlücke auf der linken Seite ist durch neue Knochenbildung fast gänzlich wieder geschlossen; nur gegen das Schläfenbein hin findet sich noch eine ovale Öffnung, die durch eine Membran unzugänglich gemacht ist. Es ist schwer zu entscheiden, ob die Knochensubstanz, welche jetzt die frühere Öffnung verschließt, *aus dem wieder eingefügten Knochenstück besteht oder ob letzteres durch die aufsaugende Tätigkeit oder umgebenden Teile zerstört und entfernt und an dessen Stelle neue Knochensubstanz wieder erzeugt wurde.*

Die Bildung neuer Knochenmasse an der Öffnung der zweiten Operation zeigt sich in der Mitte am üppigsten. Besonders viel Knochenkerne sind in der verschließenden Membran abgesetzt, die teils frei, teils am Rande der Knochenlücke liegen. Auf der inneren Fläche ragen dieselben weniger hervor als auf der äußeren. Sie liegen nirgends bloß, sondern sind von einem äußerst dünnen Zellstoff überzogen. Es können dieses vielleicht auch Duplikaturen der Membran sein.

Die Maße des resezierten Dreiecks fehlen im Protokoll. Die Form des aus dem linken Os parietale entnommenen Stückes ist jedoch mit Deutlichkeit, auch nach der von *Feigel* gegebenen Abbildung, durch eine dunklere Farbe der regenerierten Fläche und der stets etwas aufgeworfenen Randpartien zu erkennen. Exstirpiert wurde ein etwa rechtwinkliges Dreieck mit einer Hypotenuse von etwa 2,6 cm, die dem Sinus longitudinalis in 1,5 cm Abstand parallel verlief, und dessen rechter Winkel nach außen lag. Die beiden Katheten waren etwa 1,5 cm lang. Dieser gesetzte Defekt ist bis auf einen wenige Quadratmillimeter großen Bezirk im abgerundeten rechten Winkel des Dreiecks völlig verschlossen. Außen- und Innenfläche des Verschlußstückes sind glatt. Gegen die verbliebene Öffnung zu wird es papierdünn. Das *implantierte Stück scheint eingeheilt zu sein.* Der Schädel ist klein und sehr dünn, jedenfalls besitzt er nur eine spärliche Diplöe. Bei ähnlichen Schädeln ohne Reimplantation ist das Regenerat nicht annähernd so ausgiebig.

Aus beiden Ossa parietalia, dicht am Os occipitale, ist ein rechteckiges Stück samt Periost so reseziert worden, daß der Proc. interparietalis mit entfernt und beiderseits ein gleich großes Stück mit weggenommen wurde. Der Defekt ist 2,5 : 1 cm groß, was etwa dem resezierten Stück entspricht, seine Ränder und Ecken sind abgerundet und springen am meisten in der der Crista sagittalis entsprechenden Linie stark gegeneinander vor, so daß der Defekt ein hantelförmiges Aussehen gewinnt und stark verkleinert ist. Der verbliebene Defekt ist membranös verschlossen; die Innenfläche des Schädels ist glatt.

Röntgenbild: Im linken Os parietale findet sich ein kleiner Defekt mit abgerundeten Rändern, der nach dem Lumen zu dünner, strukturlos und kalksalzarm wird. Er besitzt eine ungefähr ringförmige konzentrische Zeichnung um den Defekt herum.

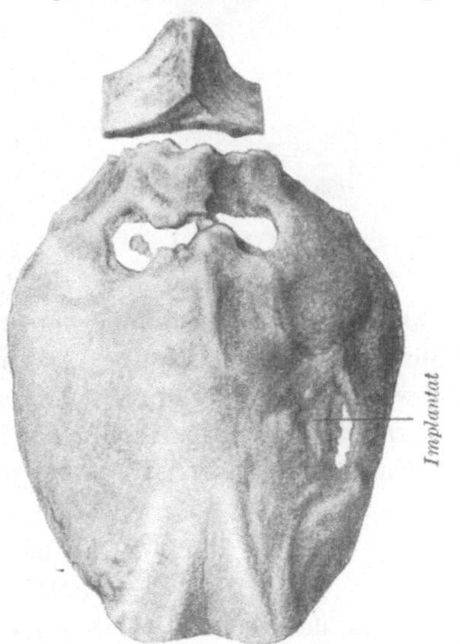

Abb. 67 (Vergr. ⁴/₅).

Vor dem Os occipitale liegt ein schmetterlingsförmiger Defekt. Am Vorderrand springen zwei Zacken nach dem Lumen vor, von denen die größere dieselbe wabige Struktur der Diploe enthält wie der übrige Schädel (diese Zacke ist wohl bei der Operation stehengeblieben). Die kleinere Zacke ist homogen und strukturlos und wird deshalb als neugebildet aufgefaßt. Zwischen beiden befinden sich zwei isolierte Knocheninseln. Eine größere Anzahl (etwa acht) liegt isoliert als feine Verschattung im Defekt, andere sind dem Rand vorgelagert und stehen z. T. noch mit ihm in Verbindung.

Nr. 64 (Abb. 68).
(*Feigel* Abb. 27, 1; Text 432; Sa. 244.)

Aus der Schnauze des Hundes wurde auf der linken Seite ein Rechteck gesägt, und nach 2 Monaten ergab die Untersuchung folgendes: Wie an den platten Schädelknochen, so war auch hier die gemachte Öffnung mit einer Membran verschlossen. Knochenkerne sieht man in derselben nicht, aber der Rand der Lücke ist uneben geworden durch Ablagerung von neuer Knochensubstanz; dies ist aber nicht in dem Grade vor sich gegangen wie bei den meisten Schädelwunden, was wohl in der geringen Masse von Diploe seinen Grund haben möchte.

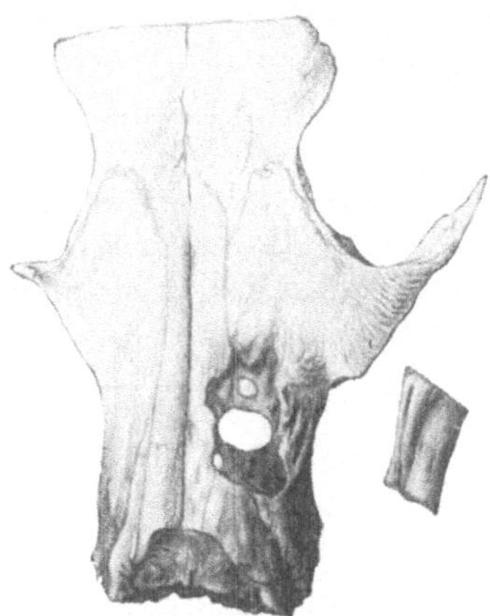

Abb. 68 (Vergr. ⁴/₅).

Aus dem Os maxillare und zum kleinen Teil aus dem Os nasale ist ein 1,5 cm langes, 0,5 cm breites Stück herausgeschnitten worden. Das Periost scheint unberücksichtigt mit herausgenommen zu sein. Der Defekt ist zerklüftet und hat völlig seine viereckige Form verloren (Abb. 68). Die Ränder sind nicht mehr scharfkantig, z. T. nach der die Öffnung teilweise verschließenden Membran zu langsam abfallend. Bei sämtlichen Operationen, die *Heine* gemacht hat, sind die Defekte durch Membranen völlig verschlossen; hier im Nasendach zeigt die Membran ovale Öffnungen. Die knöcherne Öffnung ist eher größer geworden. Es hat nur ein Umbau stattgefunden.

Röntgenbild: Der Defekt erscheint im Röntgenbild von den Rändern her abgerundet. Sonst ist aber nichts von Knochenneubildung zu sehen.

Nr. 65 (Abb. 69 u. 70).

(*Feigel* Abb. 27, 3; Text 432; Sa. 228.)

Aus dem Unterkieferast eines Hundes wurde an der rechten Seite aus dem unteren Rande ein keilförmiges Knochenstück herausgesetzt. Auf der horizontalen Schnittfläche desselben sind zwei Reste von Zahnwurzeln vorhanden.

Sektion 2¹/₂ Monat nach der Operation. Der Zwischenraum ist fast ganz wieder mit neuer Knochenmasse ausgefüllt, die abgeschnittenen Zahnwurzeln sind aber wieder unersetzt geblieben. Es findet sich an der Schnittfläche ein Loch, das bis in die Krone führt. Dasselbe war mit einem dichten Zellgewebe bedeckt. Die neuerzeugte Knochenmasse ist fast ebenso dicht und hart, nur etwas weißer als das ausgeschnittene Knochenstück.

Aus dem rechten Kieferast ist ein 2,7 cm langer keilförmiger Span so herausgeschnitten, daß die Kuppe der Wurzel des letzten Prämolaren eben abgeschnitten ist. Die Dicke des Spanes nimmt nach hinten so zu, daß die vordere Wurzel des ersten Molaren zur Hälfte, seine hintere Wurzel vollständig weggenommen wurde. Das resezierte Stück ist in Abb. 70 zu sehen. Durch die Operation hat eine vollständige Unterbrechung der Kontinuität also nicht stattgefunden.

Der Defekt ist fast vollständig ausgefüllt, nur ist der Kieferast weniger abgerundet und am proximalen Ende etwas verdickt. Die Abb. 70 zeigt den durch einen Sägeschnitt eröffneten neugebildeten

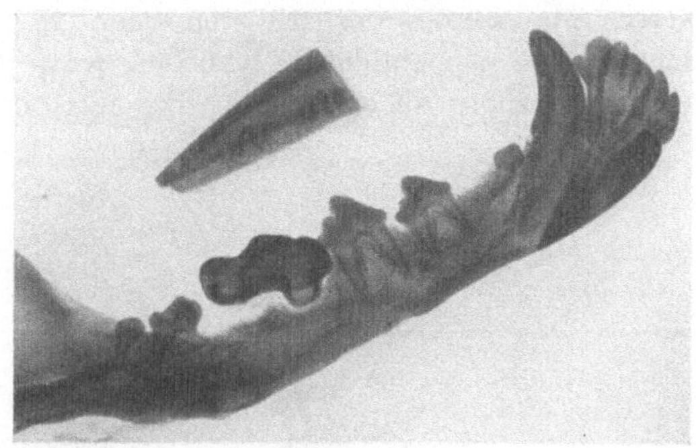

Abb. 69 (Vergr. ³/₄).

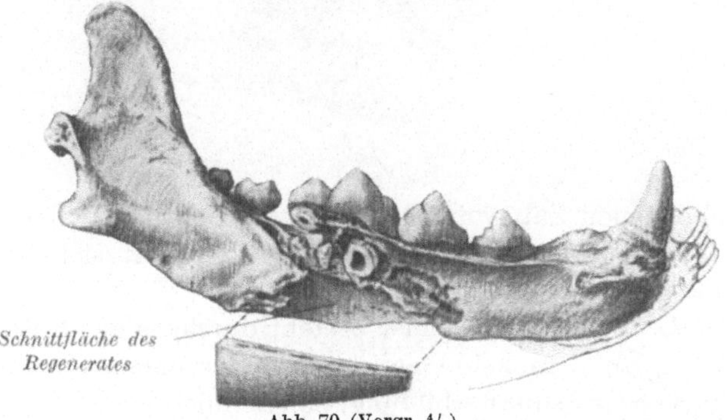

Abb. 70 (Vergr. ⁴/₅)

Knochen. Die dem Beschauer zu gelegene Seite ist entsprechend der Breite des Sägeblattes verloren gegangen. Die Schnittfläche zeigt den harten, strukturlosen Knochen von elfenbeinartigem Aussehen.

Nr. 66 (Abb. 71).
(Feigel Abb. 27, 2; Text 432; Sa. 245.)

Die untere Kinnlade eines Hundes. Am Unterkiefer der rechten Seite wurde der Gelenkfortsatz weggenommen. Nach 5 Monaten und 16 Tagen wurde das Tier getötet, und es zeigt sich die Schnittfläche gerundet und die entblößt gewesene Diploe mit neugebildeter Rindensubstanz überdeckt. Auch erhebt sich hinter dem Zahne ein Fortsatz aus neu entstandener Knochenmasse. Die durchschnittene Zahnwurzel hat keine Veränderung erlitten.

Der horizontale Ast der rechten Seite steht etwas tiefer, als der der anderen Seite. Der erste Molar ist mit seinem hinteren Teil stark emporgehoben. Er zeigt die unveränderte Schnittfläche durch die Zahnwurzel, durch die der Resektionsschnitt ging. Es hat sich ein 6 mm langer und im oberen Teil 6 mm breiter neuer Fortsatz gebildet, der, nach dem Kiefer zu sich verstärkend, dessen ursprüngliche Breite noch um etwas übertrifft. Der neugebildete Fortsatz ist leicht abgerundet und vollkommen glatt, alle Spuren der früheren Schnittfläche sind verschwunden. Durch den neugebildeten Knochen wird die Zahnreihe wieder nach hinten knöchern abgeschlossen. Projiziert man die Spitze

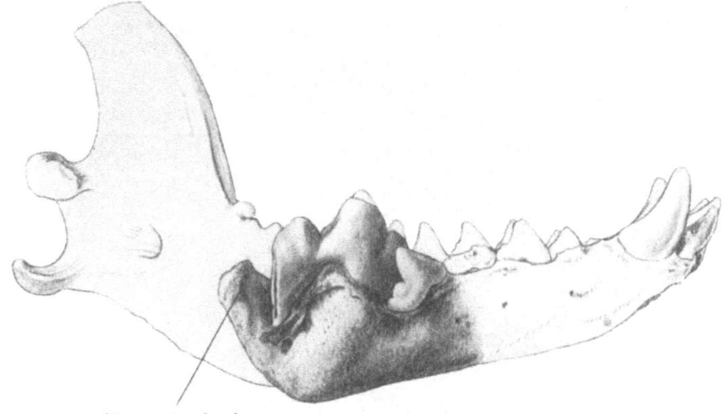

Abb. 71 (Vergr. ³/₄).

der angeschnittenen Zahnwurzel des emporgehobenen Molaren auf den Kieferast, so entspricht diese Stelle etwa einer dort sich befindenden kleinen runden Aussparung im Knochen.

Röntgenbild: Der Unterkieferast besteht durchaus aus festem, ruhendem Knochen, an dem keine periostalen oder andere Veränderungen (keine Nekrose oder Sequesterbildung) zu erkennen sind. Die Compacta verläuft, nach dem „neugebildeten Fortsatz" zu sich verstärkend, bis an seine Spitze. Der Markraum ist offen bis zur Sägefläche. Der makroskopisch vorhandene Abschluß der Markhöhle ist röntgenologisch nicht als Lamelle erkennbar, also sehr dünn.

Nr. 67 (Abb. 72a u. b).
(Sa. 193.)

Die 5. bis 8. Rippe von einem 3 Jahre alten Spitzhunde. Ein Teil der äußeren Bedeckung ist an dem Präparate erhalten.

Die 6. Rippe auf der rechten Seite wurde bloßgelegt, ein Stück von 16‴ aus derselben herausgesägt und dann mittelst zweier Ligaturen wieder eingesetzt. Die Wunde der Weichteile heftete man in der Mitte durch 2 Stiche.

Sektion nach 1 Monat und 21 Tagen: In den Weichteilen waren noch drei Fisteln vorhanden. Das wieder eingefügte Rippenstück liegt nicht mehr in seiner Lage, sondern ist gegen die nächstfolgende Rippe gedrängt und in einer Höhle der Weichteile eingeschlossen. Es findet nirgends eine organische Verbindung mit demselben statt. Die untere Ligatur haftet noch in demselben. Nach Ablösung des Periosts sieht man das Fehlende der Rippe durch neue Knochenmasse wieder ersetzt, und zwar noch in etwas breiter und dünner Form. Die Zwischenrippenmuskeln haben ihre normale Insertion, und an der inneren Fläche der Rippe steht die Pleura wieder mit derselben in Verbindung.

Die operierte Rippe geht von der normalen Rundung der Rippe nach der Operationsstelle hin allmählich in eine flache, stark verbreiterte (1,2 cm) Knochenspange über, die sich nach dem Rippenknorpel zu wieder verjüngt und in feste Verbindung mit dem Rippenknorpel tritt. Die Knorpelknochengrenze erscheint gegen die der anderen Rippe etwas mehr dorsal zu liegen. Das Regenerat zeigt im Querschnitt eine normale Spongiosa und Corticalis.

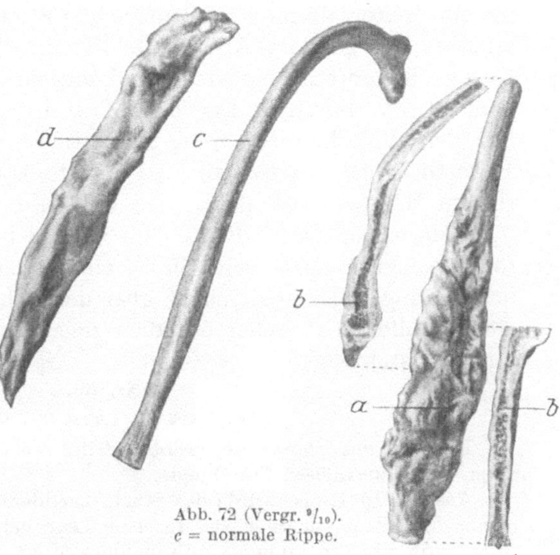

Abb. 72 (Vergr. ⁹/₁₀).
c = normale Rippe.

Röntgenbild: Die in ihrem sternalen Teil stark verbreiterte Rippe hat einen regelmäßig gebildeten oberen und einen durch exostoseartige Zacken rauhen unteren Rand.

Nr. 68 (Abb. 72 d).

(*Feigel* Abb. 33, 7; Text 491; Sa. 193.)

Ein Präparat nach der Exstirpation der 9. Rippe aus einem 3 Jahre alten Hunde.

Einem Spitzhunde wurde aus der rechten Seite die 9. Rippe vollständig exstirpiert, indem man längs deren Mittellinie die Weichteile samt dem Periost durchschnitt. Letzteres wurde mit aller Schonung erhalten und nicht mit der Rippe herausgenommen. Am 5. Tage erfolgte die Vernarbung bis auf eine kleine Stelle. Durch diese konnte man mittelst einer Sonde den Hohlgang bis gegen die Wirbelsäule untersuchen. Die Wände desselben sonderten reichlichen Eiter ab, bis zum 9. Tage aber füllte sich derselbe mit frischer Granulation völlig aus.

Sektion nach 7 Monaten und 11 Tagen. Es zeigte sich keine Spur einer Veränderung, weder an der Lunge noch an der Pleura. Für die exstirpierte Rippe hat sich ein neuer Knochen gebildet, der zwar breiter, aber noch 6‴ kürzer ist als jene. Diese neue Rippe ist nicht so stark gebogen wie die benachbarten; auch ist das Gelenkköpfchen, der Hals und das Tuberculum für die Artikulation mit dem Rückgrate nicht ausgebildet. Das obere Ende war durch ein starkes Faserband mit dem Querfortsatz des 9. Brustwirbels und den benachbarten Teilen beweglich verbunden. Das entgegengesetzte Ende verjüngt sich etwas, hängt mit einem faserbandartigen Gewebe zusammen, welches sich bis zum Rippenknorpel erstreckt und mit demselben in Verbindung steht. Es ersetzt dieses das bei der Operation mit entfernte Stück des Knorpels der Rippe. Das Periost umgibt die Rippe wie im normalen Zustande. Auch bieten die Intercostalmuskeln und die Pleura keine Abweichungen vom gewöhnlichen Naturzustande dar.

Die subperiostal sorgfältig ausgeschälte 9. Rippe hat sich als ein 0,8 cm breiter, dünner, schalenförmiger Knochenbogen im alten Periostschlauch neu gebildet (Abb. 72 d). Der Knochen zeigt schwache Unebenheiten. Er läuft nach den Rippenknorpeln spitz zu und ist mit diesen bandartig verbunden. Der obere Teil hat die knöcherne Verbindung mit den Wirbeln nicht völlig erreicht. Er scheint nach *Feigel* frei im Periostbett gelegen zu haben. Die Arteria intercostalis ist in sehr geringem Maße stärker als an den unberührt gebliebenen Rippenbögen.

Röntgenbild: Die 9. Rippe läßt sich nicht in ihrem ganzen Verlauf röntgenologisch darstellen. Sie ist ein breiter bandartiger Knochen mit noch geringem Kalksalzgehalt, aber deutlicher Struktur, der nach dem Röntgenbild nicht sicher mit dem zugehörigen Rippenknorpel in Verbindung steht.

Nr. 69.

(*Feigel* Abb. 27,5; Text 424; Sa. 284.)

Ein Teil des Thorax der rechten Seite von einem großen, beiläufig 1 Jahr alten, sehr muskulösen Spitzhunde.

Aus der 10. Rippe wurde das Stück, nachdem es vom Periost gereinigt war, herausgeschnitten, dann wieder in seine Lage gebracht und vermittelst 2 Ligaturen darin erhalten, zu deren Anbringung man an den Enden in schiefer Richtung kleine Löcher bohrte. Die Wunde der Weichteile heilte größtenteils per primam intensionem, und nur da, wo die beiden Knochenligaturen nach außen geführt waren, bildeten sich 2 Fisteln, aus welchen sich bis zum 20. Tage Eiter entleerte. Nach dieser Zeit zogen sich die Fäden zurück, und man fühlte mit der durch die Fistel eingebrachten Sonde, daß die Schnittenden der Rippe übergranuliert waren. Die vernarbte Wunde der äußeren Haut wurde mit dem Bistouri wieder gespalten, und man fand nun das *Knochenstück nicht eingeheilt,* sondern umgedreht, so daß dessen konkave, der Pleura zugekehrt gewesene Seite jetzt nach außen und die entgegengesetzte nach innen lag. Die Ligaturen waren in den Schnittenden der Rippe, deren Ränder sich nekrotisch abstießen oder durch Wegsaugung verschwunden sind, ausgerissen und an dem beweglichen Knochenstück noch festgeknüpft. Man fand das Rippenstück ringsum von frischer und roter Granulation umgeben, aber nirgends eine Spur von organischem Zusammenhang mit dem gelblichweiß gewordenen Knochenstück, weshalb dasselbe wieder herausgenommen wurde.

Sektion nach 4 Monaten und 6 Tagen: In der Brusthöhle fand sich keine Spur von Normalwidrigem. An der äußeren Seite der Brust zeigen sich die beiden Hautnarben gut gebildet; von denselben setzt sich ein dichtes, faseriges, einer breiten Muskelsehne ähnliches Zellgewebe durch das unterliegende Fett und die Muskeln bis auf die $1^1/_2''$ tiefe Rippe fort, mit der es fest zusammenhängt. Das Periost ist auf der Rippe durchschnitten und zu den beiden Rändern hin zurückpräpariert. Dasselbe ist besonders an der resezierten Stelle verdickt. Es hat sich hier neue Knochensubstanz abgesetzt, die aber mit dem Sternalende der Rippe nicht in inniger Verbindung steht, sondern eine *widernatürliche Artikulation* bildet. Mit dem Rückgratende tritt dieselbe gar nicht in Berührung, und der kleine Zwischenraum ist mit faserbandartigem Gewebe ausgefüllt. Von den bei der Operation in die Schnittenden der Rippe gebohrten Löchern ist nichts mehr zu erkennen.

Aus der 10. Rippe wurde ein etwa 10 cm großes Stück unter Zurücklassung und Abschälung des Periostes reseziert. *Die Reimplantation mißlang.*

Die Kontinuität der Rippe ist nicht wiederhergestellt worden. Dicht auf der Pleura liegt eine papierdünne, 2,5 cm lange, 0,5 cm breite Knochenspange, die bandartig mit dem Sternalende der Rippe verbunden ist.

Röntgenbild: In den Verlauf der Rippe ist eine atrophische Knochenspange zwischengeschaltet, die mit dem sternalen Teil der Rippe durch zwei schmale Fortsätze pseudarthrotisch in Verbindung tritt und von dem vertebralen Abschnitt durch einen breiten Spalt getrennt ist. Von dem vertebralen Rippenstumpf geht jedoch ein schmaler kalkhaltiger Fortsatz aus, der das Zwischenstück $^2/_3$ seiner Länge begleitet, ohne sich knöchern mit ihm zu vereinigen.

Nr. 69 b.

(*Feigel* Abb. 27, 6; Text 434; Sa. 234.)

Ein Präparat von demselben Hunde aus der linken Seite des Thorax.

36 Tage nach der in voriger Nummer beschriebenen Operation wurde ganz auf dieselbe Weise auf der linken Brusthälfte ein Stück aus der 9. Rippe reseziert und wieder in den Zwischenraum eingefügt. Die Wunde der äußeren Haut vernarbte durchaus, ohne daß das ausgeschnittene Knochenstück ausgestoßen worden wäre. 3 Monate und 6 Tage nach dieser Operation wurde das Tier getötet.

Sektion: Wenn nach der ersten Operation an der 10. Rippe der rechten Seite sich nur mangelhafter Ersatz von neuer Knochenmasse zeigte, so ist hier nicht nur vollkommene Wiederersetzung des Substanzverlustes, sondern sogar Überschuß vorhanden. Allein auch hier ist, wie an der anderen Seite, an dem Brustbeinende der Rippe mit der neuen Bildung eine *widernatürliche Artikulation;* dagegen ist das andere Ende innig mit derselben verschmolzen. Sollte das resezierte und wieder eingefügte Knochenstück eingeheilt sein (wie früher angenommen wurde, was aber nicht leicht zu entscheiden ist), so bestehen doch die verschiedenen Ansätze aus neu erzeugter Knochenmasse. Wäre aber das resezierte Knochenstück nicht eingeheilt, sondern durch die aufsaugende Tätigkeit der Gefäße entfernt worden, wofür spätere Versuche sprechen, so wäre es sehr auffallend, daß hier in Zeit von 3 Monaten und 6 Tagen eine bei weitem größere Portion neuer Knochensubstanz reproduziert wurde, als auf der entgegengesetzten rechten Brusthälfte in 4 Monaten und 6 Tagen.

Aus der linken 9. Rippe wurde ein etwa 3 cm langes Stück reseziert. *Die Reimplantation hatte insofern Erfolg, als keine Ausstoßung des Stückes erfolgte.* Das Regenerat hat nach den Wirbeln zu eine solide knöcherne Verbindung erlangt; am Sternalende ist eine Pseudarthrose entstanden. Es ist etwas flacher wie die ursprüngliche Rippe und, an einer Stelle plötzlich einspringend und wieder vorspringend, bedeutend schmäler.

Röntgenbild: Die Rippe ist aus ihrer Lage gedrängt und durch Zwischenschaltung des Reimplantats in ihrem Verlaufe unregelmäßig

höckerig geworden. Die knöcherne Verbindung mit dem vertebralen
Ende ist durch das Röntgenbild sicher festgestellt, die pseudarthrotische Vereinigung mit dem Sternalteil durch einen von Corticalis begrenzten schmalen Spalt erkennbar.

Nr. 70 (Abb. 73 u. 74).

(*Feigel* Abb. 27, 7; Text 436; Sa. 235.)

Ein Teil des Thorax eines großen, aber noch nicht völlig ausgewachsenen
Hundes von der rechten Seite.

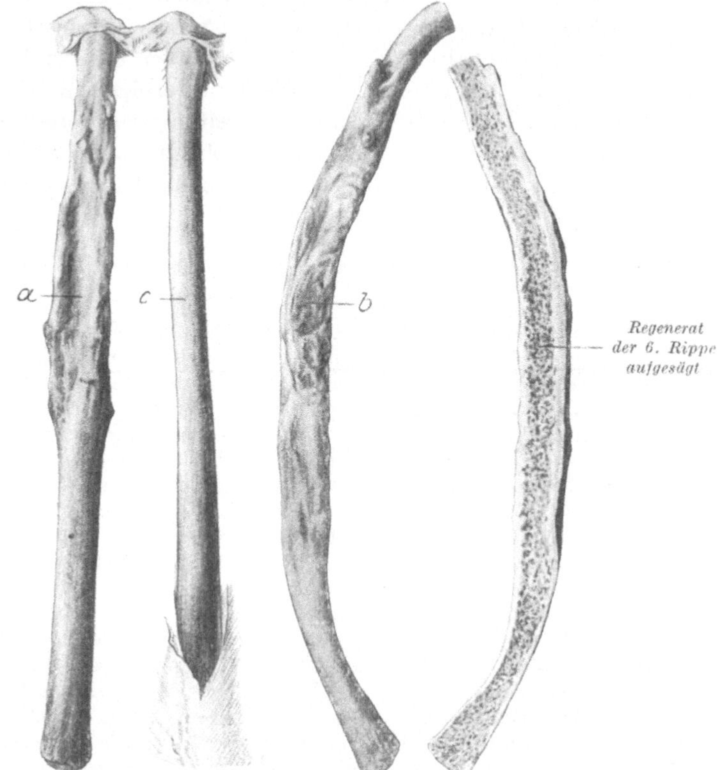

Abb. 73 (Vergr. $^3/_4$). c = normale Rippe.

Das Knochenstück bei *a* wurde aus der 8. Rippe reseziert, und nach Vereinigung
der Wunde heilte diese schon in wenigen Tagen. 5 Monate nachher wurde eine
zweite Resektion gemacht und ein Knochenstück aus dem Verlauf der 6. Rippe
reseziert. Dasselbe wurde mittelst zweier Ligaturen in den Zwischenraum wieder
eingefügt und die Wunde der äußeren Haut zusammengeheftet. Die Vernarbung
der letzteren erfolgte per primam reunionem. Gegen den 10. Tag bildeten sich
indessen mehrere Hautfisteln, und nach 2 Monaten wurde das resezierte Knochenstück aus einer derselben wieder ausgestoßen. Die Untersuchung mit dem Finger
in der Fistel ließ überall grobkörnige Granulation wahrnehmen, und gegen die
Pleura hin fühlte man einen harten Körper, offenbar neu erzeugte Knochenmasse.

Sektion 10 Monate nach der ersten und 5 Monate nach der letzten Operation.

An der Stelle der resezierten Knochenstücke wurde neue Knochensubstanz reproduziert, die so innig mit der entsprechenden Rippe verschmolzen ist, daß man weder an der äußeren Oberfläche, an der kompakten Rindensubstanz noch auf der Durchschnittsfläche in dem inneren spongiösen Gewebe eine Grenze unterscheiden kann. Die alte wie die neugebildete Knochenmasse besteht aus Rinden- und spongiöser Substanz. Die Rippe war, wie gewöhnlich, überall vom Periost umgeben, welches sich aber verdickt zeigt, besonders an der resezierten Stelle. Die Intercostalmuskeln inserierten sich wie früher.

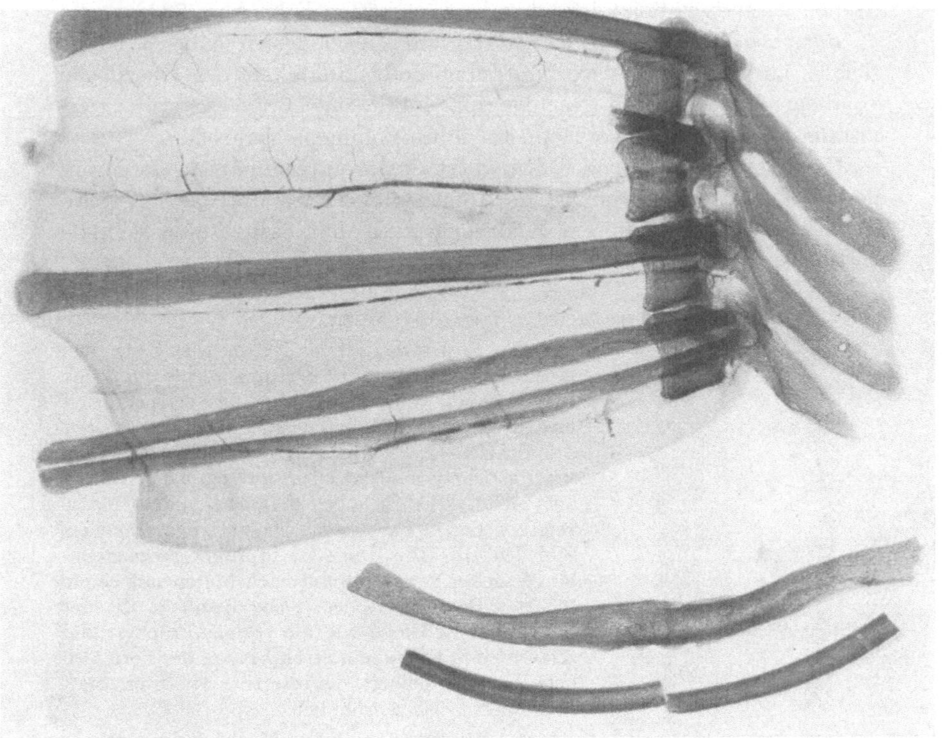

Abb. 74.

Aus der 8. Rippe wurde an der Stelle der größten Durchbiegung ein 5,5 cm langes Stück reseziert. Ob subperiostal reseziert oder das Periost mit herausgenommen wurde, ist nicht sicher festzustellen. Die Kontinuität ist völlig wiederhergestellt (Abb. 73a). Das Ersatzstück ist 3 mm breiter wie der übrige Teil der Rippe und verjüngt sich nach hinten keilförmig. Die vordere Kante ist etwas rauh, aber von gewöhnlicher Stärke. Die aufgeschnittene Rippe zeigt durchgehend normale Struktur, an der Resektionsstelle etwas dichtere Spongiosa und überall gleichmäßig dünne Corticalis.

Aus der 6. Rippe wurde ebenfalls aus der Mitte ein etwa 5,5 cm langes Stück reseziert und dabei die Reimplantation versucht. Diese mißlang.

Auch hier ist die Kontinuität völlig wiederhergestellt. Die Rippe ist aber stärker ihrer ursprünglichen Form beraubt: sie ist im unteren Teil an der Resektionsstelle kolbig verdickt und höckerig, im oberen Teil dagegen kantig verdünnt. Die Rippe besitzt gleichmäßig strukturierte Spongiosa. Die Corticalis ist bis auf die schwächere Stelle der Rippe, wo sie verstärkt ist, überall gleichmäßig dick (Abb. 73 b).

Röntgenbild: Die an der Wirbelsäule noch festsitzende 8. Rippe gleicht bis auf geringe Verbreiterung und Rauhigkeit der Oberfläche in allem der normalen Nachbarrippe. Die zugehörige Arteria intercostalis ist etwa auf das Doppelte ihres Volumens vergrößert.

Die herausgenommene 6. Rippe ist etwas unregelmäßiger in ihrem Verlaufe. Ihre Struktur ist im Röntgenbild aber durchaus normal. Sie besteht aus spongiösem Knochengewebe und besitzt eine schmale Corticalis.

Nr. 71 (Abb. 75).
(Feigel Abb. 27, 8; Text 437; Sa. 247.)

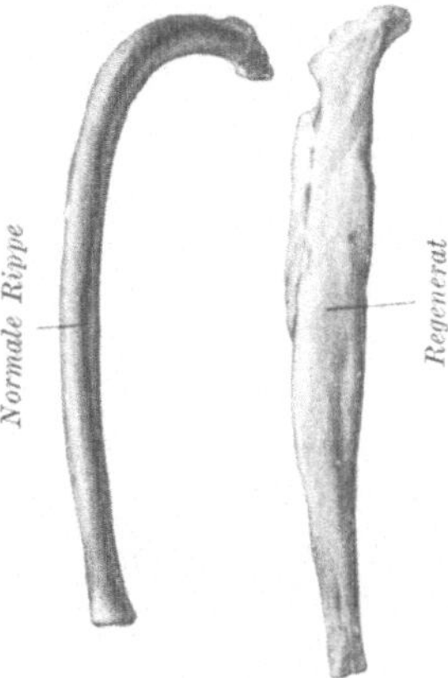

Abb. 75 (Vergr. ⁹/₁₀).

Die 8. bis 11. Rippe der rechten Seite von einem Hunde. Aus der 10. Rippe wurde ein Stück herausgesägt, die Wiedereinheilung versucht und der Hund nach 8 Monaten und 27 Tagen getötet.

Sektion: Nach Ablösung der Beinhaut können wir die Durchschnittsstellen an der Rippe durchaus nicht unterscheiden: die neugebildete Masse zeigte weder in Farbe noch Härte u. dgl. eine Verschiedenheit. Die Rippe ist in ihrem ganzen Umfange breiter geworden und nach hinten mit einem scharfen Rande versehen. Die Beinhaut ist hier nicht von der Dicke wie am vorigen Präparat und zeigt auch in Farbe und Struktur von der normalen keine Verschiedenheit, die Insertion der Intercostalmuskeln ist wie gewöhnlich.

Die Rippe ist in ihrem Verlauf wieder hergestellt. Sie ist vorn gleichmäßig abgerundet und läuft nach hinten spitz zu. Im Bereich der Resektionsstelle ist sie verbreitert und wenig eingekerbt. Das sternale Ende ist dünner geworden und scheint in Atrophie begriffen.

Nr. 72 (Abb. 76).
(Feigel Abb. 30, 2; Text 459; Sa. 237.)

Der linke Humerus aus einem 7 Monate alten Hunde nach der Resektion eines 12″ langen und 2″ breiten Knochenstücks aus der kompakten Substanz bis auf die Markhöhle.

Das Markgewebe wurde am Körper des Humerus an seiner vorderen Seite in angegebenem Masse bloßgelegt, und wie man dasselbe mit einem Pinsel oder einer feinen Sonde berührte, verriet das Tier großen Schmerz. Die Wunde der Weichteile wurde geheftet und vernarbte in wenigen Tagen.

Sektion nach 5 Monaten: Der Substanzverlust des Knochens hat sich vollkommen wieder ersetzt, die Spalte ist durch dichte kompakte Knochensubstanz wieder ganz geschlossen. Man erkennt die frühere Operationsstelle nur an einer leichten, an der äußeren Oberfläche des Humerus befindlichen Abflachung und zwei länglichen, abgerundeten Kanten, die den Rändern der früheren Knochenspalte entsprechen. Der Knochen wurde der Länge nach durchsägt, und man findet die Markhöhle unmerklich verengert, sonst aber frei, ohne durch abgelagerte Knochenmasse ausgefüllt zu sein, wie dies gewöhnlich in der ersten Zeitperiode nach der Operation der Fall ist.

Aus dem Protokoll ist die Lage des Schnittes nicht mit Sicherheit zu entnehmen. Am Präparat ist ein feiner, schwach vertiefter Streifen zu erkennen, der durch die hellere Farbe des Knochens auffällt. Er gibt die mutmaßliche Operationsstelle an (Abb. 76 a). Mit Ausnahme der geringen, kaum fühlbaren Vertiefung des Schnittkanals, einer geringen Verbreiterung des Humerus in der Mitte des Schnittes, so daß der Übergang in den runden Teil des Schaftes etwas plötzlich erfolgt, und eines kleinen runden Knochenvorsprungs an der medialen Seite des Humerus, ist die Knochenwunde, ohne Spuren zu hinterlassen, verheilt. Der aufgeschnittene Schaft zeigt die Erhaltung des Markraums und Bildung einer normalen

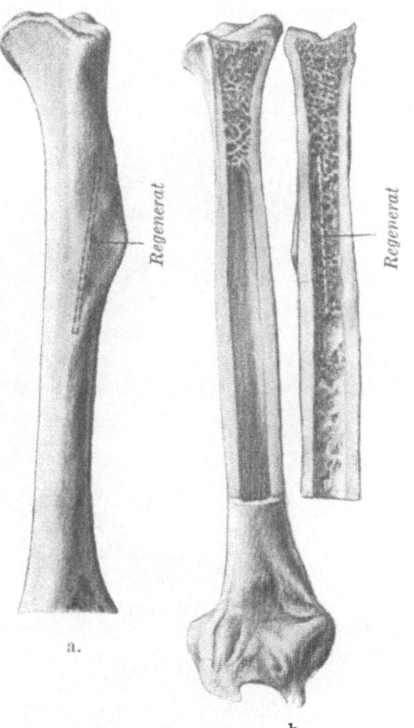

Abb. 76 (Vergr. ⁴/₅).

Spongiosa (Abb. 76 b). Über der Resektionsstelle ist die Compacta $1^1/_2$mal so stark wie am übrigen Schaft.

Der Kopf des operierten Humerus ist anscheinend durch eine andere Operation oder Schädigung deformiert und auch so im Bilde wiedergegeben.

Im Röntgenbild ist die Operationsstelle nicht mehr zu erkennen.

Nr. 73 (Abb. 77).

(*Feigel* Abb. 30, 5; Text 461; Sa. 238.)

Die rechte Vorderextremität eines 3 Jahre alten Hundes. Es wurde zwischen dem Rande des fleischigen Teils des langen und kurzen Kopfes des Biceps ein Einschnitt gemacht und das Periost ringsum vom Knochen abgelöst und dann aus dem Schaftzylinder ein Knochenstück herausgeschnitten. Durch die Muskeltätigkeit wurden beide Knochen gegeneinander gezogen, was durch einen Extensionsverband nicht zu verhindern war. Im Verlaufe bildete sich ein widernatürliches Gelenk mit sehr beschränkter Beweglichkeit, daher der Gebrauch dieser Extremität auch unvollkommen war.

Sektion nach 8 Monaten: Verkürzung des Humerus um die Hälfte der normalen Länge, herrührend von der winkeligen Biegung desselben an der resezierten Stelle und durch Aufsaugung oder Nekrosierung der Knochensubstanz an den beiden Schnittenden. An den letzteren hat sich ringsum an der äußeren Oberfläche neue Knochenmasse gebildet, und ein Teil der alten Knochenröhre wurde innerhalb der neuen resorbiert, wodurch in dem unteren Schnittrande eine Art von hohler Kapsel entstand, in welcher ein Fortsatz des oberen Endes artikulierte. Dieses widernatürliche Gelenk war sehr fest zusammengefügt und durch ein faserbandartiges, sehr festes Gewebe verbunden, welches nur eine geringe Beweglichkeit gestattete. Auffallend ist der Unterschied in der Lage und dem Verlaufe beider Köpfe des Biceps: während der lange Kopf ganz gerade gestreckt an der inneren Seite des Oberarms herabläuft, wurde der kurze Kopf durch das winkelige Zusammenstoßen des Knochens an dem widernatürlichen Gelenk so stark nach außen gedrückt, daß der fleischige Teil ganz platt und breit gedrückt und eine sehr starke Biegung um den Knochen herum bildet und seine natürliche Wirkung bei der Beugung des Vorderarms ganz verloren hat.

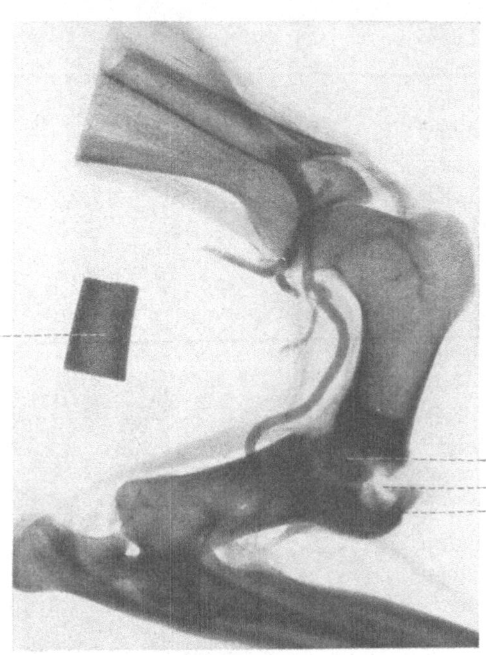

Abb. 77 (Vergr. ³/₄).

Der ursprüngliche unbeschädigte Humerus war schätzungsweise 12 cm lang. Nach der Resektion eines zylinderförmigen, 1,7 cm langen Stückes aus der Mitte des Humerusschaftes bildet das proximale und distale Stück des Humerus einen nach außen vorn gerichteten stumpfen Winkel von etwa 110°, wobei die Knickung etwa in die Mitte des Schaftes fällt. Durch diese Knickung resultiert eine Verkürzung des Oberarms um 4 cm. Das distale Humerusstück ist nach innen rotiert und dadurch der Unterarm adduziert. An der Resektionsstelle hat sich eine Pseudarthrose gebildet: auf der nußschalenförmigen Vertiefung im distalen Schaftende ruht der obere Teil des Humerus, der sich der Form seines Lagers anpaßt und mit einem rollenförmigen Knochenwulst darin liegt.

Nach *Feigel* war diese Vereinigung nur in geringem Ausmaß beweglich und durch Bänder weitgehend fixiert. Der lange Kopf des Biceps hat den Unterarm nach innen und oben gezogen und damit das frei bewegliche distale Humerusstück innen rotiert. Dabei ist der kurze Kopf des Biceps außen liegengeblieben und umschließt nun bandartig plattgedrückt in Form einer Spirale die Pseudarthrose, was zu ihrer Feststellung ebenfalls beigetragen hat.

Röntgenbild: Das distale Humerusende ist an der Resektionsstelle durch einen hakenförmigen Fortsatz auf der Beugeseite verbreitert und umgreift damit eine ungefähr kreisförmige Aussparung, die als Fistelgang aufgefaßt wird. Von ihr aus verlaufen zwei aufgehellte Linien, von denen die proximale das Bruchende des oberen Humerusstückes begrenzt, während die zweite, distale, die Demarkationslinie eines unregelmäßigen Kronensequesters darstellt. Die nach der Streckseite gelegene geringe knöcherne Verbindung ist spärlich gebildeter strukturierter Brückencallus. Die Markhöhle ist nach der Pseudarthrose hin geschlossen. Das Knochengewebe um die Resektionsstelle herum ist sowohl im proximalen wie im distalen Schaft verstärkt kalksalzhaltig und von Resorptionssäumen begrenzt.

Nr. 74 (Abb. 78 u. 79).

(*Feigel* Abb. 30, 6; Text 462; Sa. 239.)

Aus dem linken Humerus eines Hundes wurde in der Mitte des Schaftes ein zylindrisches Knochenstück herausgesägt. Das Resultat ist hier aber ein anderes geworden, indem die beiden abgesägten Enden des Humerus durch neuerzeugte Knochenmasse innig miteinander verschmolzen sind. Der Knochen hat bedeutend an Umfang gewonnen und ist an der zusammengewachsenen Stelle von hinten nach vorn gekrümmt. Der Humerus wurde der Länge nach durchschnitten, und man sah, daß die Markhöhle größtenteils durch Absetzung von neuer Knochenmasse fast gänzlich ausgefüllt ist. An der Verbindungsstelle ist noch eine Öffnung zurückgeblieben, die den Knochen quer durchdringt. Dieselbe war mit einer gefäßreichen Membran ausgekleidet, an welcher sich etwas neue Knochenmasse abgesetzt hat, so daß sich vermuten läßt, dieselbe sei zur Ausfüllung mit neuerzeugtem Knochenstoff bestimmt gewesen, wenn das Tier lange genug gelebt hätte. In dieser Öffnung lag wahrscheinlich ein nekrosiertes Knochenstück, welches durch die aufsaugende Tätigkeit der in der genannten Membran befindlichen Gefäße zerstört worden war.

Aus dem Humerus eines Hundes ist die abgebildete Schaftmanschette reseziert worden (Abb. 78). Der Humerus ist als Folge der Operation stark deformiert und verkürzt. Während der Kopf nur geringe Veränderungen aufweist, ist der Hals stark verbreitert und der Schaft auch in der nicht von der Operation berührten oberen Partie etwa doppelt so dick geworden und stark abgeplattet. An der Resektionsstelle, die etwa 3 bis 4 cm oberhalb der Kondylen gelegen hat, ist eine feste knöcherne Verbindung entstanden, die keine Bewegung zuläßt. Der Knochen im ganzen ist nach außen so stark konvex gebogen, daß ein nach dem

Körper zu offener Halbkreis entsteht. In die Ebene dieses Kreisbogens fällt auch die Abplattung des Knochens. Der stärkste Anteil der Krümmung entfällt auf die Operationsstelle, die durch einen quer verlaufenden Fistelgang gekennzeichnet ist, der auf der Außenseite mit einer nadelförmigen Knochenspange mündet. Die Kondylen haben ihre ursprüngliche Form im allgemeinen erhalten und haben durch die Durchbiegung und Torsion des Schaftes eine Drehung nach außen erfahren, so daß die Bewegungsachse der Unterarmknochen stark nach außen verlagert ist. Der ganze Knochen bietet mit zahlreichen Unebenheiten und Formveränderungen der Oberfläche und dem starken Fistelgang das Bild eines alten Eiterungsherdes dar. Der aufgesägte Knochen läßt eine dünne Corticalis und eine mit Spongiosa erfüllte Markhöhle erkennen. Es ist eine Andeutung einer Epiphysenlinie vorhanden.

Röntgenbild: Der Humerus ist in seiner oberen Hälfte plump und gedrungen. Die Corticalis ist bis auf einen ganz schmalen Rest verschwunden und wie die Markhöhle durch ein dichtes Spongiosagewebe ersetzt. Nach der Stelle der Resektion nimmt die Breite des Knochens noch etwas zu. Er gabelt sich hier in zwei ungefähr gleichstarke Fortsätze, welche eine Knochenhöhle umschreiben und

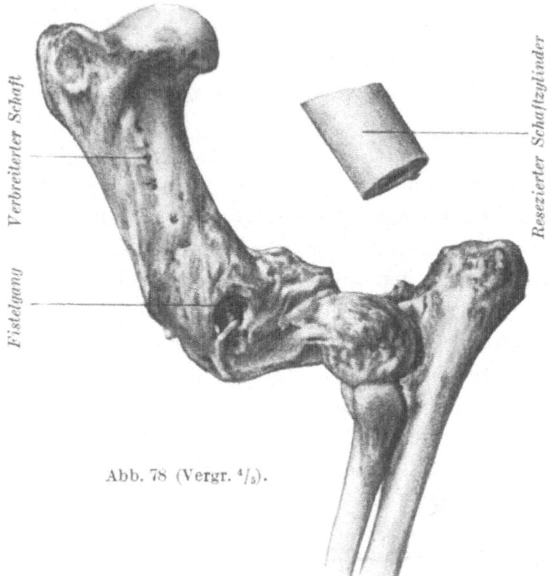

Abb. 78 (Vergr. ⁴/₅).

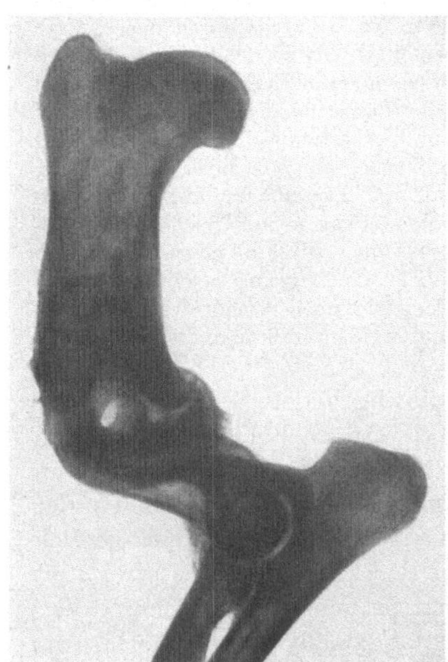

Abb. 79 (Vergr. ³/₄).

ihrer Struktur nach aus demselben spongiösen Gewebe bestehen. Ein schmaler von Corticalis begrenzter Kanal verläuft in unregelmäßigen Windungen nach der Streckseite. Erst hart über dem Ellbogengelenk gewinnt der Humerus wieder seine ursprüngliche Form.

Nr. 75 (Abb. 80 u. 81).

(*Feigel* Abb. 82, 2; Text 476; Sa. 242.)

Die Ulna und der Radius der rechten Seite aus einem Hunde nach partieller Resektion.

Zu derselben Zeit, wie die vorstehende Resektion vorgenommen wurde, nahm man aus einem ähnlichen Hunde und von gleichem Alter ein Knochenstück aus dem Radius von 9‴ Länge, während jenes nur 8‴ hatte. Diese eine Linie ersetzt den Abfall (Sägespäne) des Knochens, welchen das Osteotom veranlaßt, und dadurch kamen die Schnittflächen miteinander in genaue Berührung. Die Beinhaut wurde von diesem resezierten Stück nicht gelöst.

Untersuchung 4 Monate nach der Operation. Das entfernte Knochenstück hat sich durch neue Ablagerung nicht wieder ersetzt. Die ehemals quer abgeschnittenen Enden bilden eine abgerundete, stumpfe Spitze, und das vordere (untere) artikuliert an einem zur Seite der Ulna neu erzeugten Höcker.

Die Lücke ist in ihrer ganzen Ausdehnung (1,5 cm) im Radius erhalten. Der Verlauf des Knochens ist nicht wiederhergestellt worden. Vom Radiusköpfchen ab hat der Radius seine normale Rundung und Glätte verloren, er wird

Abb. 80 (Vergr. ³/₄).

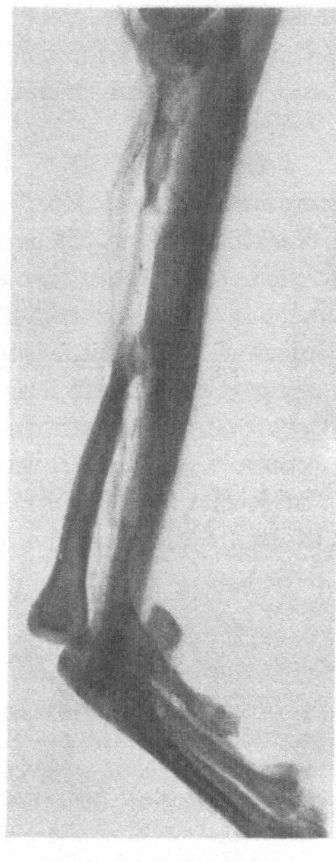

Abb. 81 (Vergr. ³/₄).

nach distal in zunehmendem Maße zu einem dünnen, sich spießförmig verjüngenden, unebenen Keil, der nicht in Verbindung mit der Ulna tritt. Hingegen hat das distal gelegene Ende des Radius an einer wulstförmigen Auflagerung der Ulna, die nach dem Olecranon zu allmählich in die ursprüngliche Rundung des Ulnaschaftes übergeht, einen Stützpunkt gefunden (Abb. 80). Während ein Teil des distalen Radiusendes pfannenartig gehöhlt in dem beschriebenen wulstartigen Stützcallus der Ulna seinen „Gelenkkopf" findet, ist auf seiner medialen Seite die Ulna von einem kleinen Höcker des Radius, der in einer runden, recht tiefen Einsenkung der Ulna liegt, zahnartig erfaßt und stützend verankert. Durch die Verbreiterung, welche mit dem distalen Radiusende nach dessen Abbiegung in eine Achse fällt, ist der Radius der Beanspruchung nach Anteil der Ulna geworden, oder die Ulna wie ein zweistrahliger Knochen zu den Handwurzelknochen in gelenkige Verbindung getreten. Der Vorgang ist also so zu verstehen: Bei der Belastung des Radiokarpalgelenkes wird der auf dem Radius lastende Druck, der sich sonst auf das Capitulum Humeri projiziert, abgelenkt und das distale Radiusstück ulnarwärts abgedreht. Durch die Berührung der Bruchfläche mit der Ulna wird ein Reiz gesetzt, der zur Entwicklung eines knöchernen Widerlagers auf der Ulna geführt hat, so daß die Ulna also jetzt die gesamte Last trägt.

Röntgenbild: Die Ulna zeigt noch in einem unterhalb des Olecranon gelegenen kurzen Abschnitt eine deutliche Markhöhle; im weiteren Verlaufe ist sie diffus verschattet, enthält also Markcallus. Die periostalen Auflagerungen entsprechen dem makroskopischen Befunde: die ulnare Spitze der distalen Radiushälfte liegt verzahnt in den apponierten Knochenmassen der Ulna, die dem Radius ein kräftiges Widerlager geben, um sich dann wieder zu verlieren (Abb. 81). Das Radiusende ist von durchaus normaler Struktur. Die Markhöhle ist an der Resektionsstelle durch breiten Callus verschlossen. Das Capitulum radii trägt einen in Rückbildung begriffenen unregelmäßigen griffelförmigen Fortsatz als Rest des proximalen Radiusschaftes.

Nr. 76 (Abb. 82 u. 83).

(*Feigel* Abb. 32, 1; Text 476; Sa. 240.)

Die Ulna und der Radius von einem 1 Jahr alten Hunde. Das Mittelstück des Radius der rechten Seite wurde reseziert und dafür ein ähnliches aus einem anderen Hunde eingesetzt, von welchem das nächstfolgende Präparat herstammt. Das transferierte Knochenstück blieb in Verbindung mit seiner Beinhaut, um die mutmaßliche Einheilung desto eher zu erzielen. Man befestigte dasselbe an seinem neuen Bestimmungsorte durch Ligaturen und heftete dann ebenfalls die Wunde der Weichteile, welche per primam reunionem heilte. Es trat indessen Anschwellung und Empfindlichkeit ein, und am 7. Tage bildete sich eine Fistel, aus der sich rötliche Lymphe mit Eiter entleerte. Am 20. Tage brach eine zweite Fistel auf, und das eine Ende des eingefügten Knochenstücks war schon beweglich geworden. Nach und nach krümmte sich die Ulna in der Mitte etwas nach hinten; die Fisteln schlossen sich und brachen aufs neue wieder auf. Nach 4 Monaten, wie das Tier getötet wurde, fand sich noch eine eiternde Fistel.

Sektion nach 4 Monaten: Das eingefügte Knochenstück fand sich nicht mehr vor, sondern nur einzelne, mißfarbige und angefressene Knochenstückchen, die in einer in dem Mittelstück des Radius befindlichen Lücke (Kloake) lagen und aus neugebildeter Knochenmasse bestehen. Das gegenwärtige Mittelstück des Radius ist viel breiter und dicker als früher. An jedem Schnittende hat sich neue Knochenmasse angesetzt, die an jeder Seite zwei gabelförmige Fortsätze bildet, welche aneinanderstoßen und fest miteinander verbunden sind. Hierdurch wird die vorerwähnte Kloake gebildet.

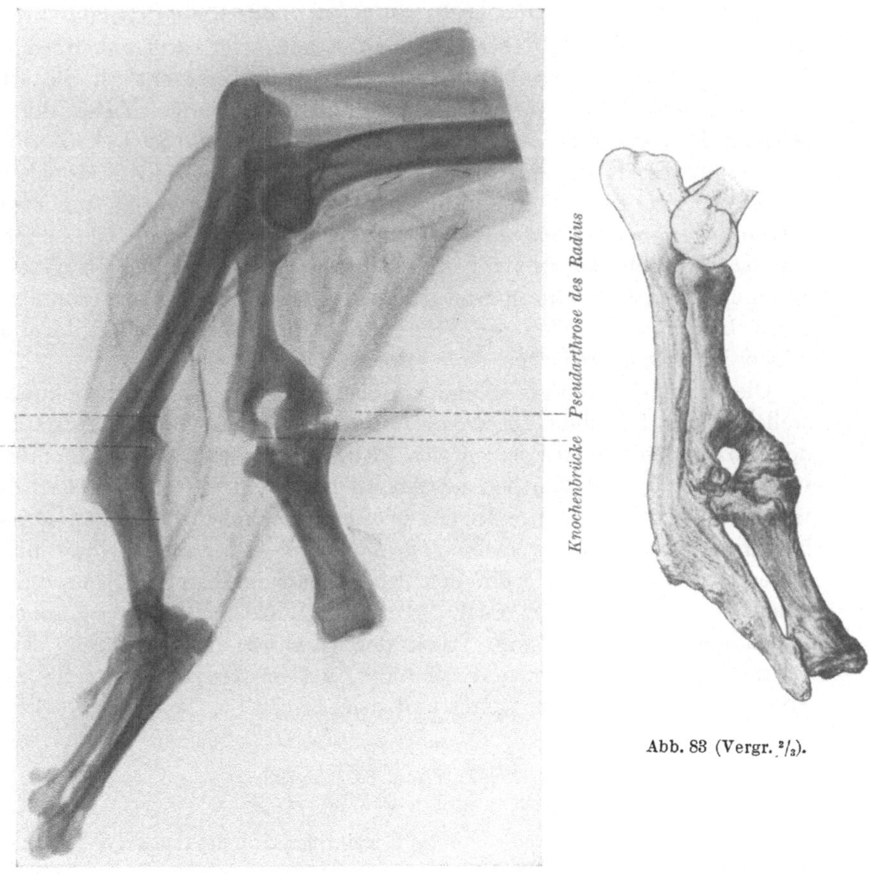

Abb. 83 (Vergr. ²/₃).

Abb. 82 (Vergr. ²/₃).

Die Resektions- und Implantationsstelle hat etwa in der Mitte des Radius gelegen. Hier hat sich unter bogenförmiger Umgreifung des abgestorbenen Transplantats eine gabelförmige Stützbrücke gebildet, die die Kontinuität funktionell sicher wiederherstellte, aber wohl nur in der an der medialen Radiuskante gelegenen Knochenbrücke knöchern ist, während in dem, eine Impression an der eingeknickten Ulna hinterlassenden lateralen Stützbogen ein Spalt verblieben ist, der offensichtlich nur bandartig die Verbindung mit dem distalen Radiusende herstellte. Die Ulna zeigt an der Berührungsstelle mit dem eben beschriebenen Knochenbogen des Radius eine kolbige Verdickung um etwa das Doppelte ihres normalen Umfanges, eine Einknickung nach dem geschädigten Radius zu und besitzt eine rauhe, poröse wie abgenagte Oberfläche, besonders an der in der Abb. 83 nicht sichtbaren Fläche.

Röntgenbild: Der Radius ist in seiner Mitte durch eine Pseudarthrose in zwei Stücke geteilt. Das proximale Stück zeigt zwei gabelförmige Fortsätze. Der auf der Streckseite gelegene Fortsatz enthält die alte Corticalis und bildet die Fortsetzung des Markraumes. Der dorsal gelegene Fortsatz sitzt der Corticalis breitbasig auf und ist hakenförmig gekrümmt. Er ist an seinem Ende verbreitert und von einem Knochendeckel gedeckt, ähnlich einer Fingerphalange. Den beschriebenen Fortsätzen gegenüber ist das distale Radiusstück ebenfalls gegabelt. Seine Enden sind nicht zu scharf voneinander getrennt. Auf der Beugeseite scheinen die Stücke durch eine schmale knöcherne Brücke verbunden. Sonst besteht eine gelenkige Verbindung, die einen ungefähr birnförmigen Hohlraum zwischen sich schließt.

Die Ulna ist in entsprechender Höhe geknickt. An der Knickungsstelle ist der Knochen verbreitert. Die Markhöhle und die Ausläufer des proximalen Stückes setzen sich in die Verdickung hinein ein Stück weit fort, sind aber deutlich im Abbau begriffen. Es scheint, daß die innere Lamelle der Corticalis des proximalen Endes die beiden Markhöhlen gegeneinander verschlossen hat. An dieser Stelle liegt nach außen oben (Streckseite) ein deutlicher Spalt im Knochen, der durch einen quer verlaufenden Deckel scharf begrenzt ist: also beginnende Pseudarthrose. Das distale Stück der Ulna ist auffällig breit, seine Corticalis kalksalzärmer und schmäler, als im proximalen Teil. Die Spongiosa ist hier weitmaschig und atrophisch.

Nr. 77 (Abb. 84 u. 85).

(*Feigel* Abb. 84, 4; Text 497; Sa. 242.)

Das linke Oberschenkelbein eines vierjährigen Hundes nach der Resektion eines länglichen Knochenstückes.

Durch die Herausnahme eines Knochenstückes aus der kompakten Substanz des Schenkelbeins wurde das Markgewebe von der Länge eines Zolles und 2′″ breit bloßgelegt. Die Wunde der äußeren Haut vernarbte in wenigen Tagen und man ließ das Tier im Freien umherlaufen, wobei es anfangs mit dem operierten Fuße wie gewöhnlich auftrat, was aber bis zum 12. Tage nicht mehr mit Sicherheit möglich war.

Sektion: Es hat sich um den Knochen eine rauhe höckrige Masse abgelagert, die denselben wie ein Futteral umgibt. An der Knochenwunde findet man eine Art Kloake, in welcher ein Stück des alten Knochens liegt, das von einer gefäßreichen Membran umgeben war. Der Sequester ist noch nicht an allen Punkten losgestoßen und wird längs dem einen Rande durch neue Knochenmasse überdeckt. Die neu erzeugte Knochensubstanz war innig von dem etwas verdickten gefäßreichen Periost umgeben, und dasselbe schickte häutige Verlängerungen und Gefäße in entsprechende Öffnungen der neuen Substanz. Auch hier kann man annehmen, *daß das Periost den Knochenstoff abgesetzt hat*, da dieses Spuren erhöhter Tätigkeit an sich trägt, was bei dem alten Knochen durchaus nicht der Fall ist.

Den ganzen Schaft des Femur nimmt eine Totenlade ein, die von der Mitte bis zu den Femurkondylen

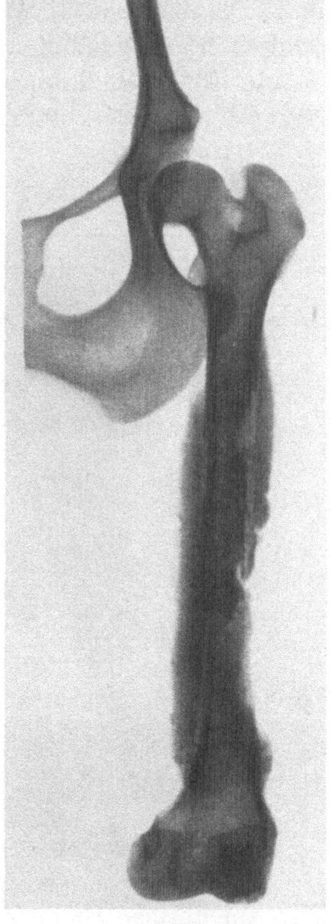

Abb. 84 (Vergr. ⁴/₅).

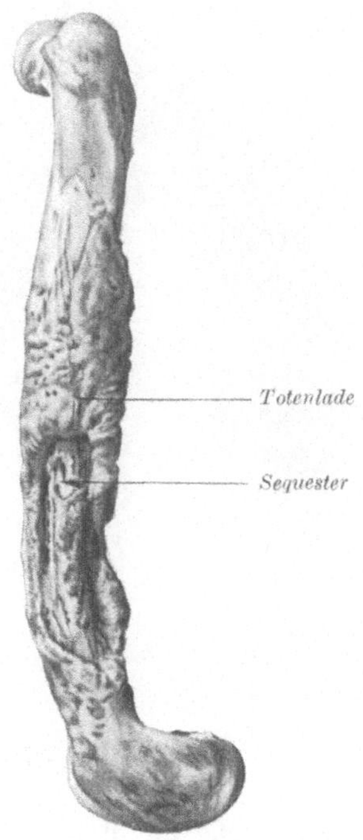

Abb. 85 (Vergr. ⁴/₅).

herabreicht und auf der Außenseite ein längsovales Fenster hat, in dem ein Sequester sichtbar liegt. Daneben findet sich auch vom Mark neugebildeter Knochen.

Röntgenbild: Es liegt eine Osteomyelitis fast des ganzen Schaftes vor, mit periostalem Callus, lacunärer Resorption und Sequesterbildung.

Nr. 78 (Abb. 86 u. 87).

(Fehlt bei *Feigel;* Beschriftung des Präparates; Sa. 243.)

Operation: Resektion eines über 5 cm langen, 2—10 mm breiten Stückes aus der kompakten Substanz der Innenseite der linken Tibia. Freilegung des Markes.

Erfolg: Nach $2^1/_2$ Monaten gänzliche Verschließung der Lücke durch neugebildeten Knochen.

Der Defekt ist vollständig und einigermaßen formgleich ausgefüllt. Die Operationsstelle ist äußerlich durch eine geringe glatte Vertiefung markiert. Der aufgeschnittene Knochen zeigt einen etwas verkleinerten, mit normaler Spongiosa erfüllten Markraum. Die Kompakta ist auf allen drei Seiten, auch auf der operierten Tibiaseite gleichmäßig stark.

Röntgenbild: Die untere Schnittlinie ist im Röntgenbild noch zu erkennen. Der Kalkgehalt des unversehrten Tibiateils ist durch die

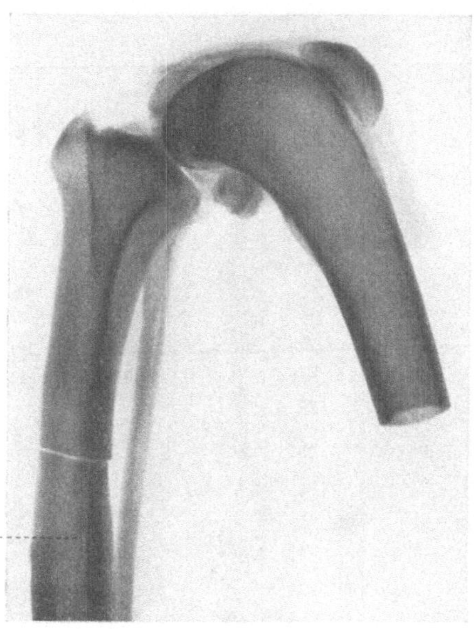

Abb. 86 (Vergr. $^3/_4$).

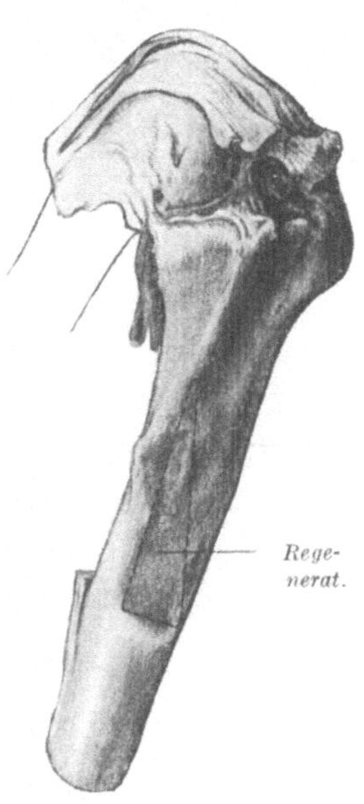

Abb. 87 (Vergr. $^3/_4$).

größere Dicke des Knochens bedingt stärker. Im übrigen ist aber der Defekt so vollkommen wieder hergestellt, daß seine seitliche und obere Begrenzung nur noch undeutlich wahrnehmbar ist. Er hat dieselbe gleichmäßige Struktur der Spongiosa und der Corticalis wie der übrige unberührte Knochen.

Nr. 79 (Abb. 88).
(Feigel Abb. 28, 7; Text 445; Sa. 248.)

Das Becken eines großen Spitzhundes von der Bauchseite in aufrechter Stellung.

Der linke Sitzbeinhöcker wurde am 20. II. 1832 auf folgende Weise ausgeschnitten: Nachdem durch starke Beugung der Schenkel die Teile über dem Sitzbeinhöcker möglichst stark angespannt worden waren, machte man über denselben einen 4″ langen Schnitt bis auf den Knochen, trennte von dessen äußerer und innerer Fläche mit dem Messer und der stumpfschneidigen Nadel die Weichteile sorgfältig ab, durchsägte nun den absteigenden Sitzbeinast 4''' unter der Gelenkpfanne mit Anwendung beider Decker: indem der untere hebelartige am äußeren und der obere am inneren, das eirunde Loch begrenzenden Rand jenes Knochens in die durch die angeführte Nadel gereinigte Bahn eingeführt wurde. Ebenso durchschnitt man den aufsteigenden Sitzbeinast 4''' von der Schambeinfuge entfernt. — Naht. Heilung in 8 Tagen per primam.

Der Hund konnte schon nach einigen Wochen wieder umherspringen, hinkte aber noch etwas mit dem linken Fuße.

Untersuchung 6¹/₂ Monate nach der Operation: Die Schnittränder der Sitzbeinäste sind durch ein festes ligamentöses Gewebe miteinander verbunden, welches das Foramen obturatorium nach unten verschließt. Ein breiteres Stück dieser Bandmasse nimmt die Stelle des aufsteigenden Sitzbeinastes ein, in welcher viele Knochenkerne sichtbar sind.

Die plastische Tätigkeit des Organismus hat sich nicht auf die Regeneration des abgetrennten Teiles beschränkt, *sondern auch in dem mit demselben verbundenen Knochen gezeigt, indem der linke horizontale Ast des Schambeines noch einmal so breit und dick ist als der rechte.* Ebenso ist der gleichseitige absteigende Ast des Schambeines um etwas breiter und dicker als der entgegengesetzte. Auch ist die Farbe dieser Knochen von der normalen abweichend und zeigt sich schmutziggelb und blaßrötlich. Die Schnittränder der Sitzbeinäste sind zu- und abgerundet mit einigen kleinen Knochenansätzen versehen. Man kann eine Veränderung genauer beurteilen, wenn man Vergleiche anstellt mit den Abschnittsflächen an dem resezierten Knochenstück.

Das kleine Becken ist schief, die Schamfuge weicht nach links ab, und zwar am oberen Rande des horizontalen Schambeinastes um 1''',

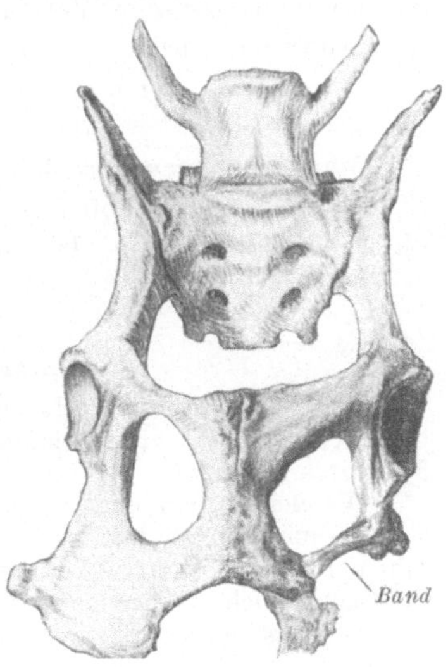

Abb. 88 (Vergr. ²/₃).

der auf der linken Seite etwas höher steht als auf der rechten. Diese Formveränderung des Beckens ist nicht nur durch angegebene gesteigerte Knochenproduktion erzeugt worden, sondern mit dieser zugleich durch die Wirkung der Muskeln. Durch die Hinwegnahme des Sitzbeinhöckers wurde das Foramen ovale geöffnet: der Knochenring einesteils seiner Stütze beraubt und in einen offenen Bogen verwandelt, konnte nun durch die Kontraktion der an die beiden Sitzbeinäste anschlagenden Muskeln bewegt und verengert werden. Durch diesen auf den Knochen beständig wirkenden Reiz ist in ihm eine Entzündung und als Folge derselben dessen bedeutende Anschwellung erzeugt worden.

Der resezierte untere Schambeinast nebst dem Sitzbein ist in keiner Weise regeneriert worden. An seiner Stelle befindet sich ein sehr festes Band, das den 1 cm unterhalb der Pfanne gelegenen Knochenstumpf, der eine noch kantige Resektionsfläche zeigt, mit dem 1,2 cm von der Symphyse entfernten stehengebliebenen Rest des unteren Schambeinastes verbindet. Der unverletzt gebliebene linke obere Schambeinast ist um etwas mehr als das Doppelte gegenüber dem rechten oberen Schambeinast verdickt und verbreitert. Dementsprechend hat sich die Form des Foramen obturatorium aus der mehr eiförmigen einer mehr runden Form angenähert (Abb. 88). Der Beckenring als Ganzes ist um wenige Millimeter nach rechts verschoben, die Symphyse steht um einige Grade nach links geneigt und verläuft am verdickten oberen Schambeinast sanft nach links verbogen. Durch die Verbreiterung des linken oberen Schambeinastes erscheint die Beckeneingangsebene in der linken Beckenseite nicht mit der der rechten Seite übereinzustimmen. Eine Verengerung des Beckens ist nur insoweit vorhanden, als sie durch die kompensatorische Verstärkung des linken oberen Schambeinastes hervorgerufen wird.

Röntgenbild: Der linke obere Schambeinast ist fast um das Doppelte verdickt. Seine Corticalis ist verbreitert und der Kalkgehalt stärker. Der Markraum ist vorhanden und verbreitert. Die Enden des resezierten Stückes des rechten oberen Schambeinastes sind scharf abgesetzt und ohne jede Neubildung. Die bindegewebige Brücke ist frei von Knochen.

Nr. 80.
(*Feigel* Abb. 28, 5; Text 443; Sa. 249.)

Aus dem Becken eines kleinen Hundes wurde der horizontale Schambeinast der rechten Seite mittels des Osteotoms herausgenommen und das Tier nach 3 Monaten getötet.

Vergleicht man nun die Schnittflächen des herausgenommenen Knochenstückes mit den Stümpfen, so korrespondieren dieselben durchaus nicht mehr miteinander; auch hat sich etwas neue Knochenmasse abgesetzt. Daher ist denn die Lücke auch kleiner geworden. Der unverletzt gebliebene linke horizontale Schambeinast erscheint etwas stärker und rauher als im normalen Zustand.

Der rechte obere Schambeinast hat sich nicht wieder gebildet. Die Stümpfe sind abgedeckelt. Der linke horizontale Schambeinast ist in geringem Maße verstärkt.

Nr. 81 (Abb. 89).
(*Feigel* Abb. 28, 4; Text 442; Sa. 236.)

Das Becken eines großen Hundes, von welchem die Darmbeine größtenteils entfernt wurden.

Es ist hier ein keilförmiges Knochenstück aus der Vereinigung der Schambeine mittels des Osteotoms gesägt worden, und zwar in der Absicht, um einen vorhandenen Stein aus der Harnblase zu entfernen. Die Geschichte der Chirurgie hat Fälle aufzuweisen, in denen es nicht möglich war, die Kranken auf den bekannten Wegen von ihrem pathischen Produkt zu befreien. Für solche Fälle machte *B. Heine* nicht nur Versuche an Leichen, sondern auch an lebenden Hunden, von welchen ich diesen mitteile. Prof. *Heine* trennte die Weichteile auf dem Schambogen durch einen 2″ langen Schnitt und gewann so Platz genug, um das Knochenstück aus der Symphyse entfernen zu können. Hierdurch wurde die Blase leicht zugängig und konnte nach Einführung einer Steinsonde in die Urethra ohne Schwierigkeit geöffnet werden. Der Mangel eines Steines in der Blase wurde

durch Einbringung eines solchen ersetzt und darin 1 Stunde belassen. Die Blase
hatte auf den Reiz reagiert und durch partiellen Krampf den Stein in einen Blind-
sack eingeschlossen. Um dies näher beobachten zu können, wurden durch die
Urethra Injektionen gemacht und dann der Stein mittels einer krummen Zange
wieder aus der Blase entfernt. Man vereinigte nun den oberen Wundwinkel so,
daß der Urin noch frei ausfließen konnte, was auch in den ersten 4 Tagen unaufhörlich geschah. Am 5. Tage aber konnte das Tier schon stoßweise denselben aus
der Urethra entleeren, und es floß nur noch wenig aus der Wunde, bis am 8. Tage
die Wunde völlig vernarbt war.

Sektion 1 Monat nach der Operation: Man sieht an diesem Becken, daß durch
die Entfernung des angegebenen Knochenstückes sein Zusammenhang nicht gefährdet wird, da kaum die Hälfte der Schambeinvereinigung verletzt ist. Ein

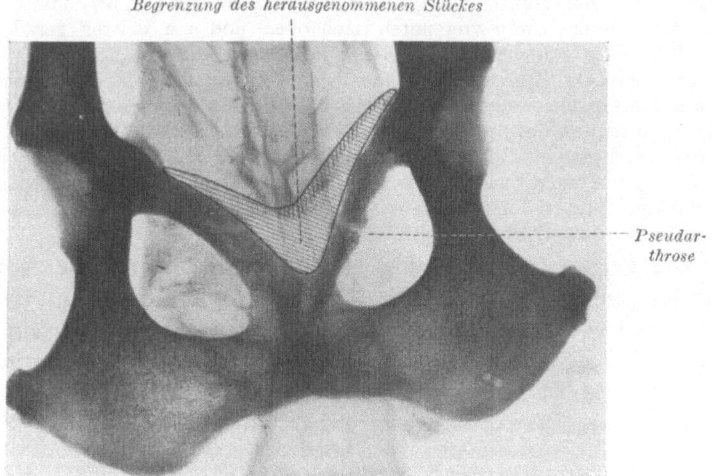

Abb. 89 (Vergr. ²/₃).

gleiches Resultat gibt es auch beim Menschen. Hätte man den Hund nicht getötet, so würde sich auch, wenn nicht ganz, so doch teilweise die Wegnahme des
Knochens wieder ersetzt haben, da sich die Schnittränder schon merklich dazu
vorbereitet haben: sie sind abgerundet und uneben durch neue Granulation usw.

Die beiden oberen Schambeinäste sind uneben und höckerig, der
rechte ist dünn und walzenförmig, der linke mehr platt und der ursprünglichen Form angenähert. Es ist nur ein Abschluß der eröffneten
Markräume, aber keine wesentliche Ausfüllung des Defektes eingetreten.
Von dem im Röntgenbild zu beobachtenden queren Spalt im rechten
oberen Schambeinast ist äußerlich nichts zu bemerken.

Röntgenbild: Der rechte obere Schambeinast ist durch Knochenauflagerung und lakunäre Resorption rauh und unregelmäßig. Ungefähr
an der Grenze zwischen mittlerem und unterem Drittel des rechten
Schambeinastes liegt ein querer Spalt, gegen den der Knochen deutlich

abgedeckelt ist und nur ganz spärlich von durchgehender Spongiosa überbrückt wird. Dieser Spalt ist vielleicht als eine in Ausbildung begriffene Pseudarthrose aufzufassen (Abb. 89).

Nr. 82.
(Sa. 250.)

Das Becken eines Hundes von der linken Seite in der normalen stehenden Lage. Einen schon am rechten Seitenwandbeine trepanierten Hunde wurde 2 Monate später aus dem linken Darmbeine das nachfolgend beschriebene Knochenstück herausgesägt, und zwar auf folgende Weise:

Nachdem durch einen Kreuzschnitt der Knochen bloßgelegt worden war, wobei zwei Arterien unterbunden werden mußten, wurde 8''' oberhalb des Pfannengrundes ein Querschnitt von $^1/_2''$ gemacht, ein zweiter von $6^1/_2'''$ unter der Spina anterior inferior schräg von unten nach oben und ein dritter gerader Schnitt von 9''' etwas von der Incisura ischiadica major entfernt.

Sektion: Die Knochenlücke ist mit einer knorpeligen Masse ausgefüllt, in der sich schon Ossifikationspunkte gebildet haben. Da der obere Teil des Darmbeines durch Aussägung des unteren Stückes seiner Stütze beraubt war, so hatte er sich gegen den Pfannenteil hin gesenkt, wodurch eine leichte Skoliosis der Lendenwirbelsäule veranlaßt wurde. Durch die neugebildete Knorpelmasse gehen zwei mit Schleimmembranen ausgekleidete Fisteln bis auf den rechten falschen Lendenwirbel, der aber nicht angegriffen ist.

Die eingetretene Eiterung hat das Präparat für die Beurteilung wertlos gemacht. Die Ränder der Pfanne und der Stumpf des Darmbeins sind völlig deformiert und rauh. Das Darmbein hat seine frühere Form als Folge der dauernden Eiterung verloren. Die Kontinuität des Beckenringes ist nicht wiederhergestellt. Die beschriebene knorpelige Masse ist am Präparat nicht mehr erhalten.

Nr. 83.
(Fehlt bei *Feigel;* Beschriftung nach dem Präparat; Sa. 230.)

Operation: Resektion des Bogens und des Dornfortsatzes eines Lendenwirbels.

Erfolg: Tod am 15. Tage, Entzündung des Rückenmarks und seiner Häute. Lähmung der hinteren Extremität.

Nr. 84.
(*Feigel* Abb. 28. 2; Text 440; Sa. 246.)

Operation: Resektion zweier Proc. spinosi (großer Schäferhund).

Erfolg: Nach 5 Monaten wenig ergiebige Knochenproduktion und Abglättung und Abrundung der Schnittflächen durch Auflagerung neuer Knochenrinde.

Nr. 85.
(*Feigel* Abb. 28, 3; Text 441; Sa. 254.)

Die letzten Lendenwirbel und der obere oder vordere Teil des linken Darmbeines von einem sehr muskulösen Hunde.

Nachdem schon das rechte Hüftgelenk reseziert worden war, wurde der Bogen und Dornfortsatz des vorletzten Lendenwirbels ausgeschnitten. Auf der Mitte der Dornfortsätze wurde ein 3'' langer Einschnitt durch die Bedeckungen gemacht und die Muskeln zu beiden Seiten des Dornfortsatzes mit schräg gegen den Rückenmarkskanal gerichteter Sägespitze und mit Anwendung des Maßstabes eingeschnitten. Die Länge beider Einschnitte betrug 9''' und die Tiefe $2^1/_2'''$. Das Rückenmark lag nun in der Breite 4''' bloß und war von einer über $^1/_4'''$ dicken Lage Fett umgeben, welches eingeschnitten und teilweise entfernt wurde. Die Wundränder vereinigte man am oberen Schnittwinkel $1^1/_2''$ weit durch zwei Hefte, und der übrige Teil wurde offen gelassen, welcher sich bald darauf mit Serum füllte. Nach 26 Tagen war die Wunde völlig vernarbt, und nach 40 Tagen wurde der Hund getötet und die Gefäße injiziert.

Sektion: Von der Hautnarbe setzte sich ein dichtes festes Narbengewebe von weißlichgrauer Farbe durch die dicke Lage Fett, Aponeurose und Muskeln bis auf die Knochenlücke fort und füllte hier den Interspinalraum, sowie auch die durch die Operation entstandene Knochenlücke selbst völlig aus. Letztere ist beiläufig um 1''' kleiner geworden. Die harte Rückenmarkshaut ist an der geöffneten Stelle nicht wie gewöhnlich im normalen Zustande mit einer zarten Fettschicht bedeckt, sondern durch feinen, etwas zähen Zellstoff mit dem Rande der Knochenöffnung und mit dem Narbengewebe verwachsen.

Nr. 86 (Abb. 90).

(*Feigel* Abb. 28, 10; Text 448; Sa. 255.)

Das Becken mit dem resezierten Oberschenkel eines großen muskulösen Hundes von 6 Jahren.

Längs dem Darmbeine der rechten Seite, einige Linien seitwärts von der Spina ant. superior und 1'' unter derselben anfangend, wurde über dem Hüftgelenke ein 3'' langer Schnitt gemacht und mit diesem im stumpfen Winkel zusammentreffend ein zweiter ebenso langer über dem großen Rollhügel, mit der Längenachse des Schenkelbeins gleichlaufend. Das Schenkelbein wurde an der Basis des großen Trochanters ringsum von den Weichteilen befreit, quer durchsägt und das abgeschnittene Ende, nach Trennung der Kapselhaut und Durchschneidung des Lig. teres, herausgenommen. Hierauf wurde auch die Gelenkpfanne durch drei Schnitte getrennt und entfernt und dann die Wunde bis auf 2'' mit Heften vereinigt, worauf dieselbe hier in 8 Tagen geheilt war. Der übrige Teil der Wunde vernarbte erst in 3 Wochen. Ungefähr nach 6 Wochen machte der Hund manchmal Versuche, die kranke, etwas verkürzte Extremität beim Gehen mit zu gebrauchen, bis sich nach und nach eine regelmäßige Bewegung derselben einstellte.

Sektion $5^1/_2$ Monate nach der Resektion. An das dem großen Trochanter entsprechende obere Knochenende hatten sich die Gesäßmuskeln, der Musc. pyriformis und die übrigen abgetrennten Muskeln mittels eines neu gebildeten und starken Fasergewebes wieder festgesetzt. Die alte Kapselmembran hat sich durch Ablagerung neuer Fasermasse bedeutend verstärkt und schließt das abgesägte Ende des Schenkelbeins vollkommen ein. Beim Aufschneiden derselben floß seröse Flüssigkeit aus. An dem Knochen wird durch neue Bildung der entfernte Trochanter sehr deutlich repräsentiert. Ein kleiner Trochanter steht um 1''' mehr vor als der der gesunden Extremität, ist abgerundet, und an der Basis hat sich eine halsförmige Einschnürung gebildet. Das Ganze stellt so einen kleinen Gelenkkopf dar. An den Mittelpunkt und an die Basis dieses neuen Gelenkkopfes gehen mehrere ligamentöse Duplikaturen der Kapselmembran, die noch durch die Ausbreitung und Verwachsung mit dem unteren sehnigen Teil des Psoas und Iliacus verstärkt wird. — Die Lücke im Becken, die durch das herausgenommene Stück entstanden ist, ist für dieses zu klein geworden. Am Schnittrande des Darmbeines hat sich namentlich schon ein bedeutender neuer Vorsprung gebildet, so auch am absteigenden Ast des Sitzbeines und am gleichnamigen Ast des Schambeines ist ein wuchernder Zustand von neuer Knochenbildung nicht zu verkennen. Zwischen den Stümpfen erstreckte sich ein faserknorpeliges Band, wodurch die Knochenlücke bedeutend verkleinert war. Der kleine Trochanter artikuliert als neuer Gelenkkopf mit dem erwähnten Vorsprung des Darmbeines, mit dem knorpeligen Bande und dem mittleren Teile des die Knochenlücke verschließenden, aus alten und neuen Gebilden zusammengesetzten Gewebes, welches $1^1/_2'''$ dick ist und überall, wo man es ansticht, eine knorpelartige Beschaffenheit zeigt. — Unmittelbar unterhalb des kleinen Trochanters hat sich eine Grube gebildet und um diese herum ein $1'''$ hoher Rand von neuer Knochenmasse. Dieselbe ist aber von einem fibrösen Gewebe ausgefüllt. Die Sehnen der bei der Operation vom kleinen Trochanter losgelösten Muskeln inserieren in dieser Grube. In dem Gewebe fand man einen linsengroßen Knochenkern, der sich bei längerem Leben des Tieres wohl mit dem übrigen Knochen verbunden haben würde.

Diese Operation haben Dr. *Hodes* und Dr. *Johannes Heine* (der Bruder von *Bernhard Heine*) mehrmals wiederholt, und die Resultate waren immer den vorstehenden so ziemlich gleich.

Das Femur mißt 13,4 cm. Die Länge des entsprechenden Femur der linken Seite ist 15,6 cm. Das operierte Femur zeigt einen abgedeckelten kolbigen Stumpf mit zwei besonders vortretenden Fortsätzen. Ein kleines, mit einem schmäleren Hals gegen die Pfanne vorspringendes Köpfchen findet eine Stütze in einer starken Membran, die sich zwischen dem Sitzbeinast, oberen Schambeinast und Darmbeinast ausspannt und den

Abb. 90 (Vergr. $^3/_4$).

verbliebenen Defekt im Beckenring überbrückt. Der andere Fortsatz ist kräftig — er stellt das abgerundete Stumpfende dar — und zeigt die bei einem richtigen großen Trochanter vorhandenen Rauhigkeiten (nach *Feigel* haben die entsprechenden Muskeln hier angesetzt). Für den Trochanter minor hat sich ein kleiner Knochenvorsprung gebildet. An der Innenseite des Knochens hat sich etwas unterhalb des neuen Köpfchens ein größerer warzenförmiger Wulst auf dem sonst glatten Schaft abgelagert. Hier liegt der Stumpf des oberen Schambeinastes dem Femurschaft am nächsten. Die durch die Resektion der Pfanne entstandenen Stümpfe sind mit Corticalis bedeckt und dünner geworden, wie das alle ähnlichen Präparate zeigen (z. B. Nr. 88), und haben den gesetzten Defekt durch unregelmäßige knöcherne Vorsprünge teilweise verschlossen. Das zwischen ihnen ausgespannte, dem Gelenkkopf als Stütze dienende Gewebe scheint ein straffes Bindegewebe zu sein. Irgendwelche Anzeichen, die auf Knorpel schließen lassen, sind nicht zu erkennen. Es ist sicher, daß die Kapselreste in Verbindung mit den umgebenden Muskeln einen neuen Stützpunkt für den Stumpf geschaffen und ein ausgezeichnetes funktionelles Gelenk gebildet haben.

Röntgenbild: Die Resektionsstellen um die Pfanne herum sind abgerundet und von einem Corticalisdeckel verschlossen; nur medial (also dem alten Pfannengrund entsprechend) verlaufen zwei Knochenbrücken, vom Darmbein und Schambeinteil entspringend, gegeneinander, ohne sich jedoch zu berühren.

Das obere Femurende ist gegabelt; der laterale abgerundete Fortsatz, dem Trochanter major entsprechend, der mediale dem Hals und Kopf des Femur analog. Beide neugebildeten Teile zeigen Spongiosabälkchen und Corticalisdeckel. Der Rest der stehengebliebenen inneren Corticalis ist im Abbau begriffen.

Nr. 87 (Abb. 91 u. 92).

(*Feigel* Abb. 28, 8; Text 446; Sa. 231.)

Die rechte Hälfte des Beckens in Verbindung mit dem Kreuzbein und dem entsprechenden Oberschenkelknochen von einem weißen Spitzhund.

Durch einen Längschnitt in den Weichteilen wurde das Hüftgelenk zugängig gemacht, dessen Kapselband vom Femur getrennt, die Muskelansätze von letzterem ebenfalls gelöst und das obere Ende des Femur reseziert. Die Wunde wurde dann bis auf eine kleine Stelle geheftet und fomentiert. Am 2. Tage riß der Hund die Hefte los, und nun leckte er die Wunde sehr heftig, welche frisch und rein aussah. Den 5. Tag nach der Operation zeigte sich auf der Schnittfläche des Knochens sehr üppige Granulation, welche bereits einige Linien hoch emporgewuchert war, und nach 27 Tagen war die Wunde der Weichteile vernarbt.

Nach 5 Monaten und 9 Tagen traten apoplektische Zufälle ein; daher wurde das Tier getötet und untersucht. Die Muskeln zeigen wenig Veränderung und inserieren fast in derselben Ordnung wie vor der Operation. Die Scheide des N. ischiadicus ist in der Gegend, wo er hinten am Gelenk herabläuft, etwas fester mit der Umgebung verwachsen, eine Folge der erhöhten Tätigkeit des reproduktiven Lebens in diesen Teilen. Aus demselben Grunde ist die ganze Gelenkpfanne resorbiert, und statt ihrer findet man nur noch eine unebene knöcherne Wand. Das Lig. teres ist als breiteres Band mit der alten Gelenkkapsel verwachsen und hängt auch noch an einer etwas vertieften Stelle mit dem Knochen zusammen. Es bildet auf diese Weise eine Zwischenlage zwischen dem Beckenknochen und dem Femur. Letzteres zeigt ein schönes Resultat, und das resezierte Ende würde bei längerer Lebensdauer des Tieres gewiß eine vollkommene normale Bildung wieder erhalten haben; denn man unterscheidet leicht die sämtlichen Teile des Urtypus in dem neuentstandenen Knochen wieder.

Der neugebildete Teil des Femur ist etwa 1,4 cm groß, gerechnet von den ersten distal gelegenen Unebenheiten am Femurschaft bis zur Trochanterspitze. Der dem Präparat beiliegende Femurkopf soll wie gewöhnlich nur ein Bild geben, wie groß das weggenommene Stück war.

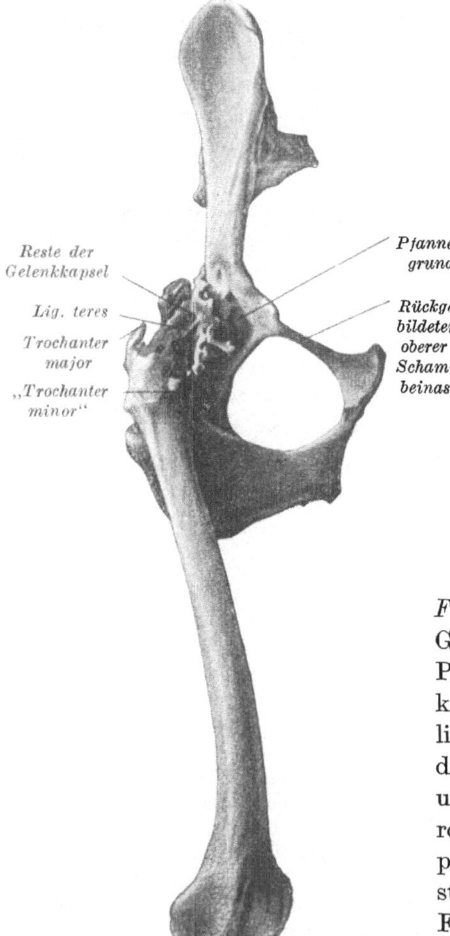

Abb. 91 (Vergr. ³/₄).

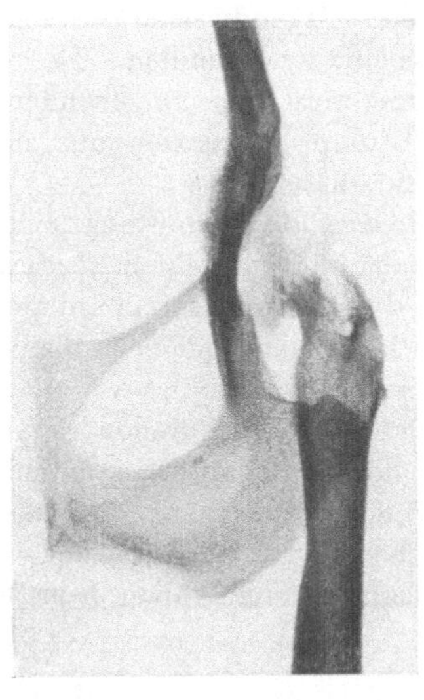

Abb. 92 (Vergr. ⁹/₁₀).

Feigel bildet den als Beispiel für die Größe des resezierten Stückes am Präparat befestigten linken Femurkopf ab, etwas größer wie tatsächlich. Das Präparat zeigt das durch die Eintrocknung der Gelenkkapsel und der Bandreste ein wenig innen rotierte Femur. Der neugebildete proximale Teil des Knochens ist ein stark höckriger, rauher und gegabelter Fortsatz. Der äußere Fortsatz ahmt in sehr ähnlicher Weise den Trochanter major nach und erreicht, nach dem beigegebenen Femurkopf zu urteilen, auch dessen Größe, jedoch nur etwa die Hälfte der ursprünglichen Dicke. Der als Ersatz für den Femurkopf gedeutete innere Fortsatz ist sehr schmal und liegt in den Resten der Gelenkkapsel. Von einer Ausbildung eines Collum femoris kann man kaum sprechen. Der Fortsatz zeigt eine schmale Knochenspange, die zum Trochanter major zieht, wodurch eine $1^1/_2$ mm große Öffnung begrenzt wird. Der von *Feigel* als Trochanter minor bezeichnete Knochenvorsprung (Abb. 92) ist einer der zahlreichen kleinen Höckerchen auf der Vorder- und Innenseite des Femur. Die Rückseite des neugebildeten Knochens zeigt nur geringe Unebenheiten. Der Trochanter major tritt als solcher durch eine starke Ausbildung der Fossa trochanterica deutlich hervor. Vom inneren Fortsatz zieht ein deutlich abgegrenztes Band zu den das Polster zwischen Femur und Becken bildenden Resten der Gelenkkapsel. Der frühere Pfannengrund ist uneben geworden, die Ränder der Pfanne sind eingeebnet und entsprechen nicht mehr der ursprünglichen Form. Der obere Schambeinast ist zu einer dünnen Knochenspange rückgebildet.

Röntgenbild: Das obere Femurende wird erst etwas dünner, um sich dann wieder zu verbreitern. Aus dem kolbenförmigen oberen Ende entspringen zwei Knochenzacken: die eine laterale Zacke wie ein langer spitzer Fortsatz entspricht dem Trochanter major, die mediale breitere entspricht dem Halsteil. Sie bestehen aus spongiösem, von Corticalis bedecktem Knochen. Die Spongiosa des Halskopfteiles weicht strahlenförmig auseinander. Vor den Spongiosabälkchen liegt eine Reihe von kleinen Knochenkernen, die sich zu einem Pufferkopf ergänzen lassen. Die Pfanne ist röntgenologisch nicht deutlich abgrenzbar, mindestens sehr flach und ohne scharfe Ränder.

<h2 style="text-align:center">Nr. 88.</h2>

(Feigel Abb. 28, 9; Text 448; Sa. 232.)

Das Becken eines großen Spitzhundes.

Hier wurde nicht nur der obere Teil eines Schenkelbeines, sondern auch ein Teil des Beckens mit herausgenommen. Untersuchung 2 Monate nach der Operation.

Die Wiedererzeugung des Knochens ist noch nicht ergiebig, allein auch hier zeigt sich das Streben nach der ursprünglichen Bildung. Der große Trochanter und der Gelenkkopf lassen sich an dem gleichförmig abgeschnittenen Oberschenkelbeine nicht verkennen, obwohl der Knochen an Länge nicht zugenommen hat, indem er über 1″ kürzer ist, als der der entgegengesetzten Seite. Am Hüftknochen hat Resorption stattgefunden, und nicht nur an der betreffenden Stelle der Operation allein, sondern auch in der Nachbarschaft, so daß in dem absteigenden Ast des Sitzbeins nach außen eine bedeutende Höhle bemerkbar ist. In der Pfannengegend sind drei an den Rändern abgerundete und sich entgegenstrebende Fortsätze, welche durch eine dicke und straffe Membran untereinander in Verbindung stehen. Diese Teile waren sämtich mit einem ähnlichen wulstigen und Erhabenheiten wie Vertiefungen zeigenden Gewebe bedeckt, welches zugleich auch die beschriebene Höhle ausfüllte. In seinem getrockneten Zustande sieht es sich fast wie Milchbernstein an. Besonders deutlich ist an demselben eine Gelenkpfanne sichtbar, die dem abgeschnittenen Ende des Femur zur Aufnahme diente.

Darmbeinast, oberer Schambeinast und Sitzbeinast sind außerordentlich verdünnt und atrophisch geworden. Die Verbindung zwischen Sitzbeinast und oberem Schambeinast war durch die Resektion nicht gestört. Sie ist auch jetzt noch trotz der Atrophie erhalten. Sämtliche Schnittstellen sind abgedeckelt und ragen als dünne, schmale Knochenspangen gegeneinander. Die Kontinuität des Beckenringes ist nur bandartig wiederhergestellt.

Das Femur zeigt noch die durch die Resektion des Kopfes bedingte Verkürzung. Es haben sich am oberen Ende zwei Fortsätze ausgebildet, die einem Kopf und einem Trochanter in geringem Maße ähnlich sehen, nur sind sie rechtwinklig zur normalen Stellung des Kopfes orientiert, so daß eine Artikulation bei gewöhnlicher Stellung des Beines nur mit dem kürzeren Fortsatz in der im absteigenden Sitzbeinast befindlichen breiten Aushöhlung möglich gewesen ist, von deren Entstehung man sich vielleicht so eine Vorstellung machen kann.

Röntgenbild: Die resezierte Hüftpfanne hat sich nicht wiedergebildet, der gesetzte Defekt ist durch die lang ausgezogenen Fortsätze der benachbarten Darmbein-Schambeinteile bis auf eine kleinere Lücke knöchern überbrückt. Diese neugebildeten Fortsätze sind atrophischer, gut strukturierter Knochen. Der obere Teil des sonst ebenfalls atrophischen Sitzbeins ist kräftig entwickelt, beckenwärts vorgewölbt und auf der Außenseite rauh und gezackt. Eine umschriebene Aufhellung an dieser Stelle entspricht der pfannenähnlichen Aushöhlung des Knochens.

Nr. 89 (Abb. 93).

(*Feigel* Abb. 30, 3; Text 460; Sa. 251.)

Die vordere rechte Extremität in Verbindung mit dem Schulterblatt von einem alten Hunde.

Nach den nötigen Vorkehrungen bei vorliegenden Operationen wurde das Schultergelenk komplett reseziert und die Wunde der Weichteile dann wieder vereinigt. — Nach einigen Wochen, als die Vernarbung bereits erfolgt war, zeigte sich der Humerus in seiner neuen Artikulation mit der Scapula wieder beweglich, und der Hund konnte das Glied bald wieder etwas gebrauchen.

Sektion 9 Monate 24 Tage nach der Resektion. Das abgeschnittene Ende des Humerus hat sich der Scapula genähert, beide Knochen zeigen einander entsprechende Ausschweifungen und Fortsätze, mittelst derer sie miteinander artikulieren. Zwischen beiden liegt ein starkes Fasergewebe, welches teils aus neugebildetem Zellstoff, teils aus den alten Gelenkbändern und der Kapselmembran die neuen Gelenkenden etwas voneinander entfernt hält und die kräftigsten Bewegungen sichert. Das abgerundete Ende des Humerus liegt in derselben wie in einer Kapsel. — Die von dem Humerus und der Scapula getrennten Muskeln inserieren auch wieder an dieselben Knochen.

Die Schnittflächen von Scapula und Humerus sind beide abgedeckelt. Während die der Scapulapfanne entsprechende Stelle sanft abgerundet ist und eine 2 cm breite Ausschweifung zeigt, die dem Humerusstumpf zu geöffnet ist, ist der in einen Rest der alten Kapsel eingesenkte Stumpf durchaus uneben und rauh und macht einen atrophischen Eindruck. Durch die wiederhergestellten Muskelansätze und die zwischen Stumpf und Scapula gelagerte kapselähnliche Masse ist ein funktionelles Gelenk gebildet. Von Ausbildung eines Kopfes oder einer Pfanne, ebenso wie von Bildung von Gelenkflächen kann nicht gesprochen werden. Knorpelbildung ist nicht vorhanden. Durch ein Zusammenwirken aller Faktoren war eine genügende Fixierung an die Scapula und genügende Bewegungen des Humerus gegen die Scapula möglich.

Röntgenbild: Die Resektionsstelle für die Pfanne der Scapula ist glattwandig und verläuft in einem flachen Bogen; die Spina scapulae ist scharf abgesetzt an ihrem akromialen Ende, irgendwelche Zeichen von Neubildung des Akromion fehlen. —

Das obere Ende des Humerusschaftes ist auf die halbe Schaftbreite verjüngt, die Markhöhle schlecht gedeckt. Oberes Schaftende und verbreiterter Scapularrand stehen einander so gegenüber, daß der Humerus sich gegen den sattelförmigen Resektionsstumpf der Scapula anstemmt.

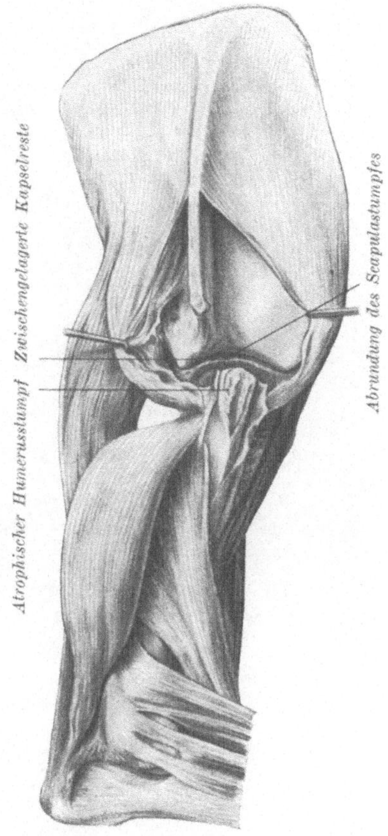

Abb. 93 (Vergr. ³/₄).

Nr. 90 (Abb. 94).

(*Feigel* Abb. 30, 4; Text 460; Sa. 233.)

Schulterblatt und Oberarm der rechten Vorderextremität von einem noch jungen Schäferhunde kleinster Art.

Es wurde diesem Hunde, wie vorigem, das Schultergelenk herausgeschnitten und die Wunde zugenäht, welche bis auf eine kleine Stelle, die geflissentlich offen erhalten wurde, schon am 10. Tag vernarbt war; am 14. Tage erfolgte der vollkommene Heilungsprozeß der Wunde in der äußeren Bedeckung.

Sektion 2 Monate nach der Operation. Die neuen Gelenkenden sind mit einem dunkelrötlichen knorpelartigen Überzuge versehen, und zwischen beiden liegt

11*

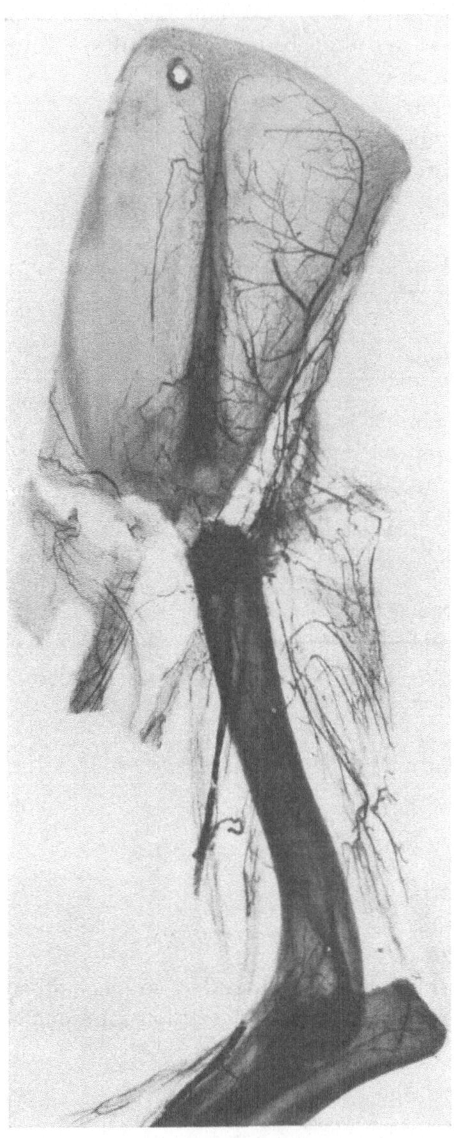

Abb. 94 (Vergr. ³/₄).

ein Meniscus. Wie aus dem Bilde ersichtlich, so hat sich am resezierten Ende des Schulterblatts eine Konkavität gebildet und am Humerus ein abgerundeter Fortsatz, der sich mutmaßlich nach längerer Zeit als Repräsentant des Gelenkkopfs in vollkommener Ausbildung gezeigt haben würde.

Der Humeruskopf ist abgerundet abgedeckelt und zeigt kleine Unebenheiten. Die Scapulaschnittfläche ist bis auf geringe knöcherne Auflagerungen unverändert.

Röntgenbild: Die injizierten Gefäße sind besonders schön sichtbar. Das obere Humerusende hat sich abgerundet; es steht der Scapula an ihrem vorderen Ende gegenüber. An dieser Stelle, also unterhalb der Spina, der lateralen Kante der Fossa infraspinata entsprechend trägt die Scapula einen Fortsatz mit sattelförmiger Eindellung, während der oberhalb gelegene Teil atrophisch geworden ist, wie dies der Beanspruchung der Knochenteile entspricht.

Nr. 91.
(*Feigel* Abb. 30, 7; Text 463; Sa. 252.)

Die linke vordere Extremität von einem sechsjährigen Hunde. Es wurde das Ellenbogengelenk völlig reseziert und nach seiner Herausnahme die Hautwunde durch vier blutige Hefte vereinigt. Bei der Operation schonte man den N. ulnaris auf das Sorgfältigste. Die Wunde war in 3 Wochen geheilt. Durch die Muskelkontraktionen näherten sich die Knochen einander, so daß der Humerus neben den Vorderarm zu liegen kam und seine innere Fläche mit der äußeren Fläche des Radius artikulierte. Der Vorderarm war beständig in halber Supination, und das Tier konnte beim Umherlaufen die Extremität nur wenig gebrauchen, doch fixierte es beim Abnagen die Knochen damit ziemlich fest.

Sektion 84 Tage nach der Operation. Die Schnittfläche des Humerus ist von oben nach unten und von innen nach außen abgeflacht, an den Rändern bemerkt man einen Kranz kleiner, teils knorpeliger, teils knöcherner Fortsätze und einen größeren 3''' dicken, der dem äußeren Kondylus entspricht. Die Streckmuskeln inserierten an demselben. Die Schnittränder des Radius sind abgestumpft und artikulieren mit dem Humerus. An der Außenseite hat sich ein Höckerchen gebildet für die Insertion der Pfotenmuskeln. Reste der Kapselmembran liegen zwischen diesem neu entstandenen Gelenke. Die innere Fläche derselben ist mit den Knochenenden verwachsen, während die äußere mit den Muskeln und Sehnen zusammenhängt, welche das Gelenk umgeben. — Die Schnittränder der Ulna sind nur gering abgestumpft; man bemerkt einige Erhabenheiten für die Insertion von Flexoren. Verwachsung zwischen ihm und dem Radius findet nicht statt. — Eine genaue Messung ergab, daß diese Extremität trotz der Herausnahme des Gelenks 2''' länger ist, als die entgegengesetzte. Durch die eben angegebene Umwälzung und Verschiebung des Radius an den Humerus ist die Lage der Sehnen und Muskeln sehr verändert.

Sämtliche Stümpfe sind abgerundet, mit Corticalis abgedeckelt und haben unregelmäßige Oberfläche. Radius und Ulna sind nach hinten am Humerus vorbeigeschoben. Der Humerusstumpf ist innen kürzer wie außen und besitzt eine unregelmäßige schräge Stützfläche. Ob knorplige Reste vorhanden gewesen sind, ist nicht mehr festzustellen. Nach dem Aussehen von Ulna und Radiusstumpf erscheint eine Verlängerung über die Länge des exstirpierten Stückes unwahrscheinlich. Vielleicht ist die Gesamtlänge der Glieder in *Feigels* Text gemeint.

Röntgenbild: Sämtliche Knochenenden sind aufgerauht, atrophisch und im Abbau begriffen.

Nr. 92 (Abb. 95).
(*Feigel* Abb. 32, 3; Text 476; Sa. 253.)

Die vordere Extremität nach der Resektion des unteren Gelenkfortsatzes des Radius und zweier Mittelhandknochen von einem 10 Jahre alten Fleischerhunde.

Es wurde das untere Ende des Radius reseziert, ohne daß man die Sehnen der Streck- und Beugemuskeln verletzte. Ebenso wurde auch die Beinhaut geschont und nicht mit dem Knochenstück herausgenommen. Die völlige Vernarbung der durch die blutige Naht vereinigten Wunde erfolgte erst nach $2^1/_2$ Monaten.

Nach 10 Monaten und 24 Tagen wurde eine zweite Operation vorgenommen, nämlich die Exstirpation der beiden Knochen des Metacarpus, die dem kleinen und Ringfinger beim Menschen entsprechen.

Sektion nach 17 Monaten und 16 Tagen. Das vordere Ende des Radius, welches nach der Operation fast 2'' von dem Os naviculare abstand, hat sich letzterem so genähert, daß beide Knochen wieder miteinander artikulieren. Die durch die Resektion geöffnete Markhöhle des Radius hat sich durch Rindensubstanz geschlossen. Es haben sich neue knöcherne Fortsätze gebildet, die teils die Muskelsehnen in ihrer Lage sichern, teils als Insertionspunkte für die Gelenkbänder dienen.

Für die exstirpierten Mittelhandknochen hat sich eine neue Masse abgesetzt, die aber den *Urtypus in der Bildung noch nicht in sich erkennen läßt.*

Das subperiostal resezierte Radiokarpalgelenk hat sich derart wiederhergestellt, daß der bei der Resektion eröffnete Markraum abgedeckelt ist. Das neue Radiusende erhält durch zwei schnabelförmige Fortsätze die Form einer Gabel, deren vorderer Gabelrand auf der Dorsalseite der rechtwinklig zu Ulna und Radius durchgebogenen Vorderhandwurzelknochen gelagert ist, und deren Fortsätze die Beugergruppe so umfassen, daß der Gabelgrund auf ihr ruht (Abb. 95). Die Pfote ist so stark an Radius und Ulna vorbeigeschoben, daß die Ulna beim Auftreten zur Stützfläche werden muß. Nach vorn tritt ein kleiner knöcherner Fortsatz des Radius anscheinend als Anschlag gegen die Durchbeugung der Vorderhand ein. Die Ulna ist außerordentlich stark umgeformt. Sie ist derart schaufelförmig am distalen Ende durchgebogen, daß die Gelenkflächen der rechtwinklig zu ihr verlagerten Carpalia nicht die Gelenkfläche berühren, sondern dem Schaft anliegen. Dieser Teil der Ulna zeigt eine doppelt wellenförmige Oberfläche mit Vertiefungen, die anscheinend durch den Druck der Carpalia entstanden sind. Der nach außen durchgebogene Teil der Ulna zeigt starke Knochenauflagerung. Die ursprüngliche alte Corticalis ist in dem aufgeschnittenen Knochen deutlich gegen die kolbige Anschwellung der periostalen Auflagerungen abgrenzbar. Die äußere Oberfläche des unförmigen distalen Ulnaendes ist uneben und mißfarbig.

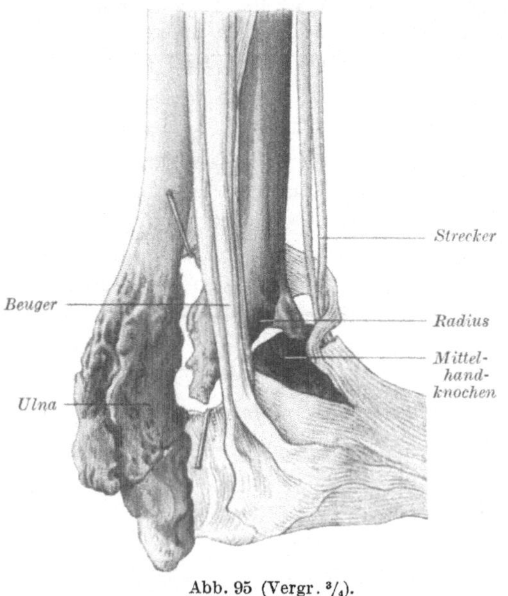

Abb. 95 (Vergr. $^{3}/_{4}$).

Das Bett der subperiostal exstirpierten Mittelhandknochen ist durch eine unregelmäßig geformte langgestreckte Knochenmasse ohne ausgesprochene Formgebung ersetzt.

Röntgenbild: Die Ulna ist in ihrem unteren Ende kolbig verdickt. Der strukturlose Kallus enthält die Ausläufer der alten Corticalis. Eine untere, fast rechteckige strukturierte Knochenpartie der Ulna steht durch ein Gelenk mit dem proximalen Ulnastück in Verbindung. Die

Achse dieses Gelenkes fällt in eine Richtung mit dem Radiokarpalgelenk. Das distale Stück ist im Sinne der Drehung um dieses Gelenk aus der Längsrichtung abgebogen. Der Radius ist stark verkürzt. Die Corticalis

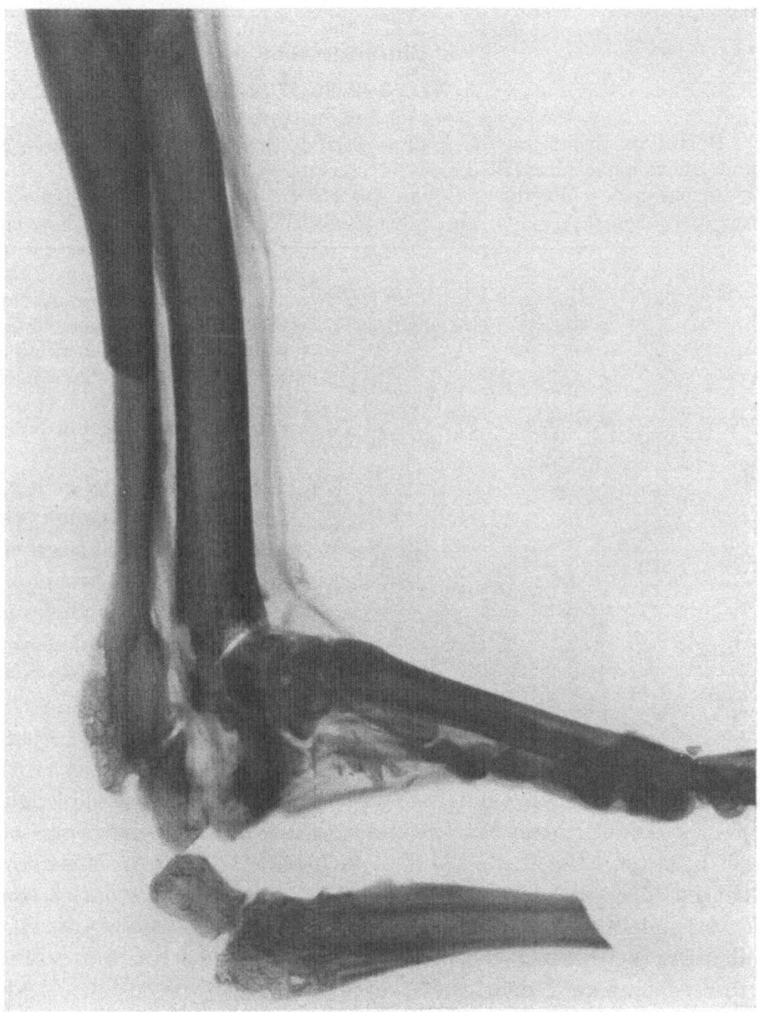

Abb. 96 (Vergr. ³/₅).

ist plötzlich abgesetzt, und aus der Spongiosa entspringt ein fast die halbe Breite des Radius einnehmender starker Fortsatz, der hinter dem Navoculare und Lunatum herunterzieht und auf der Volarseite als unregelmäßiger höckriger Knochenspan fast bis zum unteren Ende der Ulna herabreicht. Er zeigt in seinem ganzen Verlauf Struktur, auf der Ulnarseite ist

er in zwei lakunenartige Räume ausgehöhlt. Den Handwurzelknochen
gegenüber ist er von einer ganz dünnen Knochendecke überzogen, so daß
ein breiter Gelenkspalt entsteht. Dem Bett der Metakarpalknochen entsprechend findet sich eine unregelmäßige spongiöse Knochenmasse.

4. Einzelversuche.

Nr. 93 (Abb. 97).

(Fehlt bei *Feigel;* Text nach dem Sammlungspräparat Sa. 150.)

Operation: Zerstörung des größten Teils des Markgewebes des rechten Femur
durch Eintreibung einer Bleikugel bei einem Spitzhund.

Erfolg nach 6 Monaten 4 Tagen: Die Markhöhle ist von neuem Knochen erfüllt, die Kugel fast 1,5 cm unter dem großen Trochanter merkwürdigerweise in
zwei Teile gesondert, der untere ganz von Knochenmasse umschlos-
sen, der obere in der Fossa trochan-
terica nur von etwas mehr Gewebe
bedeckt. Die Knochenrinde über
dem unteren Teil der Kugel verdickt, z. T. auch durch Ablagerung
von Knochenmasse auf die äußere
Knochenoberfläche.

Die Abb. 97 zeigt den aufgesägten oberen Teil des Femur.
Die eine Hälfte ist so gewendet,
daß die Fossa trochanterica
sichtbar ist. Die Bleikugel ist
von der Fossa trochanterica aus
ins Mark vorgetrieben worden.
Sie steckt am Präparat 1,5 cm
unter dem Boden der Fossa trochanterica und ist von dichtem

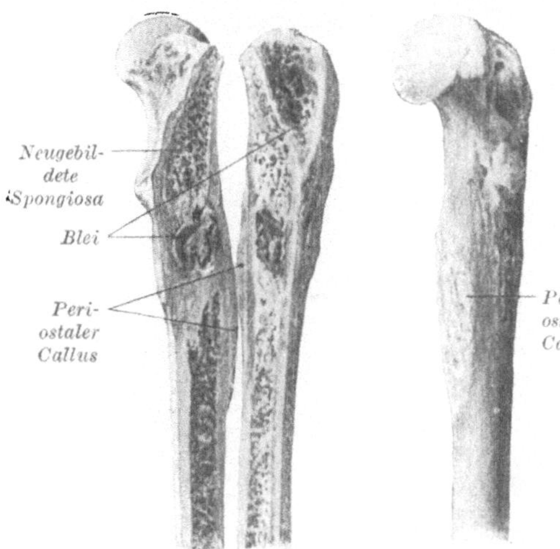

Abb. 97 (Vergr. 4/5).

Knochen umhüllt, der oberhalb und unterhalb in normale Spongiosa
übergeht. Die Corticalis hat ihre ursprüngliche Stärke in der Eintreibungs-
zone behalten. Die in der Abb. 97 sichtbare kolbige Anschwellung ist
nicht die Folge einer mechanischen Auftreibung des Hohlschaftes, sondern
als periostale Knochenauflagerung von außen aufzufassen, wie die Rauhigkeit dieser Verdickung gegen die Glätte des normalen Schaftes und die
geringe Dichte und deutliche Abgrenzung gegen die alte Corticalis im
Querschnitt deutlich erkennen läßt.

Röntgenbild: Im oberen Drittel des Femurschaftes sitzt die gespaltene
Bleikugel; proximal und distal von ihr liegen kleinere abgesprengte
Metallteile. In der Umgebung der Metalleinlagerungen sind Markhöhle
und Periost mit gut strukturierten Knochenneubildungen versehen,
während die Corticalis in diesem Bereich aufgelockert ist und durch
längsgerichtete Spongiosalamellen ersetzt wird.

Nr. 94a (Abb. 98 u. 99).

(Fehlt bei *Feigel;* Text nach dem Sammlungspräparat, Sa. 205.)

Operation: Drei Längsincisionen in das rechte Femur bis zur Markhöhle. Das Periost wurde entfernt. Erfolg nach 11 Monaten und 17 Tagen: Ausfüllung der Spalten durch neuen Knochen.

Auf der Außenseite eines 20,8 cm langen rechten Femur sind 3 parallele 8,5 cm lange Incisionen bis ins Mark gemacht worden. Zwei Incisionen lassen nur eine 2 mm breite Brücke zwischen sich stehen. Zwischen der zweiten und letzten, nach dorsal der Linea aspera zunächst liegenden In-

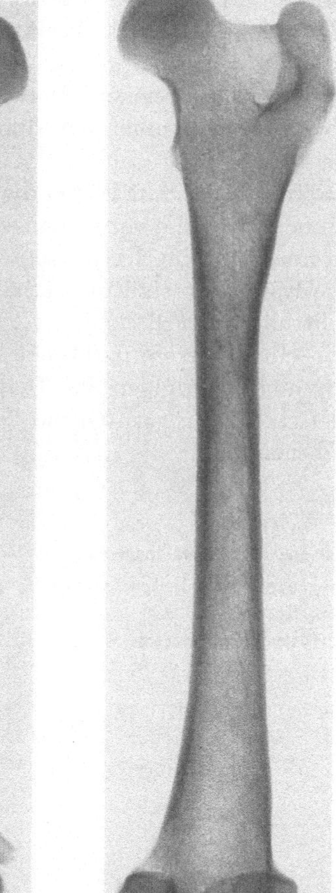

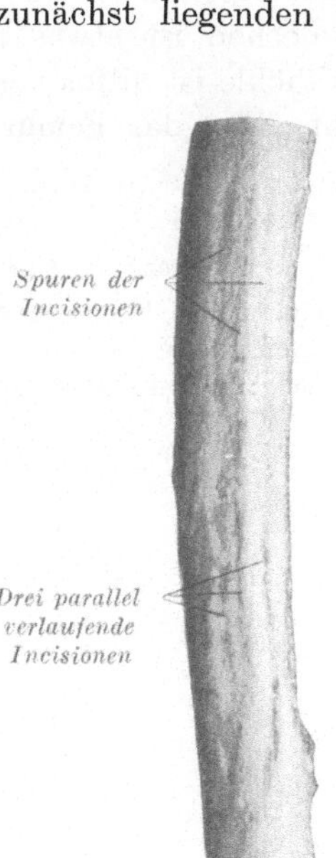

Abb. 98 (Vergr. ³/₅).　　　　Abb. 99 (Vergr. ³/₄).

cision liegt ein Zwischenraum von 4—5 mm. Das Femur ist formgleich wiederhergestellt, die Einschnitte sind völlig mit hartem Knochen ausgefüllt (Abb. 99). Die Linien sind durch geringe Niveauunterschiede und durch das Abweichen der gesamten Außenseite des

Knochens von der normalen Rundung des Schaftes, der in ganz geringem Maße plattgedrückt erscheint, wahrnehmbar. Die Einschnitte sind nur mit Mühe gegen ähnliche normale in der Richtung des Schaftes verlaufende Linien, z. T. nur durch einen geringen Farbunterschied im Knochen als Operationsstellen zu erkennen. Die Markhöhle ist frei, die Spongiosa von normalem Bau. Im Gegensatz dazu ist der zugehörige nicht operierte Femur außerordentlich stark beeinträchtigt. Er ist stärker und kürzer und im ganzen plump gebaut Seine Markhöhle ist völlig verloren gegangen, z. T. von weichem Markcallus ausgefüllt. Er unterscheidet sich vom operierten Femur auch durch sein größeres Gewicht

Röntgenbild: Das operierte (rechte) Femur ist um die halbe Kopfhöhe länger als das linke, aber dünner durch die ganze Länge seines Schaftes. Die Knochenstruktur ist normal, nur im Diaphysenteil ist die Markhöhle etwas verwaschen. Die Epiphysen sind im Verhältnis zum Schaft sehr kräftig und mit guter Struktur der Bälkchen versehen und lassen nichts Besonderes erkennen. — Der kürzere und dicke linke Oberschenkelknochen ist etwas plump und gedrungen im Diaphysenteil, seine Markhöhle ist diffus verschleiert, sonst ist auf Grund des Röntgenbildes nichts über das Femur zu bemerken.

Nr. 94b.

(Fehlt bei *Feigel;* Text nach dem Sammlungspräparat, Sa. 205.)

Operation: Entfernung des gesamten Periostes an einem rechten Femur, an dem gleichzeitig Incisionen gemacht waren.

Erfolg: Neubildung des Periostschlauches (siehe 94a).

III. Untersuchungen über die Knochenwiederbildung.

Von
Bernhard Heine.

Preisschrift an die Pariser Akademie der Wissenschaften 1837*).

Übersetzt aus dem Französischen von *Karl Vogeler.*

Concours Monthyon.

Die Knochenbildung nach Incisionen.

(Bezieht sich auf den ersten Teil der Experimente.)

Bernhard Heine, der jüngere
aus Würzburg.

I. Teil.

Einfache Incisionen in verschiedenen Knochen.

Einfache Incisionen in die Compacta der Knochen und quer durch sie hindurch beanspruchen großes Interesse wegen der Art, wie solche Knochenwunden vernarben und wie der Substanzverlust sich mit neugebildeten Knochen ausfüllt. Dieses Interesse ist um so größer, als das Ergebnis der Tätigkeit der verschiedenen an der Regenerationsarbeit wesentlich beteiligten Gewebe in den verschiedenen Stadien des Regenerationsvorganges in deutlicher Weise zu erkennen ist.

Es ist nicht selten, daß man in der Praxis selbst Fälle findet, die eine einfache Knochenincision notwendig machen; die Zahl der Beispiele ist schon sehr beträchtlich, obwohl diese Operationen der jüngsten Zeit angehören. Sie sind hauptsächlich durch die Erfindung des Osteotomes, die ihre Ausführung leicht und sicher gemacht hat, ermöglicht worden, und ohne Zweifel werden sie neben den anderen Knochenoperationen häufig ausgeführt werden. Sie gehören zu den unbedeutendsten Schädigungen der Knochen; ihre Ausführung an einem Tier, das sich in bestem Wohlsein befindet und nicht irgendeinem schädlichen Einfluß unterworfen ist, setzt uns in den Stand, den Grad der Rückwirkung kennenzulernen, den ähnliche Verletzungen am Knochen und an den mehr oder weniger wichtigen Organen hervorrufen, die ihn umgeben oder die er enthält, ebenso wie an seinen vitalen Funktionen, und die Resultate mit denen anderer derartiger Operationen zu vergleichen, deren verletzende Tätigkeit ausgedehnter und tiefer ist.

---

*) Der Titel ist uns aus dem Sitzungsbericht der Akademie bekannt. Bei der Handschrift fand er sich nicht mehr.

Es soll hauptsächlich versucht werden, an anatomischen Präparaten zu zeigen, wie weit der Anteil des verletzten Knochens an der Wiederbildung der neuen Knochensubstanz geht, und wie und unter welchen Umständen das Periost und das Mark an diesem Vorgang teilnehmen wird.

Während der Operation verursachen die Incisionen, welche nur oberflächlich in die Compacta der Knochen, z. B. des Schädels, der Rippen oder der langen Knochen eindringen (vorausgesetzt, daß diese Teile vollkommen gesund sind) wenig oder keine Schmerzen, und während der Heilung der Wunden beobachtet man keine weitere Störung in dem Wohlbefinden der operierten Tiere. Nun zeitigen die Verwundungen je nach dem Knochen, an den sie gesetzt sind, sehr verschiedene Resultate, und je nach der größeren oder geringeren Tiefe und Ausdehnung dieser Wunden richten sich die Schmerz- oder Gefühlsäußerungen und die Komplikation. In vielen Fällen entstand während der Incision der Diploe des Schädels, ebenso wie während der des spongiösen Gewebes der Rippen und der Markhöhle, in den langen Knochen eine starke Blutung. Am Schädel (was schon von *Skarpa* und *Dupuytren* erwähnt wird) ist sie manchmal so heftig, daß man geneigt sein könnte, sie auf eine Verletzung einer Arterie der Dura mater zurückzuführen, wenn nicht genauere Untersuchungen ihre Quelle in den membranösen und gefäßhaltigen Teilen des knöchernen und spongiösen Gewebes hätte finden lassen (nach den schönen Untersuchungen von *Breschet*). Nach der Incision des Knochens bedeckt sich die entblößte Oberfläche der Wunde in kurzer Zeit mit einer Blutschicht; es kommt der Erguß einer serösen Flüssigkeit hinzu, die sie schlüpfrig erhält und die die knöcherne Spalte meistens ausfüllt. Das Periost an den Rändern der Incision löst sich spontan von der Oberfläche des Knochens, ohne durch die Operation abgelöst worden zu sein. Die Incision soll parallel mit der Längsachse, oder aber indem diese unter einem rechten Winkel gekreuzt wird, ausgeführt werden. Diese Art der Ablösung erstreckt sich oft in die Länge von einer viertel oder einer halben Linie an, bis zu 2 und 3 Linien, manchmal selbst noch weiter; das Periost zieht sich zurück, aber selten in einer an allen Punkten gleichen Ausdehnung; dies findet nicht nur nach einfacher Incision statt, sondern auch nach der Resektion verschiedener Knochen. Der Periost löst sich leichter und öfter auch in größerer Ausdehnung an den Stellen ab, wo der Knochen eine mehr ebene, mehr glatte und härtere Oberfläche hat, wie z. B. in der Mitte der langen Knochen, besonders an jüngeren Tieren. Es löst sich weniger, manchmal gar nicht ab an den Gelenkenden, wo das Periost ziemlich allgemein etwas dicker ist, wo es zahlreiche und stärkere Verlängerungen in den Knochen schickt, wo es den Ansatz der Muskeln und sehnigen Teile empfängt und fast immer mit dem Knochen stärker verwachsen ist, wodurch eben seine Ablösung sehr schwierig wird. An den Stellen, wo das Periost von neuem fest auf der knöchernen Oberfläche haftet, finden wir es kurze Zeit nach der Operation ungleichmäßig und wulstförmig geschwollen; sein Anhaften am Knochen und den benachbarten Weichteilen ist inniger, das Gewebe gerötet; es zeigen sich mehr oder weniger zahlreiche Gefäße und nach wenigen Tagen, manchmal am 3., 4., 5. oder 6. Tag zieht sich das Periost mit den etwas dicker und fester gewordenen Teilen oder mit neugebildeten Fleischknöspchen über die entblößten Teile gegen die Wunde oder den Knochenspalt hin und bedeckt die äußere harte Borke und ihre Ränder und zieht sich dann, indem es weiter vorrückt, in den Spalt hinein; die gegenüberliegenden Seiten berühren sich und verbinden sich miteinander.

Oft beginnt schon während dieser Zeit auf der inneren Fläche des Periostes, selbst an den Stellen, wo die oben erwähnte wulstförmige Schwellung sich fand oder in ihrer Nachbarschaft, die Entwicklung neuer Knochensubstanz, die anfangs auf die alte, knöcherne, nicht veränderte Oberfläche in Form eines Gewebes von ungleichmäßiger Dicke abgesetzt wird — eines weichen, elastischen, hier und da rötlichen Gewebes — das hier gewissermaßen eng angeklebt wird. Diese neue intermediäre Substanz stößt das Periost um soviel mehr von der alten knöchernen Binde oder Oberfläche zurück, je reichlicher und dicker es selbst durch das Periost niedergelegt ist.

Durch die Hebung und die Ausdehnung des Periosts in die Umgebung müssen seine Gefäße und seine häufigen Verlängerungen, die von seiner inneren Oberfläche sich in den Knochen erstrecken, naturgemäß gespannt werden und um die ganze Dicke dieses neuen Gewebes verlängert werden; vielleicht zerreißen sie sogar manchmal. Die neue Substanz wird durch mindestens dieselbe Anzahl von Verlängerungen des Periosts und seiner Gefäße durchbohrt, die vorher da war und die auch in der alten Knochenrinde enthalten ist; und es ist gar kein Zweifel, daß die meisten dieser häutigen Verlängerungen und dieser Gefäße sich in die neue Knochenmasse fortsetzen; man hat sie in vielen Fällen gesehen, man vergleiche hierüber zum Beweise die Präparate des 1. und 2. Teils (Exstirpation).

Schon am 8. Tag findet man in diesem neuen Gewebe Knochenerde gebildet (Kalksalze), die am 13.—15. Tag in ziemlich dicken und harten Betten liegt; diese Betten zeigten meistens, nachdem sie zunächst weich und gelatinös waren, die Beschaffenheit des Knochens, nicht aber die des Knorpels.

Während das Periost so von einer Seite neue Knochensubstanz in der Nachbarschaft des Knochenspaltes niederlegt, geht auf der anderen Seite eine Veränderung in dem Teil dieser Haut vor sich, der sich nach Überschreiten der Knochenränder in die Länge des Spaltes eingesenkt hat. Die Fläche des Periosts, die gegen den Knochen sieht, nimmt ein etwas

körniges Aussehen ein; es entwickeln sich viele neue Gefäße, die dazu
bestimmt sind, einerseits die Ränder und die knöchernen Teile, die infolge der Verletzung oder infolge der Ablösung des Periosts ihrer er-
nährenden Gefäße beraubt sind, durch Aufsaugen fortzunehmen, auch
können diese sich nicht mit Fleischknöspchen bedecken und vermögen
überhaupt nicht mehr in einer organischen Verbindung zu bleiben.
Hier und da lösen sich ganze Blätter und selbst größere knöcherne Teile
ab, die dann von der neugebildeten und längs dem Spalt auf der äußeren
Rinde niedergelegten Knochenmasse als Sequester umgeben werden.
Für diesen Sequester bildet die neue Knochenmasse vorübergehend die
Kloake, die mit einer weichen roten, außerordentlich gefäßreichen
Membran ausgekleidet ist; diese sendet nun flottierende Verlängerungen
in alle Höhlen mit der Aufgabe, die abgestorbenen knöchernen Teile
von den neuen Teilen zu trennen, zu zerstören und wieder heraus-
zubefördern. Diese resorbierende Kraft zeigt sich sehr oft am inten-
sivsten an den Stellen, wo die neue Knochensubstanz den inneren Rand
der Kloake bildet, wo man gewöhnlich eine Art von Franse findet oder
einen roten Saum, der von außergewöhnlich zahlreichen Gefäßen herrührt.

Hier beginnt man eine Demarkationslinie in der alten knöchernen
Rinde zu sehen. Es ist auffallend, mit welcher Schnelligkeit diese Rinde
angenagt wird, wie sie unter der neugebildeten Knochenmasse ungleichmäßig und löcherig wird, bevor man eine Spur einer Resorption der noch
nicht von neuer Knochenmasse bedeckten Rinde sehen kann. Man vergleiche vor allem Abb. 101.

In der knöchernen Compacta selbst, insofern sie durch die Operation
bloßgelegt wurde, bemerkt man zuerst, mit Ausnahme des Beginns der
Resorption, die durch andere Gewebe hervorgerufen wird, und dadurch
bedingter Verminderung keinerlei Veränderungen. Während einer gewissen Zeit, manchmal während mehrerer Wochen, bleiben die Oberfläche
und die Ränder der Incision hart und weiß (Abb. 5, 18); und insoweit sie
sich nicht mit Fleischknöspchen oder mit anderen weichen Teilen bedecken,
bleiben sie auch trocken. Es verhält sich aber ganz anders mit den im
Knochen liegenden und den verwundeten Teilen am nächsten liegenden
Weichteilen: z. B. den Stellen, wo zwischen 2 knöchernen Tafeln des
Schädels sich viel spongiöses Gewebe findet (Diploe und membranöse
gefäßhaltige Teile); hier entwickeln sich bald neue Fleischknöspchen,
die sich durch die Länge der Incisionsfläche erstrecken und in feste
Verbindung mit denen übergehen, die sich von der entgegengesetzten
Seite, bald auf der Dura mater und in der äußeren Haut entwickelt
haben. Manchmal blättert eine Schicht der äußeren Substanz ab, und
die Wunde bildet dann einen roten Grund von neuen Fleischknöspchen.

Die Bildung neuer Gefäße und ihre Verteilung in all die Richtungen,
wohin die neuen Fleischknöspchen sich erstrecken, findet fast überall

gleichzeitig statt. Bald beginnt die Absonderung von Kalkphosphat und die Niederlegung dieses Salzes in dem knöchernen Spalt an der Seite der Diploe, die der Tabula interna am nächsten liegt, und zwar da, wo der Zwischenraum am meisten durch neue Knochensubstanzen ausgefüllt ist. Die Spalten der Schädelknochen schließen sich völlig und durchaus durch neue Knochenmassen, aber es ist im allgemeinen dazu eine etwas längere Zeit nötig, als für die langen Knochen, um so mehr, je weniger spongiöses Gewebe sich zwischen den beiden Knochenplatten findet.

Im Markgewebe und im Periost der langen Knochen ist die wiederbildende Kraft am stärksten; sie ist stärker, wenn die Verletzung die ganze Dicke der Compacta durchquert hat und die Markhöhle eröffnet ist, oder aber am stärksten, wenn das Markgewebe selbst verletzt ist. Wenn die Compacta der Knochenröhre nicht in ihrer ganzen Dicke bis in die Markhöhle durchschnitten wurde, dann leistet das äußere Periost — das ist sicher — die Hauptarbeit durch Ausfüllung der Knochenfurche mit neuer Knochenmasse; aber ebenso entwickelt sich in der Markmembran, selbst wenn die Markhöhle nicht eröffnet worden ist, eine deutliche Tätigkeit; auch hier wird viel neue Knochensubstanz gebildet.

Wenn jedoch auch die Markhöhle durch die Incision eröffnet wurde, schließt sie sich bald wieder. Zunächst entsteht in dem knöchernen Spalt ein Bluterguß, der aber bald aufhört, als Blut zu existieren; nach den ersten 24 Stunden füllt sich der Spalt mit ausgeschwitzter rötlicher Lymphe und mit seröser Flüssigkeit. Unmittelbar nach der Verletzung ist der Zufluß des Blutes in die Gefäße der Markmembran ungewöhnlich vermehrt; das Mark selbst scheint anzuschwellen, die Markhöhle ist vollkommen ausgefüllt, manchmal bemerkt man quer durch den knöchernen Spalt pulsierende Bewegungen, ähnlich denen des Gehirns; endlich erhebt sich an den Stellen, die vorher durch den Bluterguß und seine Folgezustände eingenommen waren, ein mehr oder weniger rotes Gewebe von weicher dehnbarer Beschaffenheit, das sich aus der Markhöhle gegen den Knochenspalt, den es bald ausfüllt, hinbewegt. Oft stopft dieses Gewebe den Spalt eher zu, ehe die Knöspchen, die auf der äußeren Oberfläche oder in den Weichteilen entstehen und sich nach der Knochenwunde hin zusammenziehen, in den Spalt eindringen und sich dort zusammenschließen können.

In der Markhöhle beginnt die Niederlegung neuer Knochenmasse schon sehr früh, oft eher wie auf der äußeren Oberfläche (wie es die Abb. 8, 9 und 100 zeigen). Die Knochenmasse wird in wenigen Tagen in so großer Menge gebildet, daß oft die ganze Dicke der

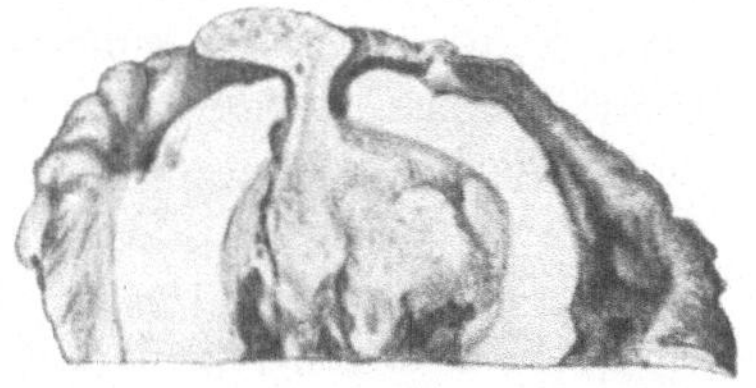

Abb. 100 (Vergr. $^2/_1$).

Markhöhle in großer Ausdehnung und selbst in größerer als die Verletzung beträgt, davon ausgefüllt ist, wie man es an fast allen langen Knochen der ersten Abteilung sehen kann. (Vgl. auch Abb. 8 und 9.)

Die neue Knochenmasse lagert sich sehr rasch in das weiche und rötliche Gewebe, das von der Markhöhle ausgehend sich in den knöchernen Spalt preßt und sich in diesem Spalt langsam bis zur Höhe der äußeren Knochenränder erhebt oder ihn sogar manchmal überschreitet.

An der Tibia findet man den Spalt am 13. Tage, am Femur am 15. vollkommen mit neuer Knochenmasse ausgefüllt.

Es ist unmöglich zu verkennen, daß die neue Knochenmasse sich von der Seite der Markhöhle her in den Spalt hineinverlängert (Abb. 8, 9 und 100), daß sie ebensosehr von den Gefäßen der Markhöhle gebildet wird wie auf der Oberfläche der Knochenröhre durch die Gefäße des Periosts (man vergleiche Nr. 7—15 einschließlich). Dieser wahrhaft succus ossificans kann in diesen Fällen nicht auf der Schnittfläche des Knochens oder auf der Oberfläche der Compacta entstanden sein; das letztere ist schon allein deswegen unmöglich, weil die Gefäße und ihre in der Compacta enthaltenen Verlängerungen zu dünn und zu wenig zahlreich sind, um so in kurzer Zeit eine so große Menge Knochensaft hervorzubringen.

Sobald nun die neue Knochenmasse auf der äußeren Oberfläche, in der Markhöhle und in dem Spalt niedergelegt ist, werden die Teile des Knochens, die absterben werden, sehr schnell ausgestoßen oder resorbiert. Sie werden von allen Seiten durch die Fleischknöspchen und die neue Knochensubstanz abgestoßen und ausgesogen, und werden durch die zahlreichen Gefäße weggeschafft, während zu derselben Zeit immer weiter die Niederlegung neuer Knochenmasse manchmal in sehr großer Menge und in dicken Lagen erfolgt (vgl. Abb. 16, 17, 85, 101).

Die Längsspalten, die durch Einschnitte in die Spongiosa der Enden der langen Knochen und der Rippen hergestellt wurden, heilten wie die der Compacta durch die Absetzung von neuer Knochenmasse, die den Spalt ausfüllte, und mit der Fläche und den Rändern der Schnittfläche verklebte. Sehr deutliche Beispiele dieser Heilung finden sich unter anderen in Nr. 18, Abb. 18, 19, 76b. Die erste Nummer bezieht sich auf eine tiefe Incision, ausgeführt an der Mitte des großen Trochanter und des Femurhalses bis zum knorpeligen Rande des Halses; der Spalt wurde vollkommen durch Knochenmasse ausgefüllt; außerdem hatte sich eine dicke Schicht auf der äußeren Fläche des Knochens niedergelegt und hatte hier das gebildet, was man einen Callus luxurians nennt; hier und da ist die Knochenmasse hart wie Elfenbein, an einigen Stellen löcherig und fibrös, die tiefere Krümmung vollkommen weiß, die oberflächliche von einem rötlichen Braun, sonst aber überall sehr hart.

Diese Beobachtungen stimmen in gewisser Weise mit einer anderen durch *Brulatour* gemachten überein; dieser legte der Akademie den

Femur eines Menschen vor, der den Gebrauch seines Beines nach der Heilung einer Schenkelhalsfraktur wiedererlangt hatte. Der Mann starb an einer anderen Krankheit; an der Basis des Femurhalses, an seiner äußeren und hinteren Fläche fand man, daß sich eine Knochenlamelle gebildet hatte, die 1 Zoll lang und 9 Linien breit war und mittels eines Knorpels festhaftete (Revue médicale 1827, Dezember, S. 398).

Incisionen, die tiefer in die Substanz der langen Knochen eindringen, das Markgewebe oder sogar die Gelenke verletzen, zeigen deutliche Unterschiede in ihren Resultaten und oft deutliche Zerstörungen (Abb. 13). Hier und da sterben größere oder geringere Partien ab und werden abgestoßen (Abb. 101), es entstehen Frakturen, deren Enden infolge der Muskelcontractur übereinanderweg greifen; das Glied verkürzt sich dann (Abb. 11 und Nr. 18). Auch entstehen Eiter absondernde Fisteln, in denen sich manchmal angefressene, zum Teil völlig zerstörte Knochenstücke finden. Es kommt auch vor, daß ein abgestorbener Teil eine Zeitlang frei und umgeben von den benachbarten Weichteilen bleibt; um ihn herum bildet sich eine Art Höhle, deren innere Wand bald sehr gefäßreich wird und weiche flockige Verlängerungen bildet, deren Gefäßnetze das knöcherne Stück bedecken. Gewöhnlich ist dieses letztere von einer rötlichen mißfarbenen, stinkenden, angefressenen und ungleichmäßigen, an ihrer Oberfläche schmutzig aussehenden Schleimhaut bedeckt. Manchmal sind ähnliche Fragmente durch die Resorption fast ganz zerstört, ohne daß dieser Vorgang durch irgendein äußeres Zeichen sich verriete.

Der leitende Gedanke auf unseren experimentellen Wegen geht auf die Klärung der Knochenreproduktion; es war daher notwendig, die verschiedensten Wege bei unserem operativen Vorgehen anzuwenden, um eine wirklich gründliche und vollständige Kenntnis der verschiedenen Organe zu erhalten, die von Wichtigkeit in Hinsicht auf die lebendige Kraft des ganzen Knochens wie der knöchernen Substanz selbst sind; die ferner von Wichtigkeit sind in Hinsicht auf ihre Tätigkeit bei der Heilung der Incisionen und beim Ausfüllen der Knochenspalten durch neue Massen. Es ist oft gezeigt worden, daß das Periost und das Mark bei diesem Reproduktionsvorgang eine wichtige Rolle spielen, indessen bleiben viele Punkte strittig und ungenügend geklärt. Die Resultate der Heilung fallen verschieden aus, je nachdem der eigentliche Knochen oder seine wichtigen Teile verletzt sind. Um festzustellen, welche Rolle zunächst das Periost selbst, dann die Markmembran bei der Ausfüllung des Knochenspaltes spielen, würden diese Teile auf verschiedene Art verwundet, isoliert oder selbst weggenommen. In einem Experiment (13) wurde das Periost eingeschnitten und mit Hilfe der Knochenfeile rings um den Femur entfernt; eine bis in die Markhöhle dringende Incision wurde ausgeführt und die so verletzte Knochenröhre ringsherum mit einem doppelten Leinwandstück bedeckt, so daß das von Knochen getrennte Periost mit seiner inneren Oberfläche gegen die eingelegte Leinwand sah (siehe auch Abb. 16).

In einem anderen Experiment (Nr. 14) wurde dieselbe Operation ausgeführt, aber anstatt das abgetrennte Periost und den Knochen durch zwischengelegte Leinwand zu trennen, wurde der unmittelbare Kontakt zwischen diesen beiden durch Vereinigen der Wunde wiederhergestellt. (Siehe Abb. 12, 101.) In einem 3. Experiment wurde das Periost nicht ringsherum um den Knochen fortgenommen; es wurde nur soweit fortgeschabt, als nötig war, um die Compacta des Knochens durch eine bis in die Markhöhle eindringende Incision, wobei das Mark zum Teil zerstört wurde, zu verwunden; lediglich der Knochenspalt und seine Ränder wurden mit einem schmalen Stück Leinwand bedeckt. In jedem dieser 3 Experimente erlitt die lebendige Kraft des Knochens eine tiefgehende Beeinträchtigung, aber durch außerordentlich vermehrte Tätigkeit seiner Kräfte wurden alle Folgen vermieden. Man kann also sehen, wie die Natur unter den gegebenen Umständen in unendlich kurzer Zeit eine beträchtliche Menge neuer Knochenmasse zu bilden imstande ist; ebenso jedoch wie sie nicht ebenso schnell — wenn auch immerhin mit einer auffallenden Geschwindigkeit — mittels resorbierender Vorgänge schon vorhandenen Knochen verschwinden lassen oder zerstören kann und die zerstörten Teile ausstoßen.

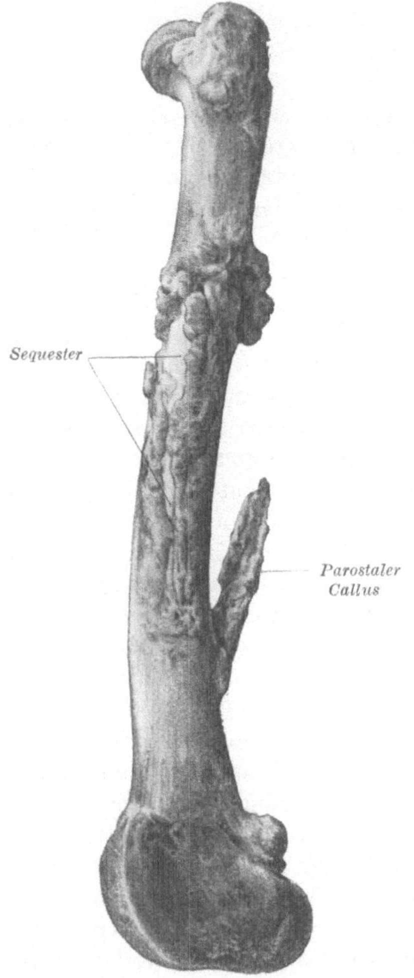

Abb. 101 (Vergr. ²/₃).

Wegen der besonderen Umstände, die schon weiter oben behandelt sind, lenken wir unsere Aufmerksamkeit auf das Stück Nr. 13.

12 Tage nach der Incision des Femur und der Trennung des Periosts mit Hilfe der zwischen diese beiden Teile eingelegten Leinwand hatten sich unter einer großen Menge neuer Masse, die sich in dem isolierten

Teil des Periosts abgesetzt hatte, 2 neue knöcherne Röhren gebildet, deren eine rund um das obere Ende lag, während das andere um das untere Ende des beinahe in seiner ganzen Länge abgestorbene Femur lag; sie stammte jedoch nach meiner Ansicht nicht aus dieser Quelle.

Ebensoweit wie die neue außerordentlich gefäßreiche Knochenmasse den alten abgestorbenen Knochen umgibt, ist dieser letzte angefressen und uneben schmutzig in seiner Oberfläche, während der mittlere Teil des Knochens, der von Leinen umgeben ist und in keiner Beziehung zu den Gefäßen des Periosts und der benachbarten Weichteile steht, mit Ausnahme des Erlöschens jedes organischen Lebens noch keine andere besondere Veränderung durch die umgebenden Weichteile erfahren hat. Die resorbierende Kraft der Gefäße, die in dem neuen Knochen liegen und seitlich um den alten Knochen herumlaufen, ist an diesem Stück deutlich sichtbar; denn die rote Injektionsmasse der Gefäße des neuen Knochens ist in den schon angefressenen Teilen des alten Knochens ebenso sichtbar. Der Anteil, den der vorher abgetrennte Teil des Periosts und die Gefäße an der Bildung des neuen Knochens genommen haben, ist nicht weniger deutlich; denn ebensoweit wie das Periost von der Oberfläche des Femur durch die Leinwand getrennt worden ist, hat sich in dieser Haut eine beträchtliche Menge von neuer Knochenmasse in Form von knöchernen Punkten und Fäden gebildet; die mehr oder weniger groß sind, dazu selbst knöcherne Stücke; die Weichteile sind von neuer Knochenmasse sozusagen übersät. Aber wie in allen anderen Experimenten auch fand sich die neue Knochenmasse auch hier nirgends frei und für sich auf der Leinwand niedergelegt, sondern die knöchernen Punkte vom größten bis zum kleinsten waren aufs engste überzogen von einem weichen und häutigen Gewebe, das gewissermaßen das neue Periost bildet und zu jedem Faden-, Kern- oder Knochenstück dazugehört, wovon wir in der 2. Abteilung noch weiter sprechen werden. Die Gefäßinjektion ist hier ganz besonders gut gelungen, so daß eine unzählbare Menge von arteriellen Ästen von verschiedenem Kaliber zu sehen ist, dazu sieht man zahlreiche feine, mit roter Masse gefüllte Gefäßnetze, die dem Präparat ein sehr lebhaftes Aussehen geben und einen Schluß auf die Wichtigkeit und die Bedeutung der im Periost und in den Weichteilen verteilten Gefäße erlauben; diese stehen offenbar in enger Beziehung zur Lebenstätigkeit der Knochen und der knöchernen Membranen. Denn dieser Anblick läßt fast glauben, daß die Knochenmasse in flüssiger Form quer durch die Arterienwände hindurch niedergelegt worden ist, da überall da, wo die Gefäßtätigkeit sehr lebhaft zu sein scheint, sich neue Knochenmasse selbst in den Wänden der Arterien zeigt. Es wäre von Interesse, durch eine Serie ähnlicher Experimente die Produkte der Anstrengung der Natur in der Zeit vor und nach dem Wiederbildungsvorgang zu vergleichen.

Wenn eine ansehnliche Menge neuer Knochensubstanz in der Markhöhle und auf der äußeren Fläche des normalen Knochens sich gebildet hat, die ihm ein ungestaltetes Aussehen gibt, so findet man oft, wenn man sie in verschiedenen Zeitpunkten nach der Operation prüft, daß sie zahlreichen Veränderungen unterworfen ist, die abhängen von ihrem Bau wie von ihrer Dichtigkeit, von ihrer Farbe und von ihrer Menge.

Je mehr Zeit nach der Verletzung des Knochens vergeht, um so mehr nimmt er seine früheren Eigenschaften und Formen wieder an, und die Markhöhle wird durch das allmähliche Verschwinden der in dieser Höhle deponierten Knochenmassen wieder frei. Man vergleiche Nr. 11. Man sieht hier, daß die ungestalte Abbildung des linken Femur, der $13^1/_2$ Monate vorher in seiner unteren Hälfte durch 2 Incisionen verletzt wurde, wieder normal geworden ist; sein inneres Gewebe ist ebenfalls wieder frei geworden, während dagegen die obere Hälfte der Knochenröhre, in die eine neue Incision gesetzt war, im Augenblick durch die Menge der neuen Knochensubstanz, die in 24 Tagen niedergelegt wurde, sehr ungestalt geworden ist. Der zuerst gesetzte Knochenspalt ist so vollkommen und so gleichmäßig mit Knochen normaler Beschaffenheit ausgefüllt worden, daß man kaum noch die erste Verwundung erkennt.

Es zeigt sich also auch in der Vernarbung bestimmter Knochenwunden, die von geringerem oder größerem Substanzverlust begleitet sind, das, was *Dupuytren* nach geschlossenen Frakturen beobachtet und beschrieben hat: Knochenmasse, die einmal vorübergehend und einmal dauernd niedergelegt ist (provisorischer und definitiver Callus von *Dupuytren*); welche Unterscheidung bestätigt wurde von *Breschet*, *Cruveilhier*, *Villermé*, *Heilard*, *Brodie*, *Meding*, *Weber* und anderen. Gestützt auf die Experimente der ersten Abteilung können wir uns definitiv der Meinung der Autoren anschließen, welche die Reproduktion der Knochen hauptsächlich aus dem Periost hervorgehen lassen, nur würde es doch zuerst notwendig sein, genauer zu fixieren, was man eigentlich unter dem Namen des Periostes versteht. Denn wenn man als zugehörig zum äußeren Periost und seinen Gefäßen außer der Haut, die die ganze Oberfläche des Knochens überzieht, noch ihre Verlängerungen ansieht, die sich in die Muskeln, Sehnen und umgebenden Bänder erstrecken, und die, die in den Knochen selbst eindringen; wenn man ebenso die häutigen Röhren, die in den Kanälen der Knochensubstanz liegen und endlich die Markmembran und ihre Verlängerungen in den langen Knochen und in dem spongiösen Teil des Knochengewebes als dazugehörig betrachtet, dann wird die Meinung der anderen, die den Callus aus dem Knochen selbst hervorgehen lassen, unter den gegebenen Verhältnissen keinen Gegensatz darstellen.

Nr. VI.

Die Knochenbildung nach Exstirpationen.

(Allgemeine Bemerkungen, die der zweiten Abteilung hinzuzufügen sind.)

II. Teil.

Totalexstirpationen der Knochen.

Diese Versuchsreihe umfaßt die Exstirpation eines oder mehrerer Knochen in ihrer ganzen Ausdehnung, und zwar ohne daß eine Spur des alten Knochens zurückblieb: in dieser Weise wurde die Exstirpation der Rippen, des Femur und selbst die aller Knochen einer Extremität auf einmal ausgeführt: des Schulterblattes, des Humerus, des Radius, des Ellbogens, der Handwurzel, der Mittelhand und selbst der Phalangen (Nr. 29 a, b).

Vor 3 Jahren hätte ich nicht geglaubt, daß man solche für den gesamten Zustand wichtige Teile wie die Rippen, die beiden Femora, herausnehmen könnte, ohne das Tier in schwere Gefahr zu bringen. Die verschiedenen Präparate, die ich der Akademie eingesandt habe, bewiesen, daß alle diese Teile sich wiederbilden, ja, sogar ihre einstige Form wiedererlangen können, und sie zeigen die Entwicklung dazu vom 3. Tage nach der Operation bis zum 14. Monat.

Nach *Jaeger* sind Exstirpationen des einen oder mehrerer Knochen am Menschen wegen Osteosarkom, wegen Caries, wegen Osteosteatom, von *Rous, Blandin, Dietz, Larrey, Beaufils, Bell, Dunn* u. a. ausgeführt worden.

Der Talus ist oft exstirpiert worden, und zwar durch *Cloquet, Larrey, Dupuytren, Persetz, Daniel, Ferrand, Evans, Fallot* und durch mehrere englische Chirurgen; das Wadenbein durch *Laurent*, und in der letzten Zeit hat man auch die Herausnahme des Schulterblattes ausgeführt.

Zur Herausnahme dieser Knochen wurden die Weichteile so schonend wie möglich durchtrennt und der Knochen durch einen Längsschnitt freigelegt; das Periost wurde in einer Reihe von Fällen ebenfalls so sorgfältig wie möglich vom Knochen gelöst und im Zusammenhang mit den Weichteilen gelassen. In einer weiteren Reihe wurde das Periost entweder nur entfernt, manchmal jedoch in seiner ganzen Ausdehnung mit dem Knochen, so daß auch nicht die geringste Spur erhalten wurde.

Das Ergebnis dieser verschiedenen Arten vorzugehen hat auf die deutlichste Weise den Anteil gezeigt, den das Periost an der Reproduktion nimmt; denn nur in den Fällen, in denen das Periost geschont wurde, in dem man es in Zusammenhang mit den Weichteilen ließ, hat sich der Knochen mehr oder weniger wiedergebildet, und in den Fällen im Gegenteil, in denen das Periost vollkommen herausgenommen wurde, hat sich der Knochen nicht nur nicht wiedergebildet, sondern man konnte nur mit Mühe Spuren von neuem Knochengewebe in Form von rudimentären Knochen antreffen.

Im größeren Teil der Fälle waren die Weichteile nach 8 oder 12 Tagen vernarbt, in anderen mußte man 15, 20, 30 Tage warten. Während dieser Zeit führte die muskuläre Kontraktion zu einer mehr oder weniger beträchtlichen Verkürzung des operierten Gliedes, die schon einige Stunden nach der Operation mehrere Zoll betrug, wenn man nicht versuchte, ihr durch Binden zuvorzukommen, die jedoch gewöhnlich nicht ertragen wurden oder die sich von selbst lösten.

In der ersten Zeit nach der Operation zeigt sich das Streben zur Bildung des neuen Knochens auf eine deutliche Weise: die Reizung und die Vermehrung der Durchblutung greift rasch vom Periost auf die ganze Wunde über. Dieses Bedürfnis der Wiederbildung, das sich der ganzen Wunde bemächtigt, bemächtigt sich auch des ganzen Organismus.

Kurze Zeit nach der Operation ist die Oberfläche der Wunde mit geronnenem Blute bedeckt, dessen farbiger Teil beinahe eliminiert ist; das Periost dagegen verliert seine weiße Färbung, schwillt an, wird rot und gefäßhaltig; die Muskeln und das umgebende Zellgewebe schwillt ebenfalls an und das ganze operierte Glied wird heißer.

30 Stunden nach der Herausnahme der Elle (Nr. 32) waren die Wundränder durch eine braunrote Masse verklebt (nur an einigen Stellen in der Tiefe der Wunde hatte das Blut seine normale Farbe bewahrt und beinahe auch seinen flüssigen Zustand); diese Zwischensubstanz ist weich, klebrig und kann leicht entfernt werden. Nach und nach wird sie zäher und verursacht engere Verbindungen mit den umgebenden Teilen. Später bildet sie Schichten und häutige Bänder, welche sich in verschiedenen Richtungen kreuzen. An einigen Stellen bemerkt man Flecken, Streifen und manchmal ganze Bahnen, die dunkel aussehen und flüssiges Blut zu enthalten scheinen.

Die Gefäße des Periosts verbreitern sich von einer Seite zur anderen, und in der Zwischensubstanz sieht man sich neue entwickeln, wodurch diese Teile auch bald unter der Herrschaft der allgemeinen Zirkulation stehen.

Bald nach der Operation, oft erst nach der Vernarbung und manchmal während die Wunde sich in voller Eiterung befindet, entwickelt sich eine neue Knochenmasse auf der eiternden Fläche, an der Stelle, von wo der alte Knochen weggenommen ist. In keinem Falle haben wir neue Knochensubstanz ohne innige Verbindung mit dem Mutterboden

gefunden, ebensowenig wie nur auf der Oberfläche der Wunde. Die
Natur scheint hier mit einer Art von Voraussicht zu handeln; sie scheint
das Bestreben zu haben, daß alle die knöchernen Rudimente sich in
einer Hülle entwickeln, die ihnen als Schutzorgan dient. Die Fälle,
die wir angeführt haben (Nr. 22, 23, 24 usw.) beweisen, daß Spuren
neuen Knochens sich schon am 5., 4. oder 3. Tage finden, vielleicht tritt er auch schon eher auf. Sie stellen sich dar als weiße, etwas
graue Bänder, etwas abgeplattet, leicht gekrümmt, und oft in einer
feinen Spitze endigend. In anderen Fällen findet man kleine Granulationen, sehr zarte Lamellen, die am Rande gezähnt sind, und in den
Falten der inneren Periostfläche liegen, oder in den häutigen Muskelscheiden, die in der Nachbarschaft der Wunde liegen. Oft begegnet
man knöcherner Masse, die in dem Zellgewebe der neuen Bildung
niedergelegt ist (vgl. Nr. 22 und die in einer kleinen Schachtel auf-
bewahrten Stückchen). Hier und da ist es sehr leicht, die neue
knöcherne Substanz von den Teilen zu unterscheiden, in denen sie
deponiert ist; manchmal aber ist es schwierig sie zu erkennen, weil
die Bänder, die sie formt, im cellulären Gewebe aufs innigste vereinigt
oder in seinem Inneren versteckt sind, und weil sie in gleicher Weise
wie das Zellgewebe biegsam sind und dieselbe Farbe haben; aber wenn
man sie der Luft aussetzt, sind sie bald deutlich zu erkennen, weil
die Fasern weiß, hart und unbiegsam werden und leicht brechen
(vgl. Nr. 24). Etwas später werden diese knöchernen Fasern seltener, und durch knöcherne Kerne ersetzt, die mehr oder weniger
dick sind, zum Teil rund, zum Teil oval, auf der Oberfläche runzelig, in Klümpchenform vereinigt, die in größerer oder geringerer
Menge voneinander in mehr oder weniger großer Entfernung im
Periost oder in seiner Nähe verzweigen. Die Knochenmasse vergrößert sich oft sehr schnell und am 12. oder 13. Tage begegnet
man schon einer größeren Masse von knöchernen Kernen (vgl.
Nr. 7 u. 8 und Nr. 25).

Es scheint, daß nach Verklebung der Wundränder die Gefäße, die
häutigen Verlängerungen und das celluläre Gewebe des Periostes innige
Verbindungen eingehen mit der Zwischensubstanz; daß zahlreiche Verbindungen mit neuen Gefäßen an der Berührungsstelle sich festsetzen,
und daß diese für das neue Knochengewebe, das sich in diesen verschiedenen Teilen bildet, die Gefäßeinsprengung bildet, so daß es sich
bald verhärtet; je mehr sich von dem Knochensaft in dieser Zwischensubstanz festsetzt, um so mehr verhärtet sie sich, wie auch um so stärker
das Periost, das sie umhüllt; die Gefäße, die sich in seinem Inneren verzweigen, und ihre Verlängerungen, müssen sich in die Länge entwickeln.
Oft auch findet man knöcherne Kerne verschiedener Dicke, die vollkommen eingehüllt sind wie eingekapselt; man findet in gleicher Weise

Kerne, in welchen man unmöglich irgendein Gefäß entdecken kann, aber immer sind sie von einer Haut eingehüllt, die oft eine gewisse Menge davon (von Gefäßen) enthält; diese scheint bei der inneren Knochenbildung maßgebend zu sein.

Vom 15.—30. Tage wird die Knochenmasse umfangreicher. Ihre Oberfläche ist unregelmäßig, runzelig, und sie fängt an härter zu werden, obwohl sie noch nach allen Richtungen biegsam ist; hieraus stammt wohl die alte Meinung, daß sie sich jetzt in knorpeligem Zustand befindet; dem ist jedoch nicht so. Diese Masse wird immer weniger biegsam, ihr Umfang scheint hier und da abzunehmen, obgleich sie in manchen Fällen durch Hinzufügung neuer Platten sich vergrößert. Die Biegsamkeit des neuen Gewebes scheint davon abzuhängen, ob die neuen Kerne schon in eine einzige Masse zusammengeschmolzen sind, wenn sie auch hier und da zwischen sich ziemlich große Zwischenräume lassen; weiter davon, ob das neue Knochengewebe auch genügend straff ist und ob es sich in Plättchenform findet, gesondert durch die häutigen Verlängerungen des Periosts; endlich davon, ob die Knochenkerne durch die häutigen Verlängerungen in Rosenkranzform vereinigt sind. Diese ganze Entstehungsart begünstigt in interessanter Weise die Entwicklung der Gefäße in dieser Masse bei der Knochenbildung. Wir sehen, welche Menge von Gefäßen sich in einem Humerus oder einem Femur von neuer Bildung in Resektionsfällen finden.

Allmählich wird die Oberfläche des neuen Knochens gleichmäßiger und glatter; hier und da sieht man, wie sich Vorsprünge und Verlängerungen aus Knochen entwickeln, entsprechend den Stellen, wo im Normalzustand starke und kräftige Muskeln sich ansetzen. Abb. 33 u. 36 ist ein schönes Beispiel der Entwicklung des großen Trochanter in einem neugebildeten Femur. Andererseits sehen wir Ausschnitte und Vertiefungen an den Stellen, die der Wirkungsgegend kräftiger Muskeln entsprechen; Abb. 26 an einem neugebildeten Humerus; Abb. 37 u. 38 an 2 Femora; welche Erscheinung besonders deutlich an der vorderen und inneren Seite des Femur an der Stelle wird, wo sich der Bauch des Vastus internus findet. Es ist jedoch klar, daß die Form der neuen Knochen nicht lediglich von der Lage und der Tätigkeit der Muskeln allein abhängt, denn dann würden wir die gleichen Verhältnisse an den neuen Knochen, die sich infolge derselben Operation entwickelt haben, bei den Hunden derselben Stärke und desselben Alters treffen müssen, was nicht der Fall ist; andere Umstände müssen daher wirksam sein. Es ist schwer zuzugeben, daß das Periost allein diese Form beeinflußt, wenn wir auch zugeben *müssen*, daß es eine große Rolle nicht nur bei der Wiederbildung der Knochen spielt, sondern auch in der Anordnung, die den neuen Knochen bestimmt. Wir müssen aber ergänzend auf das aufmerksam machen, was sich auf der Oberfläche und in den Höhlen der Gelenke zuträgt, die auch an diesen Operationen in Mitleidenschaft gezogen werden. Die Tätigkeit der verschiedenen Muskeln, die Bewegung des Tieres, die zufällige Stellung, die es einnimmt, die fast dauernde Ruhe, die Art seines Ganges, sind alles Umstände, die ihren Einfluß auf die Bildung des neuen Knochens ausüben, und daraus erklärt sich uns auch, warum ein neuer Knochen immer die Form des ursprünglichen einnimmt: wir sehen, daß der neue Femur immer die Form des alten annimmt, während der Humerus, der anderen Einflüssen unterworfen ist, als daß er Form des Femur annehmen könnte, eine Form annimmt, die dem ursprünglichen Humerus entspricht. Indessen stellen wir fest, daß, obwohl wir an neuen Knochen dieselben Vorsprünge, dieselben Ausschnitte, dieselben artikulären, mit Knorpel bedeckten Oberflächen, die man an den alten Knochen trifft, finden (vgl. Abb. 39 u. 40 die Apophyse der Tibia und die Gelenkverbindung zwischen Tibia und Tarsus, Abb. 36 das Femur und die Gelenkverbindung zwischen Tibia und Femur, Abb. 22 u. 24 die Gelenkverbindung zwischen Schulterblatt und Humerus), das Femur doch nach seiner Exstirpation bietet insofern besonderes dar, als wir an Stelle eines vollständigen Gelenkes mit der Cavitas cotyloidea nur Andeutungen finden.

Die neugebildeten Knochen zeigen bald früher bald später die verschiedenen normalen Knochenlagen des alten Knochens, also die äußere Corticalis wie die markhaltige und netzförmige Schicht, wofür wir Beispiele in der Tibia Nr. 44 und im Femur Abb. 35 finden. Oft sieht man auch in den ersten Stadien der Knochenbildung, daß gewisse Knochen bemerkenswerte Unterschiede in Struktur, Härte und Färbung zeigen, denn wir finden Corticalsubstanzen von bald großer Härte und bald wieder von weicher und poröser Konsistenz, während sich die Marksubstanz bald in sehr weiten, bald in engeren Zellen findet, die wie eburnisiert sind (vgl. unter anderen Abb. 29 u. 35). Um das Kalkphosphat von der Compacta des neuen Knochens durch Acidum nitricum zu trennen, braucht man 4 Stunden weniger als für die Trennung des Kalkphosphats von der Compacta des alten Knochens, wobei beide Knochen Femora desselben Hundes sind. Die Form der neugebildeten Knochenkerne bleibt auch dann dieselbe, wenn man sie vom Kalkphosphat getrennt hat; der Rückstand besteht aus einer tierischen Substanz, die leicht schwammig, sehr elastisch, braungelb und ohne deutliche Gefäße zusammengesetzt ist.

Der Markkanal beginnt an einem neuen Femur am 40. Tage sichtbar zu werden (Abb. 35), aber wir finden hier noch Unterschiede. Die Bildung einer gutgebildeten Markhöhle mit der Haut, die sie auskleidet, den Gefäßen, die sich darin verteilen und dem Marksaft, den sie enthält, findet sich nicht nur in der eigentlichen Markhöhle selbst, sondern auch in den verschiedenen Zellen, die man in dem neuen Knochen trifft (Abb. 26, 35).

Die Knochen, die sich nach der Exstirpation eines ursprünglichen Knochens wieder bilden, zeigen einige besondere der Aufmerksamkeit werte Eigentümlichkeiten; wenn z. B. ein exstirpierter Femur, der sich wiederbildet, nicht in wesentlicher Weise die eigentümliche Form des Hüftgelenkes wiedergibt, so hängt das wahrscheinlich davon ab, daß das Periost sich nicht zur Cavitas cotyloidea erstreckt, davon, daß die Synovialmembran und ihre Sekrete nicht der knöchernen Bildung eigentümlich sind, und endlich, daß der Femur durch die Muskeln, die ihn bewegen, stark gegen das Becken abgehalten wird; wir sehen nichtsdestoweniger am oberen Teil des Femur wie an allen anderen Knochen knöcherne Verlängerungen, die sich den im Normalzustand vorhandenen sehr nähern; wir sehen auch, daß sich eine Fläche mit Knorpel bedeckt bildet, wir sehen auch, daß knöcherne Verlängerungen den neuen Knochen mit der Cavitas cotyloidea, die mit cellulärem Gewebe erfüllt ist, verbinden, ebenso wie an allen Stellen, wo der alte Knochen mit dem Becken in Gelenkverbindung tritt; und diese Verlängerungen genügen, um die ausgiebigsten und energischsten Bewegungen zu machen. Der Gang des Hundes, dem wir die beiden Femora entfernt hatten, war im Anfang unsicher, aber er besserte sich allmählich und das Tier lief und sprang bald umher wie vorher. Die Funktionen des neuen Knochens haben sich 3 Monate nach der Durchschneidung der Muskeln und Bänder nach der Exstirpation des rechten Femur eines Hundes wieder hergestellt. Die Verkürzung, die seit dem Anfang bestand, hält lange nach der Operation an und wird wahrscheinlich immer bleiben. Aber die Erfahrungen, die ich hierüber gewann, zeigen, daß das nicht von Bedeutung ist. Der Femur und der neugebildete Humerus sind im allgemeinen um die Hälfte kürzer als die ursprünglichen Knochen. Die Verkürzung ist gewöhnlich größer nach der Exstirpation des Radius und der Ulna; vielleicht hängt das damit zusammen, daß die Muskeln mehr parallel zur Achse des Gliedes verlaufen und daß sie am Oberschenkel in verschiedenen Richtungen wirken.

Selbst wenn also das Periost mehrere Verletzungen erlitten hat, nimmt es nicht weniger einen sehr aktiven Anteil an der Absonderung oder der Bildung neuen Knochens.

Eine stärkere aber verschieden große Verkürzung tritt ein, wenn man das Periost mit entfernt.

Endlich machen wir aufmerksam, daß bei einer geringeren Knochensubstanz die Arteria cruralis sich verkürzen muß; daß sich ferner so zahlreiche Schlängelungen bilden, wie ich sie im Normalzustand niemals gesehen habe.

Nr. VII.

Die Knochenbildung nach Resektionen.
(Bezieht sich auf die dritte Abteilung der Experimente.)

Bernhard Heine aus Würzburg.

III. Teil.
Resektionen.

Resektionen wurden an allen zugänglichen Teilen des Skelettes ausgeführt. Durch diese Operationen haben wir 37 Präparate erhalten.

17 davon gehören der Resektion des Schädels vom 10. Tage nach der Operation bis zu 21 Monaten. Die 20 anderen umfassen die Resektion des Unterkiefers, der Rippen, der Dorsalwirbeldorne des Beckens, der langen Knochen und verschiedener Gelenke.

Die ersten Operationen dieser Abteilung wurden zu dem Zweck ausgeführt, die Wirkung des Osteotomes zu studieren und seinen Mechanismus zu verbessern; später indessen wurde die Frage studiert, ob die eine oder die andere Form der Knochenwunde, besonders des Schädels, für die Heilung günstiger waren; ferner unter welchen Umständen und bis zu welchem Grade der Substanzverlust durch Bildung neuer Knochenmasse ersetzt werden könnte; schließlich wieweit die Vollständigkeit der operierten Partie mehr oder weniger wiederhergestellt werden könnte.

Folgende Modifikationen wurden getroffen: 1. Man schnitt mit Hilfe des Osteotoms dreieckige, längliche, quadratische, sechseckige, halbovale, ovale und runde knöcherne Stücke aus dem Schädel aus, immer unter Schonung des Periosts und der Dura mater (vgl. Nr. 47—54 inkl.). 2. Man schnitt ein Knochenstück mit einem Teil des Periosts und der Dura mater weg (vgl. Nr. 55—58 inkl.). 3. Man setzte das herausgeschnittene Stück in die Öffnung des Schädels wieder hinein und versuchte es hier mit Hilfe von Nähten zu fixieren, mit dem Ziel, seine Wiedereinheilung zu erhalten (vgl. Nr. 59—63).

Die unter Nr. 1 gezeichneten Experimente geben mehrere Beweise, daß es durchaus nicht gleichgültig für die Heilung und den Verschluß der Schädelöffnung durch neue Knochenmasse ist, ob man ein ovales

und längliches oder ein dreieckiges, viereckiges oder rundes Stück
herausninmt. Die länglichen und schmalen Schädelöffnungen (man
vergleiche sie mit Abt. 1, einfache Incisionen am Schädel) schließen
sich deutlich, falls die Bedingungen sonst günstig sind, durch Ansetzung
von neuer Knochenmasse und durch Vereinigung dieser letzteren längs
der Berührungsfläche. Die runden Stücke, dazu die gleichseitigen
viereckigen von ungefähr gleichem Durchmesser, schließen sich dagegen nur unter besonderen Umständen, was nach Ansicht einiger
berühmter Chirurgen als sehr wichtig für die Praxis anzusehen ist.
Denn nicht selten findet man Schädelverletzungen (und ich habe mehrere
Beispiele in den letzten 6 Jahren gesehen), wo man das Ziel der Operation
durch sog. Explorativincisionen (welcher Ausdruck zufällig durch Herrn
Gerdy im Jahre 1834 gebraucht wurde, als er das Osteotom zum erstenmal sah) weit erfolgreicher mit Hilfe des Osteotoms oder mit Hilfe der
in der letzten Zeit in Frankreich erfundenen Messer erreichen konnte,
als es mit dem gewöhnlichen Trepan möglich war.

Obgleich berühmte Chirurgen unserer Zeit sich gegen die Schädel-
trepanation gewandt haben, und zwar mit einer Schärfe, die einer völligen Verwerfung dieser Operation gleichkommt, gibt es dennoch andere,
die unter gewissen Umständen die gegenteilige Meinung vertreten und
einen vollen Erfolg von ihr erwarten (*Velpeau* u. a.). Viele Versuche
beweisen, daß die Schädelöffnung in keiner Weise als sehr gefährlich an
sich anzusehen ist, sie werden es erst dann, wenn sich Gehirnerschütte-
rungen finden oder andere Verletzungen des Gehirns und seiner Häute.

Abgesehen von einer mehr oder weniger starken Schwellung der
Kopfhaut und abgesehen von der Wundsekretion stellen sich keine
gefährlicheren Zustände nach der Schädelresektion ein, ebensowenig
wie nach der einfachen Incision; es sei denn, daß sie nach der Operation
durch eine äußere Verletzung hervorgerufen sind. Die Heilung der
Wunde fand zwischen dem 12 und 20. Tage statt, ein einziges Mal
vollzog sich die Heilung erst am 40. Tage.

Man beobachtet auch in den ersten 24 Stunden auf der Dura mater
eine rötliche, manchmal grau-weiße Exsudation, entsprechend der
Farbe des dickflüssigen Eiters), deren Masse in die Schädelöffnung etwas
vorragt; es findet auch die Exsudation einer wässerigen Lymphe statt,
die die ganze Wunde anfeuchtet und schlüpfrig macht. Manchmal
sieht man, wie auf der Dura mater, der Diploe und auf den Gefäßnetzen, die unter der äußeren Knochentafel liegen, Fleischknöspchen
liegen, die die Schädelöffnung ausfüllen, hier und da die äußere Lamelle
durchbohren oder sie verschwinden lassen, indem sie sich darauf aus-
breiten, während die Weichteile sich gegen die Öffnung der äußeren
Schädelschicht zusammenziehen und sich in diese hineinlegen; die Fleischknöspchen vereinigen sich hier von allen Seiten.

Die absorbierende Tätigkeit der Gefäße, die in großer Zahl in den Weichteilen entwickelt werden, hat manchmal am 15., 20. und 30. Tage nach der Resektion eine verschieden große Lamelle der äußeren Knochentafel abgenagt, ebenso wie den Rand, der die Schädelöffnung umgibt, manchmal sogar ein Stück der Diploe. Einige Male blätterte ein Teil ab und wurde in kleinen Stücken ausgestoßen. So verschwindet gewöhnlich ein Teil der Tabula externa mit den Rändern der Incision; der Knochen in der Umgebung der Öffnung wird dünner und die eingeschnittenen Ränder runden sich ab. Die ungleichmäßigen Wunden werden gleichmäßig.

Die weichen und oft körnigen Fleischknospen, die die Öffnung ausfüllen, werden hart und nehmen allmählich ein häutiges Aussehen an, wodurch die Membran entsteht, die, indem sie die Schädelöffnung ausfüllt, mit der Dura mater, den Knochen und der äußeren Haut eng verbunden ist. Diese Haut scheint in ihren Beziehungen zu dem Öffnungsverschluß durch neue Knochenmasse analog der zu sein, von der im Teil 2 schon einmal die Rede war, und die sich unter den neu hervorgebrachten Kernen findet; hier dient sie auch der Natur als Mittel, um die Vereinigung, Verschmelzung und Ossifikation einiger knöcherner Punkte zu einem einzigen Stück zu bewirken. Man findet in dieser Membran mehrere knöcherne, zerstreute und losgerissene Punkte und Kerne (Abb. 49, 61, 62 u. 67), welche selten mit den Öffnungsrändern in Verbindung stehen. Ähnliche Kerne sind in der Dura mater sichtbar.

Die Verminderung der Schädelöffnung geschieht durch die Niederlegung von neuer Knochenmasse, die sich mit den Rändern des ursprünglichen Knochens und mit der Verschlußmembran eng vereinigt. Man könnte wohl geneigt sein, mit gewissen Autoren zu vermuten, daß diese Verkleinerung auf das Dünnerwerden der Ränder und die Annäherung der beiden Knochentafeln zurückzuführen ist, was kaum für möglich gehalten werden kann ohne eine Verlängerung der Knochensubstanz gegen die Mitte der Öffnung hin. Eine derartige Verlängerung würde notwendigerweise einen bestimmten Grad von Erweichung und selbst von Anschwellung der Compacta des Knochens zur Voraussetzung haben; indessen gibt es sicherlich Wiederbildung von neuer Knochensubstanz, welche im allgemeinen reichlicher hervorgebracht wird, wenn das Tier jung und kräftig ist und genügend spongiöser Substanz zwischen der inneren und äußeren Tafel sich findet, in welcher Substanz sich häutige Verlängerungen und zahlreiche Gefäße finden, um hauptsächlich zur Absonderung der Knochenmasse beizutragen. Die Apposition von neuer Knochenmasse, durch welche die Schädelöffnung vermindert wird, findet nicht gleichzeitig und in gleichem Verhältnis an allen Punkten des ursprünglichen Knochens statt. Die

Winkel füllen sich nach kurzer Zeit, woraus sich ergibt, daß ein Loch von Dreiecksform fast eine ovale Form annimmt. (vgl. Abb. 48, 50, 55, 56 u. 68). An den Seiten bilden sich bald hier bald da mehr oder weniger lange und schmale Verlängerungen, dazu breite Vorsprünge, die vorrücken, indem sie sich nach der Mitte der Stelle zu ausdehnen (Abb. 48, 63 u. 66); die Neubildungen nähern sich denen, die auf der anderen Seite gebildet sind (Abb. 66) und kommen bisweilen vollkommen zusammen (Abb. 67). In anderen Fällen indessen stellt die neue Knochenmasse ein gleichmäßiges Wachstum an allen Stellen der Oberfläche dar, die dem Schnitt gegenüberliegen, und verbreitern sich gegen die Mitte der Schädelöffnung. Dies findet gewöhnlich nach der einfachen Incision des Schädels statt (vgl. Abt. 1) und nach der Resektion der schmalen und langen Knochenstücke (Abb. 6, 7 u. 53). Unter Nr. 8 ist ein bemerkenswertes Beispiel von totalem Verschluß der Schädelöffnung zu finden nebst völligem Ersatz des großen Substanzverlustes durch neue Knochenmasse. (Siehe nebenstehende Abb. 102 u. 103, vergleiche Text von Nr. 54 S. 123.) Dieses Stück betrifft die Resektion in der Mitte des Schädels bei einem großen Hunde von mehr als 10 Jahren und von außergewöhnlicher Größe. Abb. 57 und 58, verbunden

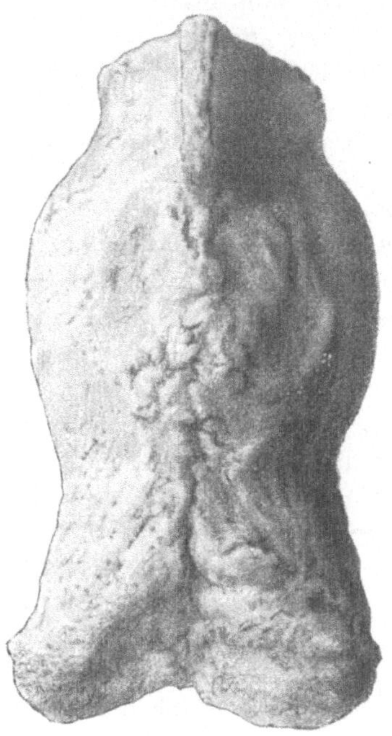

Abb. 102 (Vergr. $^2/_3$).

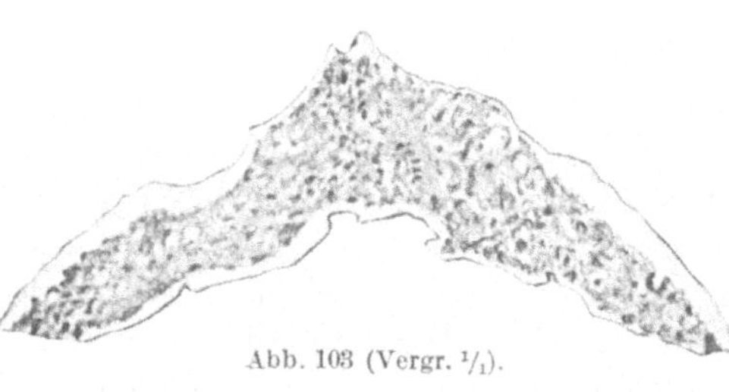

Abb. 103 (Vergr. $^1/_1$).

mit der Beschreibung, gibt ein Bild von der Größe und der Form, den die Knochenwunde vorher gehabt hat; die kleinen Stücke in der kleinen Schachtel zeigen die Menge der mit dem Messer aus dem Schädel herausgenommenen Substanz. Ich machte diese Operation auf dieselbe Art wie eine andere, die ich im September 1834 im Hospital du Midi zu Paris ausführte an einer Frau, die eine Caries am Schädel hatte. Diese Operation wurde mir anvertraut durch

Herrn Dr. *Ricord* (mit vollem Rechte berühmt durch seinen unermüd-
lichen Eifer für die Wissenschaft); sie war von vollem Erfolg begleitet
(siehe Gazette médical Oktober 1834). Das in 2 Teile geschnittene
Stück (Abb. 103) zeigt einen Fall analog jenen, die *Skarpa, Denon* u. a.
beobachtet haben, d. h. wo die neue Knochenmasse völlig dem angrenzenden Knochen ähnelt; sie besteht aus einer harten äußeren Tafel und
einem knöchernen spongiösen oder cellulären Gewebe, das ungefähr
5 Linien dick ist. Man bemerkt gar keine Grenzlinie zwischen ur-
sprünglichem und neuem Knochen, allerdings ist eine Art von Ring zu
sehen, der auf der äußeren Knochentafel ein wenig eingesunken ist
und eben die ursprünglichen Ränder andeutet.

Die in Nr. 2 erwähnten Experimente (Nr. 55—58), wo man außer
dem Knochenfragment einen Teil des Periostes und der Dura mater
weggenommen hatte, unterscheiden sich von den ersten durch die geringe Neubildung von Knochenmasse. Die Öffnung des Schädels ist
kaum vermindert nach einem Monat, und die Ränder der Knochenincision haben kaum eine Veränderung erfahren (siehe Nr. 55). Die aus
der Dura mater ausgeschnittenen Stücke sind nicht wieder ersetzt worden; die Schnittränder sind durch neugebildetes Zellgewebe mit der neugebildeten Haut fixiert, die die Schädelöffnung verschließt (siehe Nr. 56,
57, 58). Das Stück Nr. 55 ist übrigens deswegen besonders inter-
essant, weil man an ihm außer einer großen Anzahl von kleinen
Arterien im Periost und in der Verschlußmembran der Schädelöffnung
eine Menge kleiner knöcherner, außerordentlich feiner Punkte sehen
kann. Hieraus kann man auf die Art schließen, mit der die Natur
den Substanzverlust des Knochens zu ersetzen sucht, wenn gleichzeitig mit dem Knochen auch seine Häute entfernt wurden. Die
Excision eines Teiles der Dura mater ist immer ein schwerwiegender
Eingriff, denn es braucht nach solchen Operationen nur ein un-
wesentlicher Reiz, und sei er noch so klein, hinzukommen, um leicht
zu dem Zustand zu führen, den man Hernia cerebralis nennt, die
nach kurzer Zeit zum Tode führt.

Das Resultat des Vorgehens von Nr. 3, wo das Knochenstück wieder
in den Zwischenraum der Wunde eingesetzt wurde, verdient besonders
betrachtet zu werden. Obgleich die Heilung durch Wiedereinsetzung
nicht gelingt und die Fragmente fast immer ausgestoßen und zum Teil
aufgesogen werden, hat man doch gesehen, daß bei dieser Sachlage
weniger Zeit nötig war, um eine größere Knochenmasse zu erzeugen,
als in den Fällen, in denen man das ausgeschnittene Stück nicht wieder
eingesetzt hatte (vgl. Nr. 59, 60, 61, 62). *Mannoir* hatte schon vor-
geschlagen, das durch den Trepan entfernte Fragment wieder einzu-
fügen (Question de chirurgie 1802). *Merem* sagt, daß er diese Operation
bei einem Hunde und bei einer Katze mit Erfolg ausgeführt habe.

Walther behauptet, sie bei einem jungen Manne erfolggekrönt gesehen zu haben (Journ. de chir. *3*, Heft 2). Ich habe zuerst geglaubt, daß meine diesbezüglichen Versuche in gleicher Weise von Erfolg begleitet sein würden, aber mehrere wiederholt ausgeführte Experimente haben mir die Überzeugung beigebracht, daß ein Stück herausgeschnittenen und völlig von seinen Weichteilen entblößten Knochens, nicht wieder in seinen organischen Zusammenhang eingefügt wird. Es kann höchstens sich mit neuer Knochenmasse bedecken und auf diese Weise in gewisser Verbindung mit dem Schädel bleiben.

In der Regel ist der Vorgang wie oben beschrieben: Ausstoßung des wiedereingesetzten Fragmentes und Vermehrung der Bildung neuer Knochenmasse. Die runde Form der mit Hilfe des Trepans herausgenommenen Knochenfragmente scheint mir nicht so passend für die Wiedereinführung wie jede andere Form (siehe Abb. 50 u. 62), und zwar aus dem Grunde, weil das Stück des runden Knochens nur an einigen Stellen seiner Peripherie mit dem Rande der Schädelöffnung in Verbindung tritt; diese Tatsache bestimmte uns, andere Stücke von verschiedener Form mit Hilfe des Osteotomes herauszuschneiden (siehe Nr. 47—63). Die Fragmente, die nach ihrer Wiedereinfügung eine genügend lange Berührungslinie mit der Schädelöffnung bildeten und die längs einer Seite Raum für den Abfluß des Wundsekretes ließen, wurden mit einigen kleinen Löchern versehen, ebenso wie der Schädelrand selbst zu dem Zweck, hier durch einige Nähte den Kontakt zwischen den beiden Knochen herzustellen. — Man kennt Fälle, in denen die Vereinigung eines oder mehrerer abgeschnittener Finger vollkommen gelungen ist; in diesen Fällen waren die abgetrennten Knochen noch von Weichteilen umgeben, wodurch die abgeschnittenen Finger noch an der Hand durch Hautbrücken gehalten wurden. — Eine Vermehrung der Knochenbildung zeigt sich auf die deutlichste Art nach der Resektion und Wiedereinfügung von Rippenfragmenten (Abb. 70 u. 75). Auch hier wurde das eingeführte Stück wieder ausgestoßen; es bildete sich an seiner Stelle ein neues Rippenstück, das dicker als das erste war, die neue Knochenmasse zeigt deutlich, ebenso wie die normalen Rippen, eine äußere kompakte Rinde und ein inneres und celluläres knöchernes Gewebe. Man könnte diese vermehrte Knochenbildung als eine Art Hypertrophie ansehen; diese Rippe ist wirklich umfangreicher in ihrer ganzen Länge als die anderen Rippen, was man nach der ersten Operation nicht bemerkt hatte, und was nur die Folge der Reizung durch die Wiedereinführung des Fragmentes sein konnte. Es ist merkwürdig, zu sehen, daß die Hauptstämme ebenso wie die Äste der Arterien oft den doppelten Durchmesser zeigen, wie sie ihn im Normalzustand haben (vgl. Abb. 74, Arteria intercostalis der 6. Rippe, ebenso wie Abb. 15, die Arteria intercostalis der 10. Rippe).

Abb. 82 u. 83 stellt ein nicht weniger merkwürdiges Stück dar hinsichtlich vermehrter Knochenbildung nach Einfügung eines Knochenfragmentes. Der Einfluß, den das wiedereingeführte Fragment auf die umgebenden Teile ausgeübt zu haben scheint, ist hier um so deutlicher, als eine auf dieselbe Art ausgeführte Operation an einem anderen Hunde, wo das resezierte Fragment nicht wieder in den Zwischenraum der Wunde eingeführt war, nicht von Knochenbildung gefolgt war (siehe Abb. 80 u. 81).

Anders verhält es sich nun mit der Resektion von Rückenwirbeldornen. Von allen Operationen, die ich gemacht habe, hat sich die Entfernung eines oder mehrerer Wirbelbogen als die gefährlichste erwiesen. Immerhin möchte ich betonen, daß die Mehrzahl der Operationen zu einer Zeit ausgeführt wurde, wo das Osteotom noch wenig vollkommen und das Arbeiten mit ihm noch nicht genügend schonend und sicher war; dazu setzt man beim Schneiden in einer so bedeutenden Tiefe leicht schwerere Verletzungen anderer Teile, obwohl diese Verletzungen weit weniger bedeutend waren als diejenigen, die man beim Benutzen anderer Messer gewöhnlich erhält. — Zu diesen Experimenten wurden zuerst Katzen ausgewählt; man schnitt aus dem Dorsalteil der Wirbelsäule einen und manchmal 2 Wirbelbögen mit den entsprechenden Dornfortsätzen heraus. Es entstand jedesmal, sobald Luft in den Wirbelkanal eindrang, eine völlige Lähmung der hinteren Extremitäten, und der Tod trat nach 48 Stunden ein. Beim Operieren in der Nähe des Kopfes, am Cervicalteil und wenn man z. B. den Boden des ersten Cervicalwirbels entfernte, trat der Tod in wenigen Minuten ein.

Kurze Zeit später, als das Osteotom wesentliche Verbesserungen erfahren hatte, wählte man für diese Operationen Hunde; 10 starben, mehrere unmittelbar nach der Operation. Einen ebenso verhängnisvollen Ausgang gab es bei einem Kalbe. Aber schließlich konnte ich das Leben dieser Tiere etwas länger erhalten; die Heilung fand bei 3 Hunden statt (siehe Nr. 83, 84 u. 85), ohne Lähmung und ohne Störung irgendeiner lebenswichtigen Funktion. Die Vereinigung der Wundränder mittels einer blutigen Naht scheint verhängnisvoll zu sein; es bildet sich kurze Zeit nach diesen Operationen im Wirbelkanal die Sekretion einer bedeutenden Menge von flüssigem und ziemlich hellem Serum, die einige Zeit andauert und fast immer die tiefe Wunde ausfüllt. Wenn der Abfluß nun nicht ungehindert vor sich gehen kann, entsteht ein Druck auf das Rückenmark, der ohne Zweifel die Ursache war, daß mehrere Tiere plötzlich nach der Vereinigung der Wunde mittels der blutigen Naht starben. Vielleicht dient diese Flüssigkeit der Rückenmarkshaut im Grunde der Wunde als Schutz oder soll auch das Mark selbst gegen den Einfluß der Luft schützen.

Was mir besonders bemerkenswert erscheint, das war die Biegsamkeit der Wirbelsäule an der operierten Stelle; diese Biegsamkeit gibt sich sofort kund, wenn man das Ligamentum apicum und das Ligamentum interspinosum durchschnitten hat; sie wird sehr erheblich, wenn man einen Wirbelbogen entfernt hat, und hat sehr verhängnisvolle Folgen, weil es unmöglich ist, den Rückendorn in derselben unbeweglichen Stellung bis zur Wundheilung zu halten, und weil jede geringe oder heftigere Bewegung die Zerrung der Wunde und der benachbarten Teile mit sich bringt. Einmal trat sogar Fraktur des 10. Dorsalwirbels ein. Das Freilegen des Rückenmarkes ist ohne Zweifel eine in ihren Folgen sehr schwerwiegende Operation, selbst wenn man sie am Ende des Dorsalteiles ausführt.

Nehmen wir nun einmal an, es sei ein Wirbel gebrochen und der eine oder andere Bogen des Wirbels eingedrückt, wodurch ohne Kunsthilfe der tödliche Ausgang unvermeidlich sein würde; anstatt in diesem Falle mit dem Trepan den eingedrückten Knochen zu perforieren oder ihn mit der Spitze des Osteotoms auf den beiden Seiten des Dornfortsatzes einzuschneiden, würde es zweckmäßiger sein, ihn nur auf einer Seite zu schneiden, und zwar in schräger Richtung zur Seite des Dornfortsatzes parallel mit diesem, so daß ein schmaler Verbindungsspalt, der mit dem Wirbelkanal kommuniziert, entsteht, wodurch man sowohl den eingedrückten Knochen wieder heben kann und genügend Raum für den Abfluß der sezernierten Flüssigkeit gewinnt, als auch die Ränder der Fraktur glattmachen kann.

Die Resektion der eingesunkenen Wirbel ist am kranken Menschen ohne Erfolg durch *Clyne*, *Wickham*, *Attenboron*, *Tyrrel*, *Holscher* und *Schmidt* ausgeführt worden (siehe Traité élémentaire pour l'étude des opérations chirurgicales par *Textor*, Würzburg 1835 und *Jaeger*, Operatio resectionis conspecta chronologica adumbrata, Erlangen 1832).

Die Resektion im Kontinuitätsverlauf langer Knochen zeigt manchmal verschiedene Resultate. Wenn man ein Stück aus der ganzen Länge des Knochens mittels zweier querer Incisionen in Hinsicht auf die Längsachse entfernt, bewirkt die Muskelkontraktion die Annäherung der beiden Schnittflächen, und in diesen günstigen Fällen mit einer sicheren Stellung heilen die beiden Enden und verbinden sich durch Callusbildung. Die Markhöhle schließt sich zuerst an den beiden Schnittenden, wird aber später wieder frei, wie das in gleicher Weise geschieht, bei den Frakturen.

Es resultiert eine Verkürzung entsprechend der Länge des herausgeschnittenen Stückes; bei den Tieren, bei denen die notwendigen Verbände nicht ertragen werden, geschieht die Wiedervereinigung unter einem mehr oder weniger starken Winkel, je nachdem der eine oder der andere Muskel stärker wirkt und in der betreffenden Richtung vorteilhafter angreift (siehe Abb. 77). In anderen Fällen runden sich die isolierten Enden des Knochens ab, Blätter oder Stücke stoßen sich ab;

die Ungleichmäßigkeiten des ursprünglichen Knochens werden oft durch die absorbierende Tätigkeit der Gefäße ausgeglichen. Aushöhlungen und knöcherne Buckel bilden sich, ein fibrös-bandartiges Gewebe bedeckt die Enden des Knochens, und anstatt einer festen Verbindung durch Vereinigung der beiden Knochen bildet sich ein widernatürliches Gelenk (siehe den Humerus von Nr. 73).

Wenn man aus der Compacta der hohlen Knochen nur ein schmales längliches Stück entfernt, ohne ein Gelenk zu eröffnen und ohne viel Markhaut und viel Mark selbst ernstlich zu gefährden, geht die Heilung der Knochenwunde fast auf dieselbe Art vor sich, wie es im ersten Teil beschrieben wurde. Der Substanzverlust wird ersetzt, der Spalt oder die durch die Operation gesetzte Lücke werden vollkommen durch neue Knochenmasse ausgefüllt.

Aber wenn die Verletzung tiefer eindringt und das Markgewebe schwerere Verletzungen erlitten hat, schließt sich eine Nekrose an und breitet sich auf den ganzen Markkanal aus. Während die Nekrose anfängt, wird eine neue Knochenmasse in der Markhöhle ebenso wie auf der äußeren Fläche des ursprünglichen Knochentubus deponiert, was man sehr schön an Abb. 85 sehen kann. Das alte Knochenrohr wird sozusagen in neue Knochenmasse eingeschachtelt, die eine Art von Etui um es herum bildet. Es ist hier keineswegs die Annahme möglich, daß ein Teil der alten harten Knochenrinde aufgeblasen ist[1]), und daß der neue Knochen seinen Ursprung von den lebenden Teilen seines äußeren Bettes nimmt; im Gegenteil bildet sich der Knochen durch die Sekretion des Periostes und der Markmembran, was viele Stücke bewiesen haben (vgl. die 1. und 2. Abteilung).

Der Teil des Knochens, der durch die Operation dem Untergang geweiht ist, verschwindet oft sehr schnell. Es bildet sich ein weiches und fleckiges Gewebe, das mit einer großen Zahl von Gefäßen und Gefäßnetzen ausgestattet ist, die in die Zwischenräume des alten Knochengewebes eindringen, um hier die Aufsaugung zu beschleunigen. Das auffallendste Beispiel für die Tätigkeit der Gefäße befindet sich in der 1. Abteilung (Nr. 13). Im einem Falle dringen viele Gefäße selbst über die äußere Oberfläche seines Leinwandstreifens, der dazu gedient hatte, die Höhle des eingeschnittenen Knochens zu bedecken.

Die Resektion der verschiedenen Gelenke stellt im allgemeinen ein sehr aussichtsreiches Resultat dar; die Wunde der Weichteile heilt zwischen der 3. und 10. Woche. Die Muskelkontraktionen bewirkten bald nach der Operation die Annäherung der Enden der abgeschnittenen Knochen, deren Ränder sich durch die aufsaugende Tätigkeit der

---

[1]) Dieser Ausdruck: „boursoufflés" geht gegen die Annahme *Scarpas*, der Knochen sei ein schwammiges Gewebe und könne sich wie ein Schwamm ausdehnen. (Anmerkung des Übersetzers.) (Fortsetzung des Textes auf Seite 202.)

Tabellarische

Nr. der Arbeit	Operationsstelle	Incision	Resektion	Exstirpation	Periost bzw. Dura erhalten	Periost bzw. Dura entfernt	Markraum bzw. eröffnet	Diploë zerstört
1a	Schädeldach							
1b	Schädeldach						Stellenweise	
2a	Schädeldach					Dura entfernt		
2b	Schädeldach							
3a	Schädeldach							
3b	Schädeldach							
4	Schädeldach							
5	Femur rechts							
6	Femur links							
7	Femur links							
8	Tibia rechts							
9	Femur rechts							
10	Femur links						Stellenweise	
11	Femur links							
12	Femur rechts							
13	Femur rechts					Mit Leinwand entfernt gehalt.		
14	Femur links							
15	Radius rechts	Percision*)						
16	Rippe				Mit Darm umwickelt			
17	Rippe	Percision*)						
18	Femur rechts							
19	Femur links					Leinwandumwicklung		
20	Femur rechts						Stellenweise	
21	Femur rechts					Leinwandumwicklung		
22	Scapula rechts							
23	Scapula rechts							
24	Scapula rechts							
25	Scapula rechts							
26	Scapula rechts							
27	Scapula links							
28	Scapula rechts				Leinwandeinlage			
29a	Scapula rechts							
29b	Humerus, Radius, Ulna, Carpalia							

*) Die „Percision" unterscheidet sich von der „Incision" dadurch, daß auch aus der der Incisionswunde gegen

Übersicht. (I)

Nr. der Arbeit	Befund	Heilung	Funktion	Alter in Jahren	Versuchsdauer in Tagen	Abb. bei Feigel	Text bei Feigel	Nr. d. Wzbg. Sammlung	
1 a	Teilweiser knöcherner Verschluß	I.	—	8	210	26, 1	408	158	1. Incisionen
1 b	Verschluß der Incisionen	I.	—	8	120	26, 1	408	158	
2 a	Kein Ersatz der Dura, geringer knöcherner Ersatz des Defektes	I.	—	12	314	26, 3	411	160	
2 b	Verschluß der Incisionen	I.	—	12	210	26, 3	411	160	
3 a	Verengerung d. Abbau der Ränder und Anbau in d. Membran	I.	—	—	20	26, 4	412	162	
3 b	Keine Ausfüllung, Nekrose der periostlosen Brücke	I.	—	—	20	26,4	412	162	
4	Völliger knöcherner Verschluß	I.	—	3	90	26, 2	410	164	
5	Keine Ausfüllung der Incision	I.	—	—	5	—	—	165	
6	Beginnen der Markcallusbildung. Verschluß der Spalte vom Mark aus	I.	—	—	8	32, 11	483	166	
7	Incisionen im spongiösen wie im kompakt. Teil d. Femur verschloss.	I.	—	12	12	32, 12	483	167	
8	Bildung von Markcallus im Markraum. Verschluß des Spaltes vom Mark aus	—	—	8	13	32, 13	484	168	
9	Verschluß der Incision	—	—	1	15	32, 9	481	169	
10	Ausfüllung an den tiefen Stellen vom Mark aus	I.	—	1	15	32, 10	482	170	
11	Ausfüllung der Spalten v. Mark aus	—	—	—	—	34, 1	494	171	
12	Bruch, Sequester	II.	—	1	30	34, 2	495	172	
13	Kein Verschluß der Incision. Sequestrierung des Schaftes	II.	—	$^1/_4$	12	34, 5	498	173	
14	Incision verschlossen. Periostaler Callus, Sequester	II.	—	8	20	32, 8	480	174	
15	Osteomyelitis, Sequester, Totenlade	II.	—	—	25	32, 5	479	175	
16	Pseudarthrose	II.	—	—	33	27, 4	433	177	
17	Pseudarthrose	—	—	—	33	27, 4	434	179	
18	Ausfüllung der Incision	—	—	8	60	34, 3	497	178	
19	Incisionen verschlossen, Atrophie des Schaftes, Osteomyelitis	II.	—	—	50	—	—	180	
20	Markraum knöchern abgeschlossen	I.	—	3	20	—	—	181	
21	Markcallusbildung, Incision vom Mark aus verschlossen	II.	—	2	27	34, 5	500	182	
22	Keine Knochenbildung	—	—	3	3	29, 1	451	184	2. Exstirpationen
23	Keine Knochenbildung	—	—	1	4	29, 2	451	185	
24	Keine Knochenbildung	—	—	3	5	29, 3	452	186	
25	Keine Knochenbildung	—	—	—	23	29, 4	452	206	
26	Nur kleine Knocheninseln neugebildet	—	—	1	210	29, 7	453	210	
27	Bildung einer formähnlichen Scapula mit „Spina"	—	—	1	90	29, 5, 6	452	209	
28	Ausstoßung der Leinewand. Unförmige Neubildung mit Pfanne	—	—	3	816	29, 9	455	207	
29 a	Formähnliche Scapula mit Gelenkfläche für den Humeruskopf	—	—	$^2/_3$	420	29, 8	454	198	
29 b	Geringe ungeformte Knochenmassen	—	—	$^2/_3$	120 Rad. 107 Carp. 18 Hum.	31, 3	467	198	

überliegenden Wand Knochensubstanz entfernt wurde. Der Defekt erstreckt sich also durch die Markhöhle hindurch.

Nr. der Arbeit	Operationsstelle	Incision	Resektion	Exstirpation	Periost bzw. Dura erhalten	Periost bzw. Dura entfernt	Markraum bzw. eröffnet	Diploë zerstört
30	Hum. rechts		Reimplantation					
31	Humerus							
32	Ulna rechts							
33	Ulna rechts							
34	Ulna rechts							
35	Femur							
36a	Femur							
36b	Tibia, Fibula							
37	Femur rechts							
38	Femur rechts							
39	Femur links							
40	Femur rechts							
41	Femur rechts							
42	Femur links							
43	Femur links							
44	Tibia rechts							
45	Fibula links			Unvollständig				
46	Calcaneus r.							
47	Schädeldach							
48	Schädeldach							
49	Schädeldach							
50a, b	Schädeldach							
51	Schädeldach							
52	Schädeldach							
53	Schädeldach							
54	Schädeldach							
55	Schädeldach							
56	Schädeldach							
57	Schädeldach							
58	Schädeldach							
59	Schädeldach			Reimplantation				
60	Schädeldach			Reimplantation				
61	Schädeldach			Reimplantation				
62	Schädeldach			Reimplantation				
63a	Schädeldach			Reimplantation				

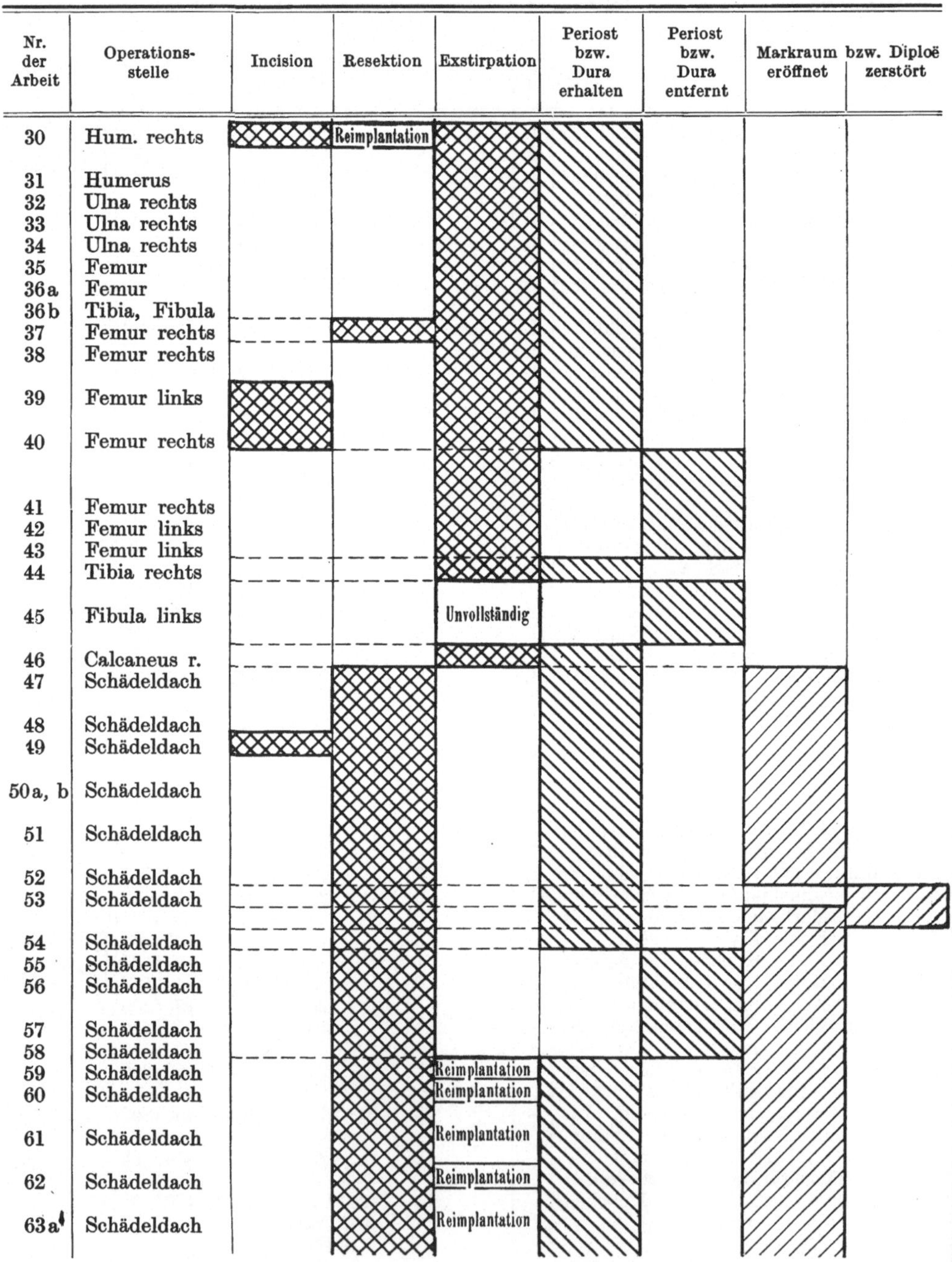

Übersicht. (II)

Nr. der Arbeit	Befund	Heilung	Funktion	Alter in Jahren	Versuchsdauer in Tagen	Abb. bei *Feigel*	Text bei *Feigel*	Nr. d. Wzbg. Sammlung	
30	Kräftiger neuer Knochen mit Gelenkfortsätzen; Incision verschloss.	II.	—	8	330	31, 2	465	195	
31	Geringe Neubildung m. Fortsätzen	—	—	—	240	—	—	203	
32	Keine Neubildung	—	—	8	1	31, 4	468	195	
33	Knochenfreies Ulnabett	II.	—	—	10	31, 6	470	187	
34	Größere Masse neuen Knochens	—	—	$^1/_3$	13	31, 5	469	188	
35	Kräftige Neubildung	—	—	10	24	31, 7	470	189	
36a	Kräftige Neubildung	—	—	1	38	31, 8	471	190	
36 b	Neubildung	—	—	1	28	31, 8	489	190	
37	Kräft. Knochen, res. Stück ersetzt	—	—	$^1/_4$	40	31, 9	473	191	
38	Regenerat mit Fortsätzen zur Arkulation d. Tibia und Hüfte	—	—	1	120	32, 2	485	192	
39	Große bogenförm. Neubildung von bindegewebig verb. Knochenkernen	I.	gut	1	240	33, 3	486	196	
40	Großes Regenerat mit Artikulationsstellen für Tibia, Patella, Stütze gegen Hüfte	I.	gut	1	330	33, 4	487	197	
41	Keine Neubildung	—	—	—	18	—	—	199	
42	Geringe kleinere Knochenmasse	—	—	—	—	—	—	202	
43	Keine Neubildung	—	—	—	24	—	—	200	
44	Regeneration der Tibia. Bildung einer Gelenkfläche f. d. Talus	—	—	8	270	33, 8	492	194	
45	Neubildung in den Resten des Periosts	—	—	$^3/_4$	60	33, 6	490	201	
46	Neugebildete Knochenschale	—	gut	—	270	34, 8	502	208	
47	Keine knöcherne Ausfüllung der Spalten	—	—	9	10	26, 21	—	211	3. Resektionen
48	Defekt verkleinert	—	—	2	30	26, 5	414	212	
49	Incisionen verschlossen, Defekt stark verkleinert	—	—	—	90	26, 6	417	213	
50 a, b	Verkleinerung der Lücke	—	—	1	44 110	26, 7	418	214	
51	Im Frontale gut verschlossen. Im Parietale verkleinert	—	—	2	110	26, 8	420	215	
52	Guter Verschluß	—	—	1	126	26, 9	421	216	
53	Verkleinerung des Defektes. Auflagerungen auf d. l. interna	—	—	12	150	26, 10	422	217	
54	Völliger formgleicher Verschluß	I.	—	10	630	26, 11	422	218	
55	Abrundung der Ränder	II.	—	11	31	26, 12	424	219	
56	Membranverschluß, Knocheninseln eingelagert	—	—	$^1/_5$	44	26, 13	425	220	
57	Keine Neubildung	II.	—	—	90	26, 14	426	221	
58	Keine Neubildung	I.	—	5	210	26, 15	427	222	
59	Keine Neubildung	—	—	—	18	26, 16	427	223	
60	Ausstoßung des Reimplantats. Verkleinerung des Defektes	II.	—	5	82	26, 17	428	224	
61	Ausstoßung des Reimplantats, teilweiser Verschluß	II.	—	7	150	26, 18	429	225	
62	Ausstoßung des Reimplantats, teilweiser Verschluß	II.	—	$^1/_6$	230	26, 19	429	226	
63 a	Einheilung, völliger Verschluß bis auf kleine Lücke	II.	—	$^1/_6$	630	26, 20	430	227	

Tabellarische

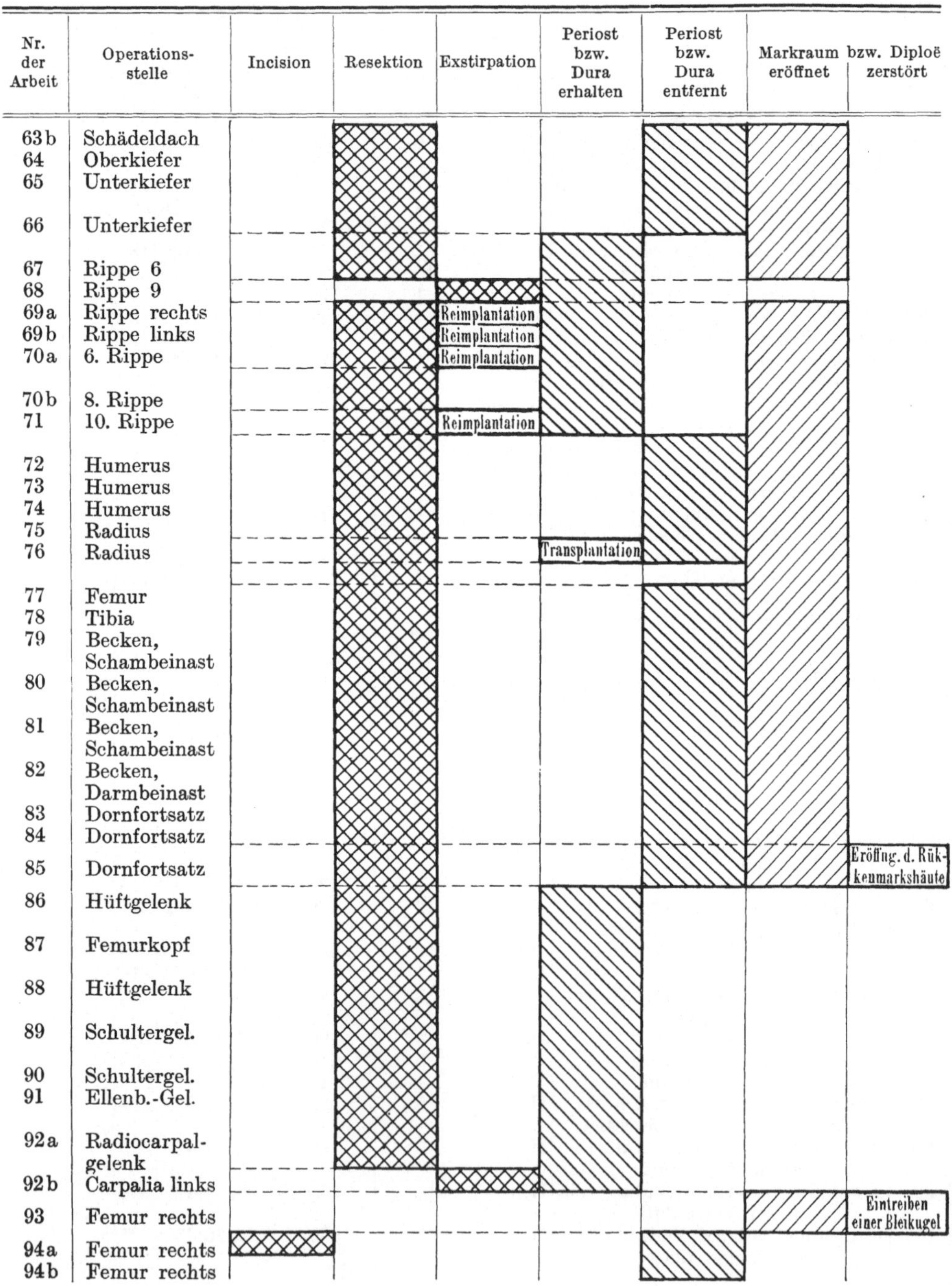

Nr. der Arbeit	Operations-stelle	Incision	Resektion	Exstirpation	Periost bzw. Dura erhalten	Periost bzw. Dura entfernt	Markraum eröffnet	Diploë zerstört
63b	Schädeldach							
64	Oberkiefer							
65	Unterkiefer							
66	Unterkiefer							
67	Rippe 6							
68	Rippe 9							
69a	Rippe rechts			Reimplantation				
69b	Rippe links			Reimplantation				
70a	6. Rippe			Reimplantation				
70b	8. Rippe							
71	10. Rippe			Reimplantation				
72	Humerus							
73	Humerus							
74	Humerus							
75	Radius							
76	Radius				Transplantation			
77	Femur							
78	Tibia							
79	Becken, Schambeinast							
80	Becken, Schambeinast							
81	Becken, Schambeinast							
82	Becken, Darmbeinast							
83	Dornfortsatz							
84	Dornfortsatz							
85	Dornfortsatz							Eröffng. d. Rükkenmarkshäute
86	Hüftgelenk							
87	Femurkopf							
88	Hüftgelenk							
89	Schultergel.							
90	Schultergel.							
91	Ellenb.-Gel.							
92a	Radiocarpal-gelenk							
92b	Carpalia links							
93	Femur rechts							Eintreiben einer Bleikugel
94a	Femur rechts							
94b	Femur rechts							

Übersicht. (III)

Nr. der Arbeit	Befund	Heilung	Funktion	Alter in Jahren	Versuchsdauer in Tagen	Abb. bei *Feigel*	Text bei *Feigel*	Nr. d. Wzbg. Sammlung	
63 b	Teilweiser knöcherner Verschluß	I.	—	$^1/_6$	300	26, 20	430	227	
64	Keine Neubildung	—	—	—	60	27, 1	432	244	
65	Wiederherstellung der Kontinuität des kompakten Knochens	II.	—	—	85	27, 3	432	228	
66	Abrundung nach Art des Unterkieferfortsatzes	—	—	—	166	27, 2	432	245	
67	Gutes Regenerat	—	—	3	222	3	—	193	
68	Gutes Regenerat	—	—	3	222	33, 7	491	193	
69 a	Pseudarthrose	II.	—	1	126	27, 5	434	234	
69 b	Pseudarthrose	II.	—	1	96	27, 6	434	234	
70 a	Herstellung der Kontinuität, teilweise gute Form	II.	—	—	150	27, 7	436	235	
70 b	Herstellung der Kontinuität	—	—	—	300	27, 7	436	235	
71	Verbreitertes Regenerat. Reimplantat ausgestoßen	II.	—	—	267	27, 8	437	247	
72	Völliger Verschluß des Defektes	I.	—	$^3/_4$	150	30, 2	459	237	
73	Pseudarthrose, Kronensequester	II.	—	3	240	30, 5	461	238	
74	Synostose, Fistelbildung	II.	—	—	—	30, 6	462	239	
75	Abrundung der Stümpfe	I.	—	—	120	32, 2	476	241	
76	Brückencallus, Ausstoßung, Pseudarthrose	II.	—	1	120	32, 1	476	240	
77	Osteomyelitis	II.	—	4	30	34, 4	497	242	
78	Formgleicher Verschluß	—	—	—	75	—	—	243	
79	Kein Regenerat, kompens. Hypertrophie des andern Schambeinastes	—	—	—	195	28, 7	445	248	
80	Kein Regenerat, Hypertrophie d. l. Schambeinastes	—	—	—	90	28, 5	443	249	
81	Kein Ersatz	—	—	—	30	28, 4	442	236	
82	Osteomyelitis	II.	—	—	—	—	—	250	
83	Kein Ersatz	II.	—	—	15	—	—	230	
84	Kein Ersatz	—	—	—	150	28, 2	440	246	
85	Kein Ersatz	—	—	6	40	28, 3	441	254	
86	Bildung eines kleinen Gelenkkopfes, Abdeckelung	—	—	6	135	28, 10	448	255	
87	Pfannenatrophie, formähnliche Umbildung des Stumpfes	—	—	—	159	28, 8	446	231	
88	Keine knöcherne Kontinuität des Beckenringes	—	—	—	60	28, 9	448	232	
89	Abdeckelung der Stümpfe, funktionelles Gelenk	—	—	alter Hund	294	30, 3	460	251	
90	Atroph. Stumpf, funktionell. Gelenk	—	—	junger „	60	30, 4	460	233	
91	Verschluß des Markraumes, Abrundung der Stümpfe	—	—	6	84	30, 7	463	252	
92 a	Umformung des Stumpfes, Deformation der Ulna	—	—	10	510	32, 3	476	253	
92 b	Geringe ungeformte Knochenmass.	—	—	10	180	32, 3	477	253	
93	Mark regeneriert	—	—	—	184	—	—	159	4. Einzelversuche
94 a	Völliger formgleicher Verschluß	—	—	—	347	—	—	205	
94 b	Periostschlauch neugebildet	—	—	—	377	—	—	205	

weichen Teile abrundeten und mit neuen Fleischknöspchen bedeckten; diese letzten festigten sich allmählich und bildeten sich um zu einem fibrös-ligamentären Gewebe. An einem dieser Knochenenden bilden sich neue Auswüchse, am anderen Ausschnitte und entsprechende Vertiefungen (vgl. das Schultergelenk Abb. 93 u. 94).

Die Muskeln und Bänder, die vom Knochen getrennt waren, setzten sich an ihn von neuem an, und ihre Wirkungsweise stellte sich zum großen Teil wieder her. Es kam einige Male vor, daß sich eine Art neuer Gelenkkapseln bildete, die zum Teil aus dem Rest der alten nach der Operation aufgegebenen bestand und zum Teil aus einem festen neuen Gewebe; die Flächen, die untereinander artikulieren, bleiben durch die Sekretion einer Flüssigkeit schlüpfrig; ziemlich häufig sind sie mit einer Art von Knorpel bedeckt, der nicht weniger elastisch als der normale ist.

Die Beweglichkeit des neuen Gelenkes wird nach und nach recht frei und gewinnt eine solche Sicherheit, daß sie die größten Bewegungen ermöglicht, aus welchem Grunde die Tiere sich oft des operierten Gliedes bedienen können.

Das war der Fall nach der Resektion des ganzen Schultergelenkes sowie des Gelenkkopfes des Femur mit der ganzen Cavitas cotyloidea (vgl. Nr. 86).

Bernhard Heines Versuche und ihre Ergebnisse

Eine kritische Würdigung

Von

Prof. Dr. B. Martin

Die im vorhergehenden beschriebenen Präparate verdienen nicht nur ihrer Ergebnisse wegen besondere Beachtung, sondern besonders auch deshalb, weil sie einer Versuchsreihe entstammen, deren Aufbau bei dem damaligen Stande der Wissenschaft und den vorhandenen Grundlagen durch nichts übertroffen werden kann.

Aus der geschichtlichen Einleitung *Vogelers* zu diesem Werke geht hervor, wie verworren zu *B. Heines* Zeiten die Anschauungen über die Knochenneubildung waren. Es stritten die verschiedenen Schulen um die Anerkennung ihrer teils auf Beobachtungen tatsächlicher Art, teils auf willkürlichen Spekulationen aufgebauten Theorien mit mehr oder weniger starker Leidenschaftlichkeit, so wie es in damaligen Zeiten üblich war. Um so mehr muß die Folgerichtigkeit der Heineschen Versuchsmethode anerkannt werden, weil sie die tatsächlichen Grundlagen der Knochenneubildung mit großer Sicherheit unter ungünstigen Umständen richtig erkannt hatte. Aus dem Bericht *B. Heines* ersieht man, wie er in fast selbstverständlich klingenden Folgerungen die Knochenentwicklung aus dem Periost und dem Mark bestätigt, und wie klar er aus den zahllosen Versuchen das Wichtigste als tatsächliches Ergebnis gezogen hat.

Zur Grundlage seiner Anschauung über den Ursprung der Knochenneubildung und über dasjenige Gewebe, welches zu dieser befähigt ist, bezeichnet *Heine* in seinem Bericht an die Pariser Akademie die Versuche Nr. 13, 14 und 21. Mit scharfer Kritik erwähnt *Heine*, daß zwar bereits oft gezeigt worden ist, eine wie wichtige Rolle Periost und Mark bei dem Reproduktionsvorgang spielen, daß aber noch viele viel tiefergehende Punkte strittig und ungeklärt sind. Dazu gehört nicht nur die Feststellung, ob das Periost und das Mark überhaupt eine Rolle spielen, sondern das Wie und Woher, ob die Art der Verletzung, und wieweit jeder einzelne zur Knochenneubildung befähigte Teil zur Regeneration beiträgt. Das soll durch die Versuche geklärt werden.

Heine wurde zu seinen technisch auf großer Höhe stehenden Versuchen durch ein von ihm selbst erfundenes Instrument, das Osteotom, befähigt. Dazu konnte er sein Urteil durch eine sehr feine und kunstvolle Technik der Gefäßinjektion unterstützen. Die Beurteilung der Ergebnisse geschah durch die grobanatomische Betrachtung allein, ohne Mikroskop, und durch den Vergleich der Ergebnisse verschiedener Versuchsanordnungen.

Ein Umstand mag ihm dabei unbewußt zu Hilfe gekommen sein, von dem wir heute wissen, daß er die Knochenneubildung in allen dazu fähigen Geweben mächtig anregt: das ist die milde Infektion. Es mutet den exakten Experimentator von heute eigentümlich an, aus infizierten Versuchen so wertvolle und dabei richtige Schlüsse gezogen zu sehen, wie es von *B. Heine* geschah. Wie peinlich wird heute auf Asepsis und die Heilung p. p. geachtet, während *Heine* sogar durch Haarseile die Eiterung anregt. Die nach unserer heutigen Erkenntnis bei seinen Versuchen vorhandenen, unvermeidlichen Nachteile der Wundeiterung, in dem Stande der damaligen Wissenschaft begründet, werden durch eine scharfe und kritikvolle Beobachtung wieder wettgemacht.

Wie sich die Versuche chronologisch aneinandergereiht haben, ist leider nicht mehr festzustellen. Daraus würde man leicht die Denk- und Arbeitsweise *B. Heines* erkennen können. Die einzige vorhandene Beschreibung der Sammlung mit einem Auszug aus seinen Protokollen gibt *Feigel* in seinem Atlas. Aber für diesen ist weniger der Wert der *Heine*schen Versuche und ihre Ergebnisse das zur Veröffentlichung Treibende, sondern mehr die Empfehlung des Osteotoms und, wie der Chronist berichtet, die Freude am Zeichnen. Und so finden wir von *Feigels* Hand auch keine wissenschaftlich geordnete Darstellung, sondern nur eine rein buchtechnische Bearbeitung. Deshalb muß das Studium der an die Pariser Akademie der Wissenschaften gerichteten Arbeit bei einer Würdigung der Ergebnisse *Heines* maßgebend mit herangezogen werden.

Vogeler ist es gelungen, den *B. Heine*schen Bericht in der Pariser Akademie einzusehen und ihn dadurch übersetzt der medizinischen Welt zugänglich zu machen.

Aus diesem Bericht *B. Heines* geht auf S. 177 hervor, daß er eine Klärung der Knochenproduktion herbeizuführen gedachte. Er muß sich von vornherein darüber klar gewesen sein, daß der Knochen ein kompliziertes Organ darstellt, dessen Vitalität, insbesondere die der Knochensubstanz, von dem Zustand nicht nur des Periostes abhängt.

So hat *Heine* in einer großen Zahl von Modifikationen seiner Versuche alle die ihm auffallenden Fragen zu klären versucht. Dabei ist er mit einer Genauigkeit vorgegangen, wie wir es heute auf Grund sehr viel feinerer Untersuchungsmethoden immer wieder verlangen. So hat *Heine,* um den Knochen vollständig vom Periost zu lösen, sich nicht mit einer einfachen Abschälung desselben begnügt, sondern er feilte die Oberfläche des Knochens sorgfältig ab. Das entspricht den Untersuchungen *E. Wehners* und dem Verlangen von *Lexer* und *B. Martin,* das Periost mit der Schärfe des Messers sorgfältig abzulösen und sich nicht mit dem Abschaben durch das Raspatorium zu begnügen.

Heine betont in seinem Bericht, daß die Art und Größe der Verletzung für das Heilungsresultat von großer Bedeutung ist. Er hat ebenso in seinen Versuchen festgestellt, daß das Alter der Tiere und ihr Gesundheitszustand wesentliche Bedeutung für die Heilung von Knochenwunden und für die Regeneration haben. Wir sehen auch heute, daß sowohl das Alter der Tiere, wie auch ihr Gesundheitszustand und ihre Ernährung beachtet werden. Besonders das Alter der Versuchstiere ist Gegenstand unserer heutigen Diskussion; die einen legen ihm geringen oder gar keinen Wert bei, andere sehen hierin den Grund für abweichende Forschungsergebnisse.

Um *Heines* Versuchspläne richtig einschätzen zu können, haben wir uns vor Augen zu halten, daß die Physiologie der Knochen und ihre pathologische Physiologie noch gar nicht bekannt waren. Man kannte wohl die Folgen pathologischer Zustände, aber ihre Grundlagen waren in langen Diskussionen unklarer Vorstellungen weder dem Verständnis näher gebracht, noch weniger erkannt worden.

Um so höher muß gewürdigt werden, daß *B. Heine* bewußt und auf Grund klaren Verständnisses für die Physiologie der verschiedenen Knochen seine Beobachtungen nicht an einzelnen Knochen gemacht hat, sondern alle Arten von Knochen, flache Knochen, kurze und lange Röhrenknochen, die Meta-, Dia- und Epiphysen und die Gelenkenden in den Bereich gesonderter und vergleichender Betrachtungen gezogen hat.

Wir wissen heute wiederum nach neueren Studien, daß wir das Verhalten der Röhrenknochen nicht am Schädel studieren können, daß die Regenerationsfähigkeit der Röhrenknochen durchaus nicht untereinander gleich ist, und daß gewisse Reize auf verschiedene Knochen verschieden wirken können. Die Rippen sind weitgehend einer schnellen und ausgiebigen Regeneration auch ohne Periost fähig, während die Regenerationskraft und -geschwindigkeit des Femur z. B. auffallend davon unterschieden ist.

Damit waren *B. Heine* Aufgaben gestellt, die für seine Zeit nicht nur Mut, sondern auch hohes technisches Geschick voraussetzten. Eigentümlich berührt uns heute die Scheu vor der Exstirpation von Rippen und beider Femora, die als besonders lebenswichtige Knochen gegolten zu haben scheinen. Im Forscherdrang und im Bewußtsein seines technischen Könnens hat *Heine* diese Operation nicht gescheut, und ist gerade hier zu schönen Ergebnissen gekommen.

Weniger gefährlich, aber technisch schwieriger wurden die Operationen an der Wirbelsäule eingeschätzt. Hier scheint *Heine* besonders der Gebrauch seines Instrumentes gereizt zu haben, denn, wie aus dem Berichte hervorgeht, hat er trotz vieler Fehlschläge schließlich doch eine Heilung von Wirbeloperationen bei zwei Hunden erzielt. Ein Resultat, wie es in der vorantiseptischen Zeit kaum zu erwarten war.

Bei der klinischen Beobachtung dieser an den Wirbeln operierten Tiere vermutet er in dem Sekret der Wunde einen natürlichen Schutz

gegen den schlechten Einfluß der Luft auf die Rückenmarkshaut und
das Mark. Die Luft galt seinerzeit allgemein als schädlich für die von
Haut entblößten Gewebe. *Heine* pflegte seine Versuche sehr gut zu
beobachten, und es fiel ihm die schnelle Sekretion einer bedeutenden
Menge von flüssigem und ziemlich hellem Serum im Wirbelkanal auf.
Rückschauend dürfen wir heute diese Sekretion als ersten Ausdruck
der Infektion ansehen, welche allerdings bei 2 Hunden die Heilung
ohne weitere Operationsfolgen nicht verhindert hat. Aber selbst wenn
wir heute zu wissen glauben, daß *Heines* Folgerung nicht zutrifft, so
zeigt doch diese fast nebensächlich erscheinende Bemerkung, daß
Heine seine Versuche nicht einseitig mit einer vorgefaßten Anschauung
verfolgt hat, sondern daß er in eingehender, verständnisvoller Beobachtung alles verwertete und zu erklären versuchte, was die Hunde
zeigten, auch selbst wenn die Operationsfolgen mit der Knochenproduktion wenig zu tun hatten.

Heine läßt die Beobachtungen auf sich wirken und sucht dann die
Erklärungen dafür. Er verfällt nicht in den Fehler, eine vorgefaßte
Meinung durch Experimente beweisen zu wollen. Wir müssen gestehen,
daß auf diese Weise in der Medizin große Erfolge erzielt worden sind.
Denn, wie *Ollier* sich ausdrückt, sind die Alten feine Beobachter ge-
wesen, und wie weit sind sie schließlich doch in der Erkenntnis vieler
Vorgänge gekommen.

Eine große Rolle spielen in *Heines* Versuchen die Gefäße. Wo es
nur irgendwie angeht, hat er bei seinen Präparaten Gefäßinjektionen
vorgenommen, in der Absicht, die Abhängigkeit der Knochenneubildung
von der Gefäßbildung und der Ausdehnung der Gefäße zu erforschen.
Seine hervorragende Technik hat ihn dabei wirksam unterstützt.
Im Grunde genommen sind die Ansichten über die Bedeutung der
Gefäßentwicklung und über die Art der dadurch zustande kommenden
Knochenneubildung sehr modern. „Die zahlreichen feinen und stark
mit roter Masse gefüllten Gefäßnetze, die dem Präparat ein lebhaftes
Aussehen geben, erlauben den Schluß auf die Wichtigkeit und die Bedeutung der im Periost und in den Weichteilen verteilten Gefäße,
die in enger Beziehung zur Lebenstätigkeit der Knochen und der
knöchernen Membranen stehen." Wenn *Heine* dabei auch in dem
Irrtum befangen ist, daß der Knochenstoff durch die Wände der Arterien
ausgeschieden wird, so entspricht die Einschätzung der starken Gefäßbildung für den Vorgang der Knochenneubildung einer seit *John Hunter*
immer wiederkehrenden, in gewisser Beziehung auch heute noch gültigen Anschauung.

Die Absonderung des Knochenstoffes geschieht nach *Heine* als
Kalkphosphat, welches eine innige Verbindung mit den Gefäßen, den
häutigen Verlängerungen und dem cellulären Gewebe des Periostes als

Zwischensubstanz eingeht, und welches zuerst an der Oberfläche des Knochens in die Erscheinung tritt. Die Neigung zu dieser Form der Knochenneubildung zeigt sich schon in der ersten Zeit nach der Operation deutlich durch Reizung und vermehrte Durchblutung, vom Periost ausgehend. Auf den Reiz der Verwundung antwortet der ganze Organismus. Eine braunrote Masse, der Bluterguß, füllt die Wundhöhle an und verklebt die Wundränder. Die Zwischensubstanz ist weich und klebrig. Indem sie zäher wird, stellt sie eine engere Verbindung der umgebenden Teile her. Nach Eintritt der Eiterung bilden sich Granulationen und in diesen wiederum wird unter mächtiger Hyperämie der Knochenstoff abgesetzt.

Hier sind Fragen beantwortet, die auch heute noch Gegenstand der Erörterung sind. Ist zur Knochenneubildung auch aus dem Periost die Ablagerung von Kalk als solchem oder die Anwesenheit alter Knochenmasse notwendig, woher kommt dieser Kalk, welche Bedeutung hat die Hyperämie, und schließlich ist der Bluterguß schädlich oder nützlich? *Heine* bringt allein aus seinen makroskopischen Beobachtungen die Ablagerung von neuem Knochen mit den Gefäßen in engste Verbindung. Seine Vorstellung von der Absonderung des Knochenstoffes aus ihnen entspricht einer Theorie seiner Zeit, nach welcher aus dem Blute jede Regeneration hervorgehen soll.

Die Ansicht von der Notwendigkeit einer genügenden Kalkablagerung und Kalkzufuhr für die Callusbildung ist keineswegs primitiv. Für *Heine* ist der Knochenstoff die erste Stufe zur Knochenneubildung. Heute sehen wir sie in der Bildung des Keimgewebes, welches den Kalk aufzunehmen und in der Zwischensubstanz abzulagern berufen ist. Die Stätte, woher dieser Kalk aber kommt, ist noch ungeklärt, der eine glaubt sie im Blute gefunden zu haben, der andere beschreibt eine Abwanderung aus dem in der Nähe liegenden Knochen oder Knochenteilen. *Heine* steht fest zu der Absonderung aus den Gefäßen, die je nach ihrer Größe für den Umfang der Knochenreproduktion verantwortlich sind.

Es ist selbst von unseren heutigen Kenntnissen aus nicht zu entscheiden, wie groß bei den *Heine*schen Versuchen der Anteil der Infektion und wie weit das Regenerationsbestreben des Körpers für das Ausmaß der von ihm beobachteten Hyperämie von Einfluß ist. *Heine* hat jene aus Mangel an Kenntnis nicht gewürdigt, dagegen dieses als das Wesentliche betrachtet. Überall hat er die Gefäße gefunden, und die Knochenneubildung da am stärksten gesehen, wo die Gefäßtätigkeit sehr lebhaft ist. An solchen Stellen liegt sogar neue Knochenmasse in den Arterienwänden. Selbst wenn *Heine* in der Auffassung von dem eigentlichen Reproduktionsvorgang Irrtümer begangen hat, so ist dennoch der experimentelle Nachweis für das regelmäßige Auftreten der

Hyperämie und der Schluß auf die Wichtigkeit derselben für die Knochenneubildung bemerkenswert. Neuere Versuche in dieser Richtung haben auch nur denselben Erfolg gehabt und die alte Lehre von dem Wert der Hyperämie für die Regeneration auch der Knochen bestätigt, auch wenn der erste Anfang der Knochenneubildung ein anderer ist.

Gleichzeitig sehen wir aber auch hier schon die Brücke, die zu der Anschauung führt, daß auch andere als die spezifisch knochenbildenden Gewebe zur Knochenneubildung fähig sind. Dieser Vorgang ist später von *Virchow* als Metaplasie bezeichnet worden. *Heine* fragt auf S. 180 in höchst kritischer Weise: Was ist denn eigentlich das Periost? Die hieran sich anknüpfende Erörterung berührt deshalb besonders sympathisch, weil *Heine* trotz der doktrinären Einstellung seiner Zeit nicht der einen oder anderen kurzsichtigen Lehre unter heftiger Ablehnung aller anderen beispringt, sondern unter Würdigung der Beobachtungen anderer aus der Zusammenfassung alles Wesentlichen die Wahrheit zu ergründen versucht. Er will die Gegensätze: hier Knochenneubildung aus Periost — hier aus anderen Geweben —, dort aus der Knochensubstanz überbrücken und sagt: sie alle sind zur Knochenproduktion fähig. Und heute wissen wir, daß *Heine* mit diesen Ausführungen und ihrer Begründung recht gehabt hat. Mark, Periost und Bindegewebe sind Gewebe, die osteogenetische Eigenschaften besitzen. *Heine* kommt in seiner Begründung sogar neuzeitlichen biologischen Anschauungen weit entgegen, wenn er von den Verlängerungen des Periostes spricht, die sich in die Muskeln, Sehnen, umgebenden Bänder und in den Knochen hinein erstrecken. Er klärt mit diesen Ausführungen den Irrtum auf, daß auch die Knochensubstanz zur Regeneration beiträgt, und umschreibt so grob anatomisch die Eigenart der Adventitialzellen der Haversischen Kanäle, in hohem Maße an der Ossification teilzunehmen. Die metaplastischen Fähigkeiten des parossalen Bindegewebes und der den Knochen so eng verbundenen Sehnen sind hier klar ausgedrückt. Alle diese Gewebe sind zur Knochenneubildung fähig und haben damit „periostale" Eigenschaften, welche *Heine* mit der eigentümlichen Sekretion des Knochenstoffes aus den in ihnen verlaufenden und neugebildeten Gefäßen und mit der Fähigkeit, daran anschließend die Knochenneubildung weiter zu entwickeln, umfaßt.

Dazu gehöre aber noch, daß der ausgeschiedene Knochenstoff die Verbindung mit dem cellulären Gewebe eingeht. Es ist also nicht allein die Sekretion als solche maßgebend für die Knochenreproduktion, sondern es gehört dazu die Bereitschaft des Gewebes, diesen Knochenstoff in sich aufzunehmen und dann die eigentliche Knochenbildung weiter durchzuführen, den Knochen wachsen zu lassen. Diese Art der Knochenbildung ist indirekte Metaplasie (*Lubarsch*). So entstehen kleine Knochenkerne, die dann verschmelzen und sich schließlich zu einer bestimmten Form zusammentun.

Damit aber setzt die eigentliche Regeneration ein. Diese zu erzielen, ist *Heines* vornehmstes Ziel, welches mit voller Klarheit aus der Art seiner Versuche hervorgeht. Die Sammlung weist dafür anatomisch sehr interessante Stücke auf. *Heine* kommt zu dem Ergebnis, daß die Regeneration zwar nur rudimentäre Formen ergibt, daß diese aber an sich alle die Merkmale des ursprünglichen Knochens aufweisen. Wir sind heute erst nach sehr langwierigen Versuchen und auf Grund besserer physiologischer Kenntnisse von den Fesseln dieser resignierten Auffassung befreit worden (*A. Bier*). *Heine* hat die Grundlage für die Bedingungen gefehlt, welche beim Menschen sowohl wie beim Hunde eine formgleiche Regeneration hervorrufen können. Zudem hat er sich für seine Arbeiten fast den schlechtesten Knochenbildner, den Hund, als Versuchstier auserwählt. Aber ich bin der Meinung, daß er gerade deshalb zu seinen grundlegenden und richtigen Schlüssen gekommen ist, weil er nur eine einzige Art Versuchstier benutzt hat, und nicht alle möglichen Tiersorten, bei denen die ossificatorische Fähigkeit so außerordentlich verschieden ist. Wir sehen dagegen heute noch, welche Verschiedenheiten der Ergebnisse aus den, wie man wohl zugestehen kann, an sich richtigen Beobachtungen folgen, wenn der eine an Ratten, der andere an Kaninchen, der dritte an Hunden und sogar manche an allen möglichen Versuchstieren zugleich arbeiten. Es ist nun einmal nicht möglich, die so verschieden befähigten Tiere nach einem Schema zu behandeln, und dann das gleiche Resultat zu verlangen. *Heine* ist mit ganz wenigen Ausnahmen diesem Fehler nicht verfallen, und deshalb hat er auch aus gleichen Ergebnissen so wertvolle und grundlegende Schlüsse ziehen können.

Heines Knochenregenerate sind rudimentär, aber sie haben, wie er berichtet, starke Ähnlichkeit mit dem Original sowohl in der äußeren Form als auch in ihrer Struktur. Das Äußere ist nach *Heine* Folge mechanischer Einwirkung, die innere Struktur ist das Ergebnis einer angestammten Entwicklung. Zunächst ist der Knochen im ganzen massiv, und erst im weiteren Verlaufe bildet sich die Markhöhle, erst ist die Knochensubstanz porös, und dann erst bildet sich die kompakte, dem Normalen gleiche Corticalis. Hier beruft er sich auf die Darstellung *Dupuytrens* von dem provisorischen und definitiven Callus. Dieser Auffassung huldigt man im allgemeinen noch heute, wenn auch durch die Arbeiten *A. Biers* die sofortige formgleiche Regeneration ohne diesen Umweg grundsätzlich nachgewiesen worden ist. Aber selbst bei der erzielten rudimentären Regeneration stellt *Heine* eine Möglichkeit zu guter Funktion des operierten Gliedes ausdrücklich fest.

Die mechanische Auffassung von der Bildung der äußeren Knochenform ist klar zum Ausdruck gebracht. An den mit Periost bedeckten Knochenteilen hat nach *Heine* dieses den größten Anteil an der formähnlichen Regeneration, aber dort, wo Periost fehlt, ist es der Einfluß der Funktion, welcher die Fortsätze und Gelenkenden hervorbringt. Selbst mit diesen rudimentären Formen, „die sich denen im Normalzustand vorhandenen sehr nähern", ist die Funktion der Gliedmaßen voll gewährleistet. So berichtet *Heine* von einem Hunde, dem beide Femora subperiostal exstirpiert waren, und der „bald lief und umhersprang wie vorher".

. Weiter sind wir heute in der Gelenkplastik auch nicht. Wir kennen die gute Funktion selbst anatomisch grob verbildeter Knochen und Gelenke gut und machen uns diese zuerst von *Heine* experimentell zielbewußt nachgewiesene Tatsache bei unseren Resektionen von Gelenken und Knochen zunutze. Dabei weist *Heine* schon auf die Tatsache hin, daß die Gelenke auch dann gut arbeiten können, wenn der Ersatz des resezierten nicht aus Knochen oder Knorpel, sondern aus anderem Gewebe besteht. Die neugebildeten Gelenkenden sind in seinen Versuchen häufig von knorpelartigen elastischen Geweben bedeckt, welche mitunter unter einer neugebildeten Gelenkkapsel und durch Sekretion einer schlüpfrigen Flüssigkeit reibungslos artikulieren. Neue Untersuchungen haben dem voll recht gegeben, denn meistens ist der neugebildete Gelenkteil nicht mit hyalinem oder Faserknorpel belegt, sondern es ist ein derbes faseriges Bindegewebe als Ersatz gebildet. Die plastisch geformten Gelenkteile schließen Schleimbeutel ein, deren Wände aus einem festen elastischen Gewebe bestehen. Genau so beschreibt *Heine* in der Sprache seiner Zeit die regenerierten, gut funktionierenden Gelenke.

Das Fehlen des Periostes an den Epiphysen bedingt nach *Heine* eine mangelhafte Wiederbildung der eigentümlichen Gelenkform, aber die Funktion und die durch die Muskeln verursachte starke Anpressung des Knochenendes an die Gelenkpfanne sollen dem Normalen nahekommende Fortsätze und Gelenkbildungen entstehen lassen. Hier finden wir Anklänge an die von *W. Roux* ausführlich geschilderte, Wirkung des Druckes auf die Entstehung von Gelenkformen.

Bei der Beschreibung dieser Versuche teilt *Heine* mit, daß er den Humerus bei einer Resektion der Scapula habe stehen lassen, damit durch den Humeruskopf die Gelenkpfanne des Schultergelenkes besser regenerieren könne. In der Tat hatte sich bei der fast formgleichen Regeneration der Scapula ein ausgezeichneter Gelenkfortsatz mit einer ausgeprägten Gelenkpfanne gebildet.

Die Versuche *Heines* über die Regeneration der Gelenke rücken die Großzügigkeit seiner Fragestellung in das hellste Licht. Er beginnt seine Studien mit einfachen Versuchen über die Tätigkeit des Periostes und Markes, und mit der Erweiterung seiner Beobachtungen und Kenntnisse wachsen auch seine Probleme, bis er die Regeneration ganzer Knochen und der Gelenke erforscht. Aus der Beschreibung *Feigels*, welchem die *Heine*schen Versuchsprotokolle noch zur Verfügung standen, geht deutlich die stetige Erweiterung seiner Gedankengänge hervor, bis er die Vorwürfe in Angriff nimmt, welche auch heute noch praktischer Lösung harren. Wenn wir auch jetzt wissen, daß die Regeneration der Gelenke beim Hunde unschwer erreicht werden kann, soweit die Funktion allein den Maßstab für das Gelingen des Versuches darstellt, so ist doch für *Heines* Zeiten der experimentelle Nachweis originell. Wie sehr *Heine* diese Versuchsergebnisse als wertvoll für die Chirurgie erkannt hat, geht daraus hervor, daß er die Gelenkplastik als ein aussichtsreiches Feld der Betätigung und Forschung bezeichnet hat. Veranlaßt durch diese Ergebnisse hat zuerst *Textor* die Gelenkplastik auf die humane Chirurgie übertragen. Und schließlich bildeten *Heines* Versuche die Grundlage, auf der sich die methodische Ausbildung des Verfahrens durch *v. Langenbeck* aufbauen konnte.

So sehen wir, wie *Heine* während seiner Arbeit immer weiter Probleme der Knochenphysiologie erkennt und zu ergründen versucht.

Die ursprüngliche Absicht *Heines* bei seinen Arbeiten ist in den Sätzen ausgesprochen, wo er sagt: „Der leitende Gedanke auf unseren experimentellen Wegen geht auf die Klärung der Knochenproduktion... Um festzustellen, welche Rolle zunächst das Periost selbst, dann die Markmembran bei der Ausfüllung des Knochenspaltes spielen, wurden diese auf verschiedene Art verwundet, isoliert oder selbst weggenommen." So isoliert er das Periost vom Knochen durch Leinwand und stellt die Knochenneubildung aus dem Periost einwandfrei fest. Dieser Versuch ist grundlegend und vorbildlich. Aus ihm spricht zunächst, wie klar *Heines* Vorstellung von der Tätigkeit des Periostes war, und wie durch einen sehr einfachen Versuch der Nachweis für die Richtigkeit derselben geführt werden konnte.

Unter der damals herrschenden Unklarheit über die in Frage stehenden Vorgänge war *Heines* Aufgabe nicht leicht gelöst, denn weder die Histologie des Knochens noch seine Physiologie waren einigermaßen bekannt. Heute urteilen wir und treiben experimentelle Knochenphysiologie auf Grund einer sehr ausgedehnten Erfahrung, die im Nach-Heineschen Zeitalter von sehr vielen Seiten mit großem Fleiß zusammengetragen worden ist. Kein anderes Gewebe eignete sich auch so gut zur Forschungsarbeit wie der Knochen, weil er immer einwandfrei durch sein spezifisches Gepräge nachgewiesen werden konnte. Das ist vor *Heine* auch schon so gewesen, aber nichtsdestoweniger herrschte über die in Frage stehenden Vorgänge völlige Unklarheit. Die Lehre

Duhamels war wohl bekannt, aber durchaus nicht anerkannt; ein bündiger experimenteller Nachweis war für keine der Lehren erbracht. Da galt es, durch einen einfachen klaren Versuch die Fähigkeit des Periostes zur Knochenneubildung nachzuweisen, und wie sollte das wohl besser nachgewiesen werden, als durch die Versuchsanordnung *Heines!* Dazu aber gehört vor allem, daß sich der Experimentator eine klare Vorstellung von dem Periost und seiner Tätigkeit machte. Der Wert der Versuchsanordnung, das Periost vom Knochen durch einen Leinwandstreifen vollständig und sicher abzutrennen, ist klar ersichtlich; später ist unter besseren Operationsbedingungen prinzipiell diese Anordnung in den Ring- und Kapselversuchen immer wieder verwandt worden. Und diese Versuche haben dann stets prinzipielle Bedeutung erlangt. Mit diesem Versuche hat *Heine* grundsätzlich die Knochenreproduktion aus dem Periost nachgewiesen. Fast selbstverständlich schließen sich hier die Versuche an, in denen Knochen total subperiostal exstirpiert wurden und sich wiederbildeten, wohingegen die Regeneration bei Exstirpation mit dem Periost ausblieb. *Heine* hat diese Experimenta crucis mit vollem Erfolg in seinem Sinne ausgiebig durchgeführt und damit seine Ergebnisse auf festem Boden aufgebaut. Klarer und einfacher wären auch auf neuzeitlicher technischer wie wissenschaftlicher Grundlage Beweise nicht zu führen.

In der Behandlung des Periostes selbst ist uns ebenfalls *Heine* vorbildlich vorangegangen. In der Erwägung, daß die Gefäße zur Knochenneubildung unerläßlich sind, da sie den Knochenstoff mit sich führen und an Ort und Stelle ablagern, achtet er, wo der Versuch es erfordert, sehr genau darauf, daß das Periost mit den umgebenden Weichteilen in Zusammenhang bleibt. Spätere Untersucher haben geglaubt, diesen Zusammenhang ungestraft stören zu dürfen. Und erst in neuester Zeit wird wieder auf Grund dieser oder jener Anschauung, aber grundsätzlich und dringlich auf die Erhaltung dieses Zusammenhanges hingewiesen.

Auf den ersten Blick erscheint es als Widerspruch, wenn *Heine* aus seinen Versuchen schließt, daß das Periost, wenn es mit fortgenommen ist, dennoch nicht weniger aktiven Anteil an der Absonderung oder der Bildung neuen Knochens nimmt. Auch mehrfache Verletzungen desselben setzen diese Anteilnahme nicht herab. Dieses ist durchaus richtig. Aber auch im ersten Falle, der Entfernung des Periostes, klärt sich der Widerspruch dadurch, daß *Heine* den Begriff des Periostes sehr weit gefaßt hat, indem er auch die Verlängerungen, die sich in die Muskeln, Sehnen und umgebenden Bänder erstrecken, als „äußeres Periost" bezeichnete. Mit anderen Worten ist hier die Bildung des parossalen Callus beschrieben.

Es darf bei einer kritischen Würdigung der vorliegenden Versuchsergebnisse nicht verschwiegen werden, daß *Heine* bei seinen Schlußfolgerungen auch Irrtümer unterlaufen sind. So müssen wir in den Versuchen 32, 41, 42 und 43 mit unseren neuzeitlichen Untersuchungsmethoden, hier dem Röntgenlicht, feststellen, daß die von *Heine* angenommene Knochenneubildung tatsächlich ausgeblieben ist.

Auch in der Deutung des eigentlichen Vorganges der Knochenneubildung ist *Heine* verschiedenen Fehlschlüssen unterworfen. Die Sekretion des Knochenstoffes und damit die absolute Abhängigkeit der Ossification von der Gefäßbildung und die zeitlich viel zu frühe Entstehung der jungen Knochensubstanz — schon am 3. Tage — sind Deutungen, die fehlgehen. Grundsätzliche Bedeutung haben sie nicht. Wesentlich und bleibend ist aber der Nachweis, daß das Periost überhaupt zur Knochenbildung fähig ist, daß es unter gewissen Umständen den Hauptanteil an derselben trägt, und daß diese junge Knochensubstanz im Periost selbst entsteht. Damit war die Theorie endgültig erledigt, die die Neubildung außerhalb der Gewebe und ohne Zusammenhang mit ihnen geschehen ließ. Und darauf kam es an. *Heine* betont immer wieder, daß der junge Knochen von einer Haut umgeben sei, sobald er an der Wundoberfläche entsteht. Er geht eine innige Verbindung mit dem cellulären Gewebe ein. *Heine* bekennt sich als Teleologe bei diesen Erörterungen mit der Angabe, „daß die Natur hier mit Voraussicht zu handeln scheint, indem sie die knöchernen Rudimente unter einer Umhüllung entwickelt, die ihnen als Schutzorgan dient". In der Tiefe der Gewebe ist der innige Zusammenhang der Knochensubstanz mit dem Mutterboden einwandfrei festzustellen. Auf diesen Ergebnissen baut sich im Grunde genommen unsere heutige Anschauung über die Knochenneubildung auf. Wäre *Heine* mit seinen experimentellen Ergebnissen bei diesem Punkte stehengeblieben, so hätte der klare experimentelle Nachweis an sich schon bleibenden Wert und verdiente, als ein Schritt vorwärts in der Geschichte der Medizin festgehalten zu werden.

Aber *Heine* geht weiter. Aus seinen Ausführungen geht hervor, daß „die Wunde das Bedürfnis der Wiederbildung auslöst, welches sich der ganzen Wunde bemächtigt", ebenso wie des ganzen Organismus. Weiter beschreibt er den mächtigen Reiz auf die nähere und weitere Umgebung und das Auftreten und die weitere Umbildung des Blutergusses. Dieser dient fernerhin zur Verklebung der Wundränder und wird schließlich zum Träger der „Schichten und häutigen Bänder" und später der Gefäße.

In bezug auf die Ursache der Wundheilung ist der Gedanke an sich in ähnlicher prägnanter und kurzer Ausdrucksweise schon von *John Hunter* ausgesprochen worden. Aber auch für *Heine* geht aus der allgemein gehaltenen Feststellung, daß die Wunde das Bedürfnis der Wiederbildung auslöst, hervor, wie groß sein Verständnis für biologische

Allgemeinfragen auf Grund einer reichen experimentellen Erfahrung gewesen ist.

Mit seinen Betrachtungen über den Wert des Blutergusses greift *Heine* auf Erörterungen über, welche auch in unseren Tagen noch nicht abgeschlossen sind. Nach seinem Bericht an die Pariser Akademie dürfen diejenigen *Heine* für sich in Anspruch nehmen, welche den Bluterguß für zweckmäßig halten. Er verklebt die Wundränder miteinander, wird organisiert und zum Träger der neu sich bildenden Gefäße, welche den Knochenstoff absetzen. Dadurch dient er dem Regenerationsvorgang. Heute sehen *A. Bier* und seine Schule den Bluterguß deshalb als nützlich an, weil er nach ihren Beobachtungen einen starken Reiz auf die Gewebe zur Knochenneubildung abgibt. Er verhindert die Knochenregeneration nicht, wie von anderer Seite behauptet wird, sondern fördert sie, ohne gerade für sie notwendig zu sein. Die Beobachtung ist die gleiche, die Erklärungen gehen auseinander, ohne aber den Wert jener einzuschränken.

Bei der Schilderung der Weiterentwicklung des jungen Knochengewebes bestreitet *Heine*, daß dasselbe ein knorpeliges Vorstadium habe. Damit nimmt er Stellung zu einer Frage, die erst mit Hilfe des Mikroskopes sehr viel später entschieden werden konnte. Im allgemeinen entsteht, wie wir heute wissen, im jungen Callusgewebe neben der osteoiden Substanz, welche durch Verkalkung die eigentliche knöcherne Struktur und Festigkeit annimmt, auch Knorpel, ohne daß besondere Einwirkungen vorliegen. Demnach ist auch die Beobachtung *Heines* nur zum Teil richtig. Immerhin stellt er entgegen der vorherrschenden Ansicht seiner Zeit fest, daß auch ohne dieses knorpelige Vorstadium Knochen reproduziert werden kann.

In derselben Weise wie das Periost beteiligt sich das Mark an der Knochenproduktion: „In dem Markgewebe und im Periost der langen Knochen ist die wiederbildende Kraft am stärksten.“ Selbst wenn aber die Markhöhle nicht mit eröffnet ist, sondern die Verletzung nur die Corticalis betrifft, antwortet auch das Mark mit starker Knochenneubildung. Wir würden heute darauf hinweisen müssen, daß bei den *Heine*schen Versuchen im allgemeinen die Infektion die Veranlassung zu dieser myelogenen Knochenbildung in erster Linie darstellt. Wenn man jedoch selbst bei aseptisch verlaufenden Versuchen am Hunde darauf achtet, dann ist sogar bei ganz oberflächlicher Verletzung des Periostes und der Corticalis, manchmal sogar schon nach einfacher Entfernung des Periostes, in voller Übereinstimmung mit *Heines* Angaben eine deutliche Reaktion auf das Mark wie auf die Corticalis festzustellen. Das Mark produziert beim Hunde Knochen entweder in kompakter Form oder durch Vermehrung und Verstärkung der Knochenbälkchen, die Corticalis wird porosiert, und die einzelnen Lamellensysteme treten in ihr scharf und deutlich, fast abgegrenzt, hervor. Die Corticalis zeigt dann in schöner Weise die einzelnen Systeme, aus denen sie aufgebaut ist.

Jedenfalls müssen wir bestätigen, daß *Heine* nach unseren sehr viel eingehenderen Untersuchungen, die ihm technisch unmöglich waren (Röntgenbild, Mikroskop), mit der Beobachtung, daß das Mark auch ohne Eröffnung der Markhöhle mit Knochenproduktion antwortet, vollständig recht hat, daß „sich aber ebenso in der Markmembran, selbst wenn die Markhöhle nicht eröffnet worden ist, eine deutliche Tätigkeit entwickelt; auch hier wird viel neue Knochensubstanz deponiert“.

Im Markgewebe und im Periost ist die wiederbildende Kraft nach *Heine* am stärksten, aber sie ist um so stärker, wenn die Markhöhle mit eröffnet und am stärksten, wenn das Markgewebe mit verletzt ist. „Aber nur dann leistet das Periost die Hauptarbeit durch Ausfüllung der Knochenfurche“ — das ist richtig — „wenn die Compacta der Knochenröhre nicht in ihrer ganzen Dicke bis in die Markhöhle durchschnitten wurde“. In gleicher Weise beobachtete *Heine* den besten Regenerationserfolg am Schädel, wenn die Diploe eröffnet wurde. Mit diesen Angaben würde *Heine* bereits Stellung zu heutigen Tagesfragen genommen haben. Spielt das Mark überhaupt eine Rolle bei der Regeneration und Heilung von Knochenwunden, bestehen Wechselbeziehungen zwischen Mark und Periost, oder besitzt das Periost allein die großen überragenden Eigenschaften zur Knochenneubildung? Somit wäre die Diskussion über alle diese wesentlichsten Fragen der Knochenpathologie auf einer sicheren experimentellen Grundlage von *Heine* eröffnet worden. Von *Lexer* und seiner Schule — das Periost allein liefert wesentliche Arbeit — über *A. Bier* und seine Schule — das Periost hat knochenbildende Fähigkeiten, aber auch das Mark ist ein hervorragend mittätiger, vielleicht sogar der wichtigste Teil des Knochens — bis zu *Petrow, Murphy* und *MacEwen*, die dem Periost die Knochenbildungsfähigkeit aberkennen, hören wir in eingehender Erörterung noch heute Beweis und Gegenbeweis. Aber allgemein anerkannt ist keine Richtung. *Heine* würde mit der Darstellung seiner Beobachtungen und Schlüsse in der mittleren Linie eingereiht werden müssen. Für ihn ist der hohe Wert des Markes und die Wechselwirkung zwischen Mark und Periost erwiesen.

Heine sagt zwar am Ende des ersten Teiles seines Berichtes: „So … können wir uns definitiv der Meinung der Autoren anschließen, welche die Reproduktion der Knochen hauptsächlich aus dem Periost hervorgehen lassen.“ Aus dem gesamten Text dieses Teiles geht aber hervor, daß *Heine* dabei eine Einschränkung gelten lassen will: „Wenn die Compacta der Knochenröhre nicht in ihrer ganzen Dicke bis in die Markhöhle durchschnitten wurde.“ Vor allem aber ist nicht zu über-

sehen, daß *Heine* auch die Markmembran mit zu dem Periost rechnet.
Es darf also aus dieser Äußerung *Heines* nicht geschlossen werden,
daß das „äußere Periost hauptsächlich die Reproduktion des Knochens"
übernimmt.

Die Regeneration der Röhrenknochen geht bei eröffneter Markhöhle
von dieser aus. *Heine* entwirft von diesem Vorgang folgendes Bild: Die
Knochenwunde wird mit Blut und Lymphe angefüllt, und in diese
wachsen aus der Tiefe vom Mark aus mit Geschwindigkeit die jungen
Gewebsmassen hinein. Selbst wenn das Periost erhalten blieb, bildet
das aus der Tiefe, d. h. vom Mark aus wachsende, junge Gewebe, welches
sich in den knöchernen Spalt „preßt", den Boden für die Knochenreproduktion. Jedenfalls sei es unverkennbar, daß sich die neue Knochenmasse von der Seite der Markhöhle her in den Spalt hinein verlängert,
ohne daß das Periost an dieser Knochenneubildung Anteil haben kann.
Bemerkenswert ist die Schnelligkeit, mit welcher die Regeneration
stattfindet. Spalten im Femur sind mit 15 Tagen, in der Tibia mit
13 Tagen vollkommen knöchern ausgefüllt. Die entsprechenden Präparate lassen deutlich erkennen, daß diese Angaben in vollem Maße zu-
treffen.

Ich darf hier gleich einfügen, daß diese Angaben *Heines* über die
Geschwindigkeit der Regeneration heute nur mit Einschränkung gelten
können. Denn die Schnelligkeit dieser Knochenreproduktion ist im
wesentlichen bedingt durch den mächtig wirkenden Reiz der milden
Infektion. Die heutigen Versuchsergebnisse, bei denen dieser pathologische kräftige Reiz fehlt, bei denen also nur der Reiz der Verletzung
wirksam wird, beweisen, daß die Regeneration der Corticalisdefekte
mindestens 3—4 Wochen in Anspruch nimmt. Ich sah als frühestes
einen fensterförmigen Defekt der Tibia bei einem jungen Pudel in
3 Wochen fast vollkommen ersetzt. Trotzdem ist *Heines* Angabe für
seine Präparate als richtig anzusehen.

Ich habe in einer langjährigen experimentellen Arbeit, die 1918
abgeschlossen wurde, denselben Gegenstand behandelt, nachdem
A. Bier 1913 seine erste dementsprechende Beobachtung beim Menschen mitgeteilt hatte. Bereits *A. Bier* hatte nach seinen Erfahrungen
beim Menschen angegeben, daß die formgleiche Regeneration nach Entnahme von Knochenspänen, sobald die Markhöhle eröffnet war, in-
fektionslose Heilung vorausgesetzt, die Regel bildet. Meine eigenen experimentellen Beobachtungen haben am Hunde diese Angabe *A. Biers*
vollkommen bestätigt.

Es ist zwar schon seit langem beobachtet worden, daß fensterförmige Defekte der Röhrenknochen vollständig ausheilen können, aber
man kannte die Bedingungen nicht, unter denen diese Regeneration
eintritt. Deshalb berichteten noch vor nicht allzu langer Zeit Autoren,

daß Defekte nach Entnahme von Knochenspänen nur unvollkommen ausheilen. Von der Bedeutung des Markes für diese Regeneration hat man bis in unsere Zeit nichts gewußt.

Wir bemerken aber, daß doch *Heine* bereits eine gute Vorstellung von der Regeneration bei fensterförmigen Defekten — nach Entfernung eines schmalen länglichen Stückes aus der Compacta der hohlen Knochen — hatte. Er beschreibt, daß diese Defekte vollkommen durch neue Knochenmasse ausgefüllt werden, wenn nicht viel Markhaut oder viel Mark ernstlich gefährdet wird. Das entspricht durchaus den neuesten Ergebnissen *A. Biers* beim Menschen und meinen eigenen experimentellen Erfahrungen. In kurze Worte gekleidet hat *Heine* eine der grundlegenden Bedingungen für die Knochenregeneration bei Defekten klar ausgesprochen.

Des weiteren macht *Heine* darauf aufmerksam, daß Verletzungen des Markes deutlich andere Folgen zeitigen und oft zu Zerstörungen führen, die bei unverletztem Mark nicht eintreten. Die Corticalis ist dann leicht Schädigungen ausgesetzt, die zu Nekrosen und Eiterfisteln führen.

Aus diesen Angaben kann man deutlich ersehen, daß *Heine* die Tätigkeit des Markes für den Regenerationsvorgang erkannt und gewürdigt hat. Der Bluterguß in den Defekt ist nicht schädlich, sondern nützlich, vom Mark aus wird der Defekt geschlossen, schneller als das Periost einzudringen vermag, und der Verschluß des Defektes ist von innen heraus vollkommen. *Heine* hat in diesem Teil seiner Schrift Beobachtungen mitgeteilt, die die Kenntnis der Bedeutung des Markes für die Knochenneubildung und die Regeneration von Röhrenknochen schon vor fast 9 Jahrzehnten bis zu der Stufe gefördert hätten, auf der wir heute beginnen, festen Fuß zu fassen, wenn nicht ein zu früher Tod die Veröffentlichung seiner Lebensarbeit und ihrer Erfolge verhindert hätte.

Die Knochenneubildung aus dem Mark war, wie schon *Heine* berichtete, eine bekannte Tatsache, aber sie wurde kaum gewürdigt vor wie nach seiner Zeit. Bei der Heilung von Frakturen soll das Mark noch heute kaum eine Rolle spielen, und erst die Arbeiten neuesten Datums beschäftigen sich eingehend mit seiner Rolle bei der Regeneration. Und es scheint, daß von dieser Erkenntnis ausgehend sich die allgemeine Aufmerksamkeit immer mehr auf die Tätigkeit des Knochenmarkes bezüglich seines Wertes bei der Knochenheilung richtet, und daß sich die Anerkennung allmählich durchzusetzen beginnt. Von dem allseitig angenommenen überragenden Wert des Periostes und seiner durchaus beherrschenden Stellung ist schon vieles in neuerer Zeit auf ein minderes Maß zurückgeführt, ganz abgesehen davon, daß ihm von mancher Seite nicht mehr als das Signum einer bloßen Grenzmembran

gelassen wird. Heute wissen wir, daß schon *Heine* auf Grund einwand-
freier experimenteller Erfahrungen den hohen Wert des Knochenmarkes
für die Heilung von Knochenwunden erkannt und ausgesprochen hat.
Auch seine Präparate führen den hervorragenden Anteil des Markes
an der Regeneration des Knochens eindringlich vor Augen.

Die Reimplantation von resezierten Knochenstückchen und die
dabei beobachteten Vorgänge veranlaßten *Heine* zu sehr bemerkens-
werten Schlüssen. Er fand, daß die Reimplantate nicht einheilten,
sie wurden entweder aufgesogen oder ausgestoßen. In den organischen
Zusammenhang werden sie nicht wieder eingefügt, höchstens wird ein
Reimplantat mit neuer Knochenmasse bedeckt und bleibt so in gewisser
Verbindung mit dem Mutterboden. Aber *Heine* machte die wichtige
Beobachtung, daß die Wiedereinfügung des ausgelösten Knochenstückes
in die Entnahmestelle eine auffallende vermehrte Knochenbildung zur
Folge hatte. Es findet nach *Heine* eine Reizung durch dieses Wieder-
einfügen statt, und dieser Einfluß wirkt sich auf die umgebenden
Teile aus.

Zweifellos ist die Anschauung, daß diese Reimplantate nicht wieder
einheilen, in den Schädigungen durch die Infektion begründet, welche
in der vorantiseptischen Zeit die Wundheilung zu beherrschen pflegte.
Der Grad der Sicherheit, mit welcher heute Knochentransplantate
verpflanzt werden, beruht auch nur auf einer gewissen Möglichkeit,
die schädliche Infektion zu vermeiden. Die Angabe *Heines*, daß die
Reimplantate allgemein den organischen Zusammenhang nicht wieder
finden, gründet sich auf die Mängel der Operationsasepsis. Dagegen
nimmt *Heine* mit der Schlußfolgerung, daß das Reimplantat eine Reiz-
wirkung auf die Umgebung ausübe und sich höchstens, ohne einen
organischen Zusammenhang mit dem Mutterboden einzugehen, mit
neuer Knochenmasse bedecke, Stellung zu Fragen, welche in den letzten
Dezennien eifrig erörtert worden sind. Gegen Ende des 19. Jahrhunderts
glaubte man, daß das Transplantat am Leben bliebe und organisch
lebend einheilte. Die Arbeiten *Barths* und *Marchands* haben uns eines
Besseren belehrt, das Knochentransplantat stirbt ab, aber es wird durch
neuen Knochen ersetzt. Die Rolle, die das Knochentransplantat dabei
spielt, soll heute darin bestehen, daß es als Reizmittel für die knochenbildenden Teile der Umgebung, als Stapel für die zum Aufbau des
neuen Knochens notwendigen Substrate und als willkommener Nähr-
boden für das junge, knochenwerdende Keimgewebe gilt. Der eine
stellt diese, der andere jene Aufgabe in den Vordergrund, allgemein
anerkannt aber ist, daß das Transplantat nicht am Leben bleibt und
nur in irgendeiner Form als die Knochenreproduktion fördernd wirkt.

Damit sind wir in den wesentlichsten Punkten wieder bei den *Heine*-
schen Schlußfolgerungen angelangt. Einfache Betrachtung und ex-

perimentell chirurgische Erfahrung haben gepaart mit großem biologischen Verständnis eine seiner Zeit weit vorauseilende Anschauung geboren.

Ich habe mich bei der kritischen Würdigung der Arbeit *B. Heines* an die Ausführungen gehalten, welche er der Pariser Akademie der Wissenschaften im Jahre 1837 vorgelegt hat. Denn nur das kann zur Beurteilung dienen, was *Heine* selbst aus seinen Versuchsergebnissen herausgelesen und als Fortschritt und Gewinn für die Erkenntnis knochenphysiologischer Vorgänge niedergelegt hat.

Bei der vorliegenden Beschreibung der Präparate, welche im Museum der anatomischen Anstalt in Würzburg aufbewahrt werden, sind alle die Fortschritte und Erfahrungen verwertet worden, die in der Entwicklung unserer Wissenschaft und Technik seit dem Heimgange *B. Heines* zu verzeichnen sind. Daß wir damit in den Stand gesetzt worden sind, besser und sicherer Resultate zu beurteilen, die *Heine* nur mit dem bloßen Auge und dem Gefühl beurteilen konnte, darf dem Wert des Urteils jenes Gelehrten keinen Abbruch tun. Die vorhandenen Irrtümer habe ich erwähnt, aber sie ändern an unserer Wertschätzung des übrigen nichts.

Besonders ist hervorzuheben, daß die Mittel, welche *Heine* zur Beurteilung seiner Versuchsergebnisse zur Verfügung standen, beschränkt und primitiv gewesen sind. Als äußeres Hilfsmittel kannte er nur die Injektion der Gefäße, welche er mit großer Kunst verstand. Es ist richtig, wenn *Ollier* von seinen Vorgängern sagt, sie seien nur Beobachter gewesen. Ob er aber damit recht hat, daß er und seine Zeitgenossen die Bedingungen für die Knochenregeneration gekannt haben, will mir zweifelhaft erscheinen. In diesem Punkte sind wir trotz manchen scheinbaren Erfolges nicht viel weiter gekommen, als die „einfachen Beobachter", von denen auf seinem Spezialgebiete einer der hervorragendsten zweifellos *B. Heine* gewesen ist.

Es ist sehr zu bedauern, daß *Heine* nicht mehr selbst die Veröffentlichung seiner Arbeiten vornehmen konnte. Er wäre sonst sicherlich als der Begründer unserer heutigen Lehre von den knochenbildenden Fähigkeiten des Markes, des Periostes und der umgebenden Weichteile anerkannt worden. Seine Zeitgenossen haben seine Arbeiten gekannt, gewürdigt und als Grundlage eigener Arbeiten benutzt. *Heine* ist *Flourens* und *Ollier* vorangegangen, und letzterer kommt in seinem bekannten Buche „Traité de la regénération des os" häufig auf *Heine* zurück. Aber der Mangel einer authentischen Wiedergabe seiner Arbeiten hat *Heine* in den Hintergrund gedrückt.

Ich möchte sogar behaupten, daß *Ollier* in den Grundfragen, die *Heine* so glänzend experimentell gelöst hat, nach unserer heutigen Kenntnis einen Schritt rückwärts gemacht hat.

Ollier geht von dem an sich wohl annehmbaren Grundsatz aus, daß ein Gewebe spezifische Eigenschaften am deutlichsten zum Ausdruck bringt, wenn es aus seiner natürlichen Umgebung herausgenommen und verpflanzt wird. Für das Periost mag dies gelten, wenn, wie auch *Ollier* bemerkt, ein junges gesundes Tier verwandt wird, Aber wie leicht dieser Gedanke zu Irrtümern führt, geht daraus hervor, daß *Ollier* nur gelegentlich eine Knochenbildung aus dem Marke entstehen sah, und dieses und die Corticalis nur in der Nachbarschaft des Periostes zur Ossification befähigt glaubt. Dazu bedarf das Mark noch eines bestimmten Reizes. Das steht in Widerspruch zu unseren heutigen Erfahrungen, insbesondere wenn *Ollier* angibt, daß aus dem Mark stets schlechter Ersatz des entfernten Knochens, aus dem Periost dagegen stets ein sehr guter oder vollständiger hervorgehen soll. Bezüglich des Periosts hat *Ollier* den Nachweis eines solchen Regenerates nicht erbracht, dagegen konnte in neuerer Zeit nachgewiesen werden, daß bei gewissen Defekten gerade aus dem Mark durchaus formgleiche Regenerate entstehen. Für dieses hatte aber auch *Heine* bereits den Nachweis geführt, daß es besonders gute ausgeprägte regenerative Fähigkeiten besitzt, mehr als das Periost, und er ist damit der Sache nähergekommen als *Ollier*, trotzdem dieser *Heines* Arbeiten und Präparate gekannt hat.

In einem wesentlichen Punkte hat *Ollier* dazu *Heine* nicht richtig wiedergegeben. *Ollier* führt *Flourens* und ihn als diejenigen an, die zuerst die hervorragende Fähigkeit des Periosts zur Knochenreproduktion experimentell nachgewiesen haben. Er hätte nur von *B. Heine* in diesem Zusammenhang sprechen dürfen, denn dieser hatte 10 Jahre vor *Flourens* seine Experimente begonnen und seine Arbeit der Akademie in Paris 1837 mit dem Niederschlag einer 7 jährigen rastlosen Tätigkeit eingereicht, während *Flourens*, nach *Ollier*, erst 1840 mit seinen Arbeiten begonnen hatte.

Das wichtigste Zitat aus *Heines* Schrift ist in dem Werke *Olliers* nicht richtig. *Ollier* schreibt, daß nach *Heine* das Periost den Hauptanteil an der Knochenreproduktion und der Regeneration habe. *Heine* hat, wie ich schon bemerkte, nur unter der Bedingung dem Periost den Hauptanteil an der Knochenregeneration belassen, wenn die Corticalis nicht ganz in voller Stärke durchschnitten und die Markhöhle geöffnet worden war. Er sagt dann später: „Gestützt auf die bei Incisionen gewonnenen Ergebnisse können wir uns definitiv der Meinung der Autoren anschließen, welche die Reproduktion der Knochen hauptsächlich aus dem Periost hervorgehen lassen; nur würde es doch zuerst notwendig sein, genauer festzulegen, was man eigentlich unter dem Namen des Periosts versteht. Denn wenn man als zugehörig zum äußeren Periost und seinen Gefäßen außer ... ebenso die Markmembran und ihre

Verlängerung in den langen Knochen und in dem spongiösen Teil des Knochengewebes dazurechnet, dann wird die Meinung der anderen ... keinen Gegensatz darstellen." Dementsprechend beschreibt *Heine*, wie Incisionen und fensterförmige Defekte, die die Markhöhle eröffnen, ohne daß das Mark verletzt wird, von dieser aus eher mit Knochensubstanz ausgefüllt werden, bevor das Periost mit seinen Knöspchen „... in den Spalt eindringen und sich dort zusammenschließen" kann. Diese, fast alle die knochenbildenden Teile in der Umgebung und im Knochen selbst befindlichen Gewebe, umfaßt *Heine* an dieser Stelle mit dem Namen „Periost" in der Absicht, die Gegensätze seiner Zeit auszugleichen, trotzdem er in seiner Arbeit selbst Periost und Mark wohl unterscheidet. Aber aus dem Zusammenhange geht die Meinung *Heines* deutlich hervor, daß er Mark und Periost mindestens auf gleiche Stufe in ihrer Bedeutung für die Regeneration stellen wollte.

Damit erweist sich die einfache Arbeitsweise *Heines* der *Olliers mindestens* ebenbürtig. Denn es darf wohl behauptet werden, daß *Olliers* Beurteilung des Markes im wesentlichen auf seinen Erfahrungen bei der Transplantation des Markes beruht. Und diese waren schlecht, weil sich das Mark dabei nicht so lebensfähig erwiesen hat, wie das Periost, um die schwere Schädigung einer Verpflanzung zu überstehen. Immerhin sind aber im Laufe der Zeit auch Transplantationen von Mark mit Knochenbildung geglückt, ganz abgesehen von den zahlreichen erfolgreichen Transplantationen von Knochen mit anhängendem Marke.

Nach unseren heutigen Erfahrungen müssen wir anerkennen, daß *Heine* das Mark richtiger eingeschätzt hat als *Ollier*. Seine hervorragende Eigenschaft, gewisse Knochendefekte vollkommen zu schließen, wird nicht mehr bezweifelt. Auch seine hervorragende Fähigkeit zur Knochenbildung findet keinen Widerspruch. Meinungsverschiedenheiten bestehen nur noch in bezug auf den Wert oder Unwert des Markes im Gegensatz zum Periost bei der Knochenbruchheilung.

Es muß durchaus anerkannt werden, daß *Ollier* höchst wertvolle und fördernde Arbeiten geleistet hat, und daß seiner Beobachtungen mit Recht bei vielen Gelegenheiten Erwähnung getan wird. Er war der erste, welcher grundlegende Arbeit auf dem Gebiete der Transplantation geleistet hat, denn erst 1870 hat *Reverdin* die Überpflanzung von Epithel der Haut beschrieben, während *Ollier* schon 1867 sein Werk über die Knochenregeneration und das künstliche Wachstum von Knochengewebe herausgab. Vor allem hat er die Unterschiede der einzelnen Transplantationsformen (Auto-, Homo-, Heteroplastik) gelehrt, und in allen die Knochenregeneration betreffenden Fragen die Verwertungsmöglichkeit für die Chirurgie am Menschen untersucht. Diese Tatsache erhöht ganz besonders den Wert seiner Arbeiten.

Aber die grundlegenden Beobachtungen, auf denen wir heute unsere Anschauung von dem Ursprung der Knochenreproduktion und von dem Wert der einzelnen Teile für die Regeneration aufbauen, gründen sich auf die Versuche *B. Heines. Ollier* hat diesen Beweisen nur neue hinzugefügt.

Wenn wir damit unsere ausführliche Kritik der Arbeiten *B. Heines* zusammenfassen, so müssen wir anerkennen, daß *B. Heine*, mit hohem biologischen Verständnis begabt, unterstützt von einer ausgezeichneten Technik, in jahrelanger emsiger Arbeit unbeirrt sein Ziel verfolgt hat: die Klärung der Knochenproduktion. Indem er durch seine abschließende, hier zum ersten Male veröffentlichte Schrift diese Klärung auf eine sichere experimentelle Basis gestellt hat, ist dieses Ziel erreicht worden. *B. Heine* ist seinen Weg mit offenen Augen gegangen, das beweisen die vielen in seinen Ausführungen niedergelegten, noch heute gültigen Beobachtungen, die über die einfache Feststellung des Vorganges der Knochenproduktion weit hinausgehen. Und so konnte eine kritische Würdigung der Arbeiten und Ergebnisse *B. Heines* nur von einer hohen Achtung vor diesem Forscher getragen sein.